城市道路与交通规划设计

郭星煌　王思伟　主编

吉林科学技术出版社

图书在版编目（CIP）数据

城市道路与交通规划设计 / 郭星煌，王思伟主编
. -- 长春：吉林科学技术出版社，2019.12
ISBN 978-7-5578-6593-1

Ⅰ．①城… Ⅱ．①郭… ②王… Ⅲ．①城市道路—交
通规划—设计 Ⅳ．① TU984.191

中国版本图书馆 CIP 数据核字（2019）第 285953 号

城市道路与交通规划设计

主　　编	郭星煌　　王思伟	
出 版 人	李　梁	
责任编辑	汪雪君	
封面设计	刘　华	
制　　版	王　朋	
开　　本	185mm×260mm	
字　　数	310 千字	
印　　张	14	
版　　次	2019 年 12 月第 1 版	
印　　次	2019 年 12 月第 1 次印刷	
出　　版	吉林科学技术出版社	
发　　行	吉林科学技术出版社	
地　　址	长春市福祉大路 5788 号出版集团 A 座	
邮　　编	130118	
发行部电话／传真	0431—81629529　　81629530　　81629531	
	81629532　　81629533　　81629534	
储运部电话	0431—86059116	
编辑部电话	0431—81629517	
网　　址	www.jlstp.net	
印　　刷	北京宝莲鸿图科技有限公司	
书　　号	ISBN 978-7-5578-6593-1	
定　　价	60.00 元	

前　言

　　城市道路交通是城市发展的主要支柱，是城市发展的生命线。随着人民生活水平的逐年提高，交通出行需求的质量也逐年高涨，大中城市普遍出现市民交通"出行个体化"，且倾向越来越明显。伴随着国民经济的高速增长，我国的城市化水平也在迅速提高，人口快速向大城市集中。经济转轨过程中，城市的经济职能不断加强，居民的经济、文化活动更加频繁。城市人口的迅速增长以及城市社会经济活动的增强，往往使城市交通总量以2～3倍于人口的速度增长。为了适应城市经济发展的需要，满足急剧增长的交通需求，城市建设部门投入了大量的资金进行城市交通系统的规划、建设，城市道路交通基础设施的投资在城市财政中的份额不断提高。虽然城市道路网络扩展和道路面积增长的速度很快，一些城市的交通拥挤状况暂时得到了缓和，但从总体上看，我国紧缺的土地资源和大城市高密度的土地利用模式决定了道路空间资源的有限性，道路供给与交通需求之间的矛盾还会加剧。

　　因此本书从七章内容对我国城市道路和交通规划设计进行详细的叙述，希望能够为我国相关工作人员提供帮助。

目　录

第一章 绪 论

第一节 城市形成

一、城市发展的历史

城市是人类社会经济发展的必然产物。世界上有许多著名的城市，我国也有大小 400 多座城市，这些城市发展的历史和它们的分布，都反映了社会经济发展的主导作用。

城市的出现可追溯到奴隶社会，城市是随着私有制的出现而发展起来的。在原始社会，人类的游牧生活方式决定了居住的流动和分散，以穴居和树居为主，虽然也有群居，如山顶洞人，但是这根本谈不上城市，甚至居民点也称不上。

随着农业生产成为人类主要生活资料来源，这时才出现了聚族而居的固定居民点，例如新石器时代的山东日照两城镇遗址（龙山文化），山西夏县西阴材遗址，内蒙古赤峰东八家石城遗址，西安半坡遗址等。

但这些还不能称得上城市，随着手工业和商业与农业的分离，对产品的加工和交换的集户，这时才出现了以商业和手工业为主的城市，城市不是简单的居民点的聚集，而是社会生产发展的标志，它标志着人类社会由原始社会向奴隶制社会的转变，标志着阶级的出现和国家的出现。

二、城市兴起的原因

城市的出现本身是人类历史文明发展、经济力发展、社会结构日趋复杂化的表征。在没有阶级、没有剥削、财产公有的大同社会。那时并没有城市的记载。而从禹及其后代启当政的小康时代开始，才逐渐出现了有关城市的记载。城市应该说"城"和"市"分开理解，最早的"城"出于保护财产而建，以后融入了政治统治、军事防御的内涵、最后随着经济的发展及商品交换的出现，"市"融入"城"而演变成了"城市"。由于我国是古代四大文明古国之一，所以我国古代城市兴起的基本原因应是具有代表性的。而国外古代城市的兴起基本也是由政治、军事、经济、文化、宗教等原因而逐步形成的。

1.社会经济发展是城市兴起的最主要原因

在古代城市兴起的诸多原因中，主要集中在社会经济发展这个原因上。这是因为，虽然从历史上看，政治、军事、文化、宗教等原因不可能在历史长河的某一个瞬间推动过城市的兴起；但从整体上看，其他方面的影响与经济方面相比，还是比较小的。因为第一，政治、军事、文化、宗教这些方面本身与经济是密不可分的；第二，城市的兴起与发展从它所产生的积极影响都是以社会经济的发展作为最主要的起始动因和最终的归属的，即两者是互为作用的对象。

所以说经济因素是古代城市兴起的诸多原因中压倒一切的原因。

2.简单商品交换的出现是城市兴起的基本原因

在人类社会的历史上，当游牧部落从其余的野蛮人群中分离出来之时，意味着第一次大分工的到来。而第一次社会大分工带来了劳动生产力的提高，从而带来当时的一切部门——畜牧业、农业、家庭手工业等生产的增加、使人的劳动力能够生产出超过维持劳动力所必需的产品，即出现了劳动剩余。第一次社会大分工为以物易物的简单商品交换奠定了物质基础。而以物易物的简单商品交换在很大程度上可以说也是古代城市兴起的基本原因。

集镇的最初形成的简略描述可以这样："有些村庄，由于某些富人或权贵的关心，建立了市集。这些市集每星期开一两次，吸引厂许多小业主和小商人。他们在市集购买附近村庄的产品，然后运到其他地方去卖。在其他地方，他们用这些产品交换铁、盐、糖和其他商品，再在集日卖给村民。许多小厂匠，如锁匠、家具木工等，也住下来为本村没有这类工匠的村民干活。最后，这些村庄便成了集镇。"在多数情况下，这些集镇后来都有发展，并毫无疑问地演变成了真正的城市。

有了城市就有了后来的城市交通。

第二节　城市和交通的发展

一、城市交通的概念和分类

1.城市交通的概念

城市道路交通就是在城市区域系统内和城际区域利用交通工具，通过时间的延迟和空间的占用，将客货的发生点和消失点联系起来，使客货发生位移的活动。

城市交通不是使用特殊的交通工具，具有特别属性的交通，它是包括城市及其周围的地区在内，即通常所谓的城市因范围内流动的交通总称，也是指满足在该城市范围圈内居住与工作的人们进行日常活动的交通。城市里的日常活动，当然不仅是限于城市圈内相互间的交通，但作为日常定期往返的经络，可以认为城市交通在城市活动中起血液循环作用。

在当代，无论城市还是农村山区发生的日常交通也可说是城市交通。但是，本文中城市交通的定义乃是城市圈内所发生的日常交通。

因城市交通是城市圈内的日常交通，虽然其交通特性由于目的不同而千差万别，一方面也反映了生活在城市圈内人们的共同性格，形成某种特色，也就是城市交通的特点。首先城市交通直接关系日常生活，日常生活对城市交通发生影响很大。日常生活的通勤、通学交通和以业务活动为中心的交通、社交、娱乐等方面的交通增加了。焦点是通勤，通学交通和业务活动的交通。通勤、通学交通因连接居住区与工作单位、学校，形成有固定起讫点的稳定出行，且造成一定时间内的高峰流量。而业务活动交通与退勤、通学交通相比则由于业务活动的内容不同，交通的内容、数量、性质也有显著差异，且由于起讫点不固定，不构成固定出行。像通勤出行在高峰时间时的那种高度密集的交通是不多的，一般还都是全天交通。可是，通勤、退学交通和业务活动交通，都具有城市交通的共同点。购物、社交、娱乐等城市交通为共性，如下所承：

2. 城市交通为共性

（1）主要是近距离交通。

（2）与城市间交通相比，交通量大。

（3）有时间周期性。

（4）有指向市中心和车站的方向性。

为了有秩序地发展这种共性城市交通使之能适应城市人口增加、城市膨胀与频繁的活动，应当研究城市基本结构与城市交通相互间的关系。用前述城市交通特征之一的"大量性"为例，作为城市交通措施的前提，从数量上了解城市规模、人口、土地使用而使交通产生的变化极为重要。同样，了解交通的发生量、方向性、时间的棠中性与城市的经济活动，城市人口，住宅和企业密度等相应，它们之间有怎样的关系，也是十分重要的。

要了解城市经济活动、人口、住宅与交通现状关系颇为困难，但借助于各种统计资料和电子计算机，还是能够求得的。不过，城市交通措施往往是在预测城市发展前景的同时，就必须制定相应设施规划。为此，必须一方面对城市进行预测，一方面考虑交通措施。反之，因城市交通起着城市活动的循环器作用，也有可能用交通设施的规划和建设作为城市有秩序发展的诱导手段。这样，城市的发展和城市交通流动，城市模式和交通设施常常有整体关系。所以，讨论城市交通问题时，一定要在城市规划的基础上力求根本解决城市交通问题。

在反映城市交通时，显然主要是以各种汽车交通、公共汽车和铁路等公共交通为代表，但也不能忽视自行车和行人交通。城市的日常生活中，步行和两轮车所起的作用很大。时至今日，没有完善的行人交通制度的交通体系已经不成其为城市交通系统了。

3. 城市交通的内容分类

为方便起见，先就城市交通的内容大致分类如下：

（1）按性质分类：

通勤、通学、业务、投递、购物、医疗、就餐、社交、娱乐、迎送宾客等。

（2）按设施分类：

城市道路交通：汽车、路面轨道、自行车、行人等。

专用铁路交通：地下铁路、近郊电气化铁路，城市间铁路等。

（3）按功能分类：

大型公共交通运输工具：公共汽车、路面电车、高速铁路等。

个人交通工具：小汽车、货车、私用客车、自行车等。

按性质将城市交通分类，能充分与城市社会学、城市地理学、交通经济学等结合。在研究与制定城市规划和交通规划时，它是对交通需求进行推算分析的基础，以进行定量的计算。而在设施规划阶段，常常按照交通设施与功能分类来制定规划方案。

二、城市交通系统功能

现代的大交通运输业包括铁路、公路、水运、航空和管道五种基本的运输方式，它们以人或货物在空间上的移动即位移为其产品。然而，这些产品中的绝大部分的发生和结束需要在城市中进行，借助城市的交通运输系统来完成，特别是这几种运输方式之间的相互补充、相互协调，则更加坚定地依靠城市文通系统来实现。否则的话，大交通运输系统将变为孤立的线和网，形成不了客流和物流的集散，运输也将成为一句空话。并且由于大量的客流和货流多由城市集散，因此如果没有城市交通的保随和结合，全国的大交通运输网络就不可能畅通无阻。具体而言，城市交通系统有如下三项功能：

（1）保证相促进城市生产活动；

（2）保证城市居民正常生活工作；

（3）保证城市外部循环输送。

城市交通系统是一个国家或地区统一的大交通运输系统的重要组成部分，是全国大交通运输网络的枢纽，它是由城市市内交通系统和城市对外交通系统两部分组成的。市内交通系统的交通方式有轨道（地铁和轻轨）和公路两种，个别城市还有水路运输方式，城市对外交通系统中有五种运输方式，即铁路、公路、水运、航空和管道。习惯上，人们将市内交通系统通称为城市交通系统（本书所研究的城市交通问题指的就是市内交通，并且主要是市内道路交通。如果不特别注明，则城市交通指的就是城市市内道路交通）。

由于城市对外交通系统中的各种交通方式汇集于城市中的车站、港口和机场，从而对市内交通造成压力。而市内交通起着内外交通的"消化"作用，这样一来，城市就形成了庞杂的运输枢纽。判断一个城市，或者说一个中心城市的经济发展是否强劲的关键在于它本身是否拥有强大的"消化能力""凝聚能力"和"反馈辐射能力"。其中，交通运输则是一个不可缺少的重要条件。城市内部交通相对外交通对城市社会、经济的发展起着重要的作用。然而，其中起着直接作用的是城市内部交通，它同工作、居住和休息一起构成了城市的四大活动。这四大活动影响着城市的"消化能力"，而"消化能力"又是城市"凝聚能力"和"反馈辐射能力"的前提。因此，城市内部交通是城市社会和经济发展的动脉，是城市重要的基础设施，是建设现代化城市的基本条件，是城市发展水平的重要标志之一。随着城市的发展，城市交通对城市社会和经济等各个方面将发挥着越来越重要的作用。

交通业的发展，有利于生活质量和生产效率的提高。同时，高水平的生产活动和生活质量又对交通条件提出更高的要求。在这种循环作用下，交通供需之间的矛盾越发突出。由于城市人口、车辆及出行活动的增加，产生了更多的人、车交通量，而城市有限的空间又不可能无限的满足交通需求，由此导致世界上大多数城市的交通条件日益恶化。不论是纽约还是孟买，北京还是上海，东京还是巴黎，都能见到缓缓流动的车流、满腹怨言的乘客和与运输工具现代化极不相称的狭窄坑洼的道路与原始落后的管理控制方法和手段。几乎所有的市政当局每年都要为交通系统提供巨额的、越来越难以负担的财政补贴。所有这一切，都促使政府官员、专家学者和一切关心城市发展的人们，积极研究城市交通系统相与之相关的各种问题，不断探索解决城市交通问题的各种有效途径，以缓解城市交通的拥挤状况。

三、城市交通中存在的主要问题

一般来说，在城市交通中存在的主要问题有：

（1）道路负荷过重，交通拥挤严重。交通量过大，造成道路负荷过重，车速随之下降，由道路上车速与密度之间的关系可知，随着道路上车流密度的增加，车速呈下降趋势，直至为零，从而造成交通阻塞。产生交通阻塞的极本原因在于道路上实际的交通流量大于道路能够提供的通行能力。具体表现为：车行道宽度不够；平面交叉路口通行能力有限，造成路口及路段上交通阻塞，道路上各种车辆和行人混行，相互干扰，造成交通阻塞；立交桥形式选择不当，或匝道设计通行能力不足，也有可能造成交通阻塞；机动车辆的大幅度增加，加大了道路的负荷；出行方式的不合理分布，会加剧交通拥挤程度；缺乏严格的交通管理，道路空间被占现象严重等。

（2）交通安全。现代化的交通运输是城市生产和生活的重要文校，但随之而发生的交通事故给人民的生命财产带来了巨大的损失。据统计，全世界每年在交通事故中丧生的人数在 25 万左右，仅 1988 年在我国交通事故中死亡的人数就为 54814 人，是交通事故死亡人数比较高的国家之一。影响交通事故的因素很多，涉及人、车、路和环境等各个方面。由于城市人口密集，机动车辆多，还有大量横过街道的行人，自然，发生交通事故的概率比乡村大得多。一个美好的城市首先应使居住在其中的人们有安全感。因此，减少城市道路交通事故是城市交通规划和管理工作中的一项重要内容。

（3）交通造成的城市污染。城市中大量的机动车辆会给城市带来非常严重的空气污染和噪声污染，其中汽车废气中包含有一氧化碳、碳氢化合物、氮氧化合物、硫的氧化合物、铅的氧化合物及烟尘等。不同车辆和不同的燃泊类型所排放的废气成分和数量有所不同，但无论什么车辆、无论何种燃泊类型，5 交通拥挤时，车辆运行速度放慢，排放出的废气总量就更大。同样，道路上的交通量越大，距离道路越近，感受到的噪声级就越高。此外，车辆行驶时的震动和飞尘也都会造成城市的污染。

四、交通在城市发展中的作用

城市发达与交通发展有密切关系，任何时代的城市在扩展时，都会产生相应的交通工具。只有交通设施能满足要求，城市活动才会活跃，城市功能才能充分发挥，城市也就能有较大的发展。

产业革命以前的城市，大部分受统治者控制，政治色彩很浓，很少有与海外进行贸易为主的产业城市。这些城市的共同特点是以农业为主，进行农产品交换。城内只有对农产品加工的家庭手工业。这种城市的活动范围受城市管辖范围的限制，而交通条件则是形成城市管辖范围的重要因素。所以，一方面把城址选在交通便利的地方，一方面也从首都和主要城市向所辖地内各处积极修筑道路。当时，水运是运输的主要交通方式，所以从古代到中世纪，城市大部分都是以河岸、港湾为中心修建的。

在产业革命普及、工业引进了各种动力机后，城市规模迅速扩大。19 世纪开始使用蒸汽机、内燃机、电动机等，使城市中家庭手工业普遍为动力工业所取代。工业使用动力时，必须雇加大员劳动力，所以在工业集中的城市内人口也显著增加。交通不足以承担大量流入人口的压力，也要求改革。使用动力的交通工具如轮船、铁路等已付诸使用。再者，由于农业技术的进步，农作物产量增加，使城市扩大、人口增加有了条件。城市扩大的条件具备了，城市交通的形态也会发生变化。

农业时代的交通主要是解决城市和市外的农产品运输，即以货运为中心的大量运输。轮船、铁路问世后，运输问题基本上可以解决。但工业中心城市一开始形成，就由于工人的定时通勤、城市人口的急剧膨胀和市区的扩张，促使以日常交通为内容的市内交通迅速兴起。最初市内交通是由公共马车承担的，由于不能适应人口增长和城市发展的需要而被淘汰，逐步由轨道马车、有轨电车和公共汽车所取代。

城市交通的发展与电力、电机、煤气、上下水道等其他城市设施的建设相适应，成为城市生活不断提高的反动力，同时也更促使城市人口、企业与功能的集中。人口、企业的集中和城市设施的建设给城市生活带来很多好处，但也加剧了城市的膨胀，形成反复循环。在城市发展过程中，总是希望城市交通使用运输能力被大型工具替代。随着城市活动的活跃，对弹性交通方式的要求也日见强烈。在大城市除有轨电车和公共汽车外，正在陆续修筑地铁，近郊铁路，高速铁路。此外，汽车交通这种富有弹性的交通工具也有较大的发展。在先进国家，因汽车的便利性和汽车工业的大发展，汽车交通呈爆发性增长，现有城市设施和交通设施远远不能适应，只好努力建设适应汽车时代要求的道路网、停车场，公共汽车和货车终端枢纽站等设施。而城市交通设施和交通工具的进步，又造成更多人口与城市功能的集中，市区进一步扩大。这样，对城市交通又提出了更新技术和设施的要求，以求能高速发展。由此可见，城市的发展与交通设施关系十分密切。在城市发展中，认真进行交通工具的建设是其必要条件；而想彻底解决城市交通问题，则必须从解决城市规划的基本问题入手。

现代城市交通问题不仅是专家们的研究课题，也是当代社会问题的焦点。它和住宅问题一样，为广大市民所关心。特别是大城市，汽车一直在持续增长，上下班高峰时，经常发生交通阻塞，迫切需要解决交通问题。因此，不仅是专家们在积极研究新方案，一般的报纸杂志，也再三刊登文章进行讨论，寻求解决的办法。

城市交通问题为什么如此重要？原因就在于交通是市民的"脚"，与城市生活关系十分密切。而日前尽管有各方面努力，城市交通的紧张状况还不可能很快好转。正因为交通与城市生活关系密切，所以市民也特别关心。例如：在城市里寻找住房时，交通便利不便利，住房所需资金，住房周围环境等等都是左右决定的关键。市民生活产生的城市交通与市民广泛的城市活动纵横交错，从而使城市交通更加复杂起来。

城市交通紧张的主要原因是流入城市的人口剧增和城市活动频繁化、活跃化，造成汽车文通显著增加。人口从市外向城市流动是当前世界的共同现象。地区之间存在着生活水准和社会生活的差别，人们总希望去生活水准较高，生活较便利的地方。在城市里往往能自由选择职业，有优惠的文化教育设施和医疗条件等等，这将吸引人口从市外向经济条件好的城市流动。

不过，能否说任何地方只要人口增加，企业集中就会形成城市呢？不一定。现代人口集中的大城市是有着活跃的商业活动和枢纽性管理与交换功能的大城市，也是地区的中心城市，它的附近有正在进行住宅建设的一系列卫星城市群。它本身也是拥有近代工业，大量雇用新工人的工业城市。人口流入城市的共同结果，就是由于制造业和建筑业等第二产业的活动和商业、金融、服务、公务、运输、自由职业等第三产业的活动使城市活跃起来。尤其是贸易、批发、服务、金融等管理交换中枢功能较强的城市，流入人口更多。现代城市活动中心正向第三产业移动。当然，为促进第三产业的发展，在城市附近及其交易范围内安排第一、第二产业的生产是必要的，尤其现代第二产业对城市发展有很大影响。这样，在第三产业成为城市活动中心后，交通、通信等联系就会有飞跃发展。与产业革命构成现代工业基础一样，如果交通、通信等联系的质和量产生巨大变革，足以保证城市的频繁活动，那就意味着现代是城市进行新的结构改革的时代。

城市活动愈活跃，人的接触就愈频繁。需要随时交换情报，从而产生大量的交通需求。如果仅是单纯地交换情报，电话和打字电报机本足以满足需要。但若要满足人与人相互接触和物资交流的需要，则一定要有交通工具。所谓交通，一方面是大量集中的通勤（如上下班，上学等）交通，另一方面是各种业务交通，它们的流量和速度均较过去明显增大。而大部分城市的现状是运输体系不能适应这样增长的交通需要。如果往这类城市集中人口和产业，那么，城市很难发展。若略微改造一些交通设施，将交通需求处理得当，则可对城市发展起先导作用。但这又往往引起交通需求加倍的增长，造成恶性循环。

因此，不彻底加以改革，是很难解决城市交通问题的。只有充分掌握城市活动动向、城市特性及其发展能力，认真研究交通设施规划和管理方法，才能治本。可以说，只是现在才能高瞻远瞩地积极处理城市交通问题。

这里所说的"高瞻远瞩"是将交通问题与城市活动和市民生活当作一个统一体。如果仅就交通问题来进行研究，是没有出路的。必须把交通问题作为派生的普遍社会现象来探索。从这点出发，必须借助于经济学，社会学和地理学。另外，还应考虑住宅；工厂、大厦、商店等的布局与设施的建设规划，从城市总体规划上来作调查分析。城市交通问题影响非常广泛。它深深地浸透在市民生活和经济活动之中。不根据城市活动与城市形态的现状和对将来进行确切地预测，城市交通问题就不能顺利解决。

第三节 城市道路交通现状

一、城市道路交通现状

1. 交通拥挤日趋严重

随着国民经济的高速发展和城市化进程的加快，我国机动车拥有量及道路交通量急剧增加。尤其是在大城市，交通拥挤堵塞以及由此导致的交通事故的增加、环境污染的加剧，是我国城市面临的极其严重的"城市病"之一，已经成为国民经济进一步发展的瓶颈问题。以北京市为例，交通问题已经成为影响城市功能正常发挥和城市可持续发展的一个全局性问题。1996 年，全市共发生交通拥挤堵塞 16798 起；市区严重拥堵的路口、路段已从 1994 年的 36 处猛增到 99 处；市区高峰期每小时机动车流量超过 10000 辆的路口已达 27 个；二、三环路断面双向机动车流量每小时已超过 11000 辆，城区主要道路平均负荷度高达 95% 以上。由此造成市区 11 条主要干道的车速降至 12km/h，个别路段时速仅有 7 ~ 8km/h。由于道路交通拥挤程度逐年加剧，导致公共汽车平均运营速度下降。"五五"期间为 19km/h，"六五"期间为 17km/h，"七五"期间为 15km/h，"八五"期间降到 13km/h，进入"九五"期间仍呈下降趋势；

交通拥挤的加剧，不仅会造成巨额的经济损失，而且如果发展严重甚至还会导致城市功能的瘫痪。交通拥挤的直接危害是使交通延误增大，行车速度降低，带来时间损失；低速行驶增加耗油量导致燃料费用的增加；增加汽车尾气排污量，导致环境恶化。此外，交通拥挤使交通事故增多，而交通事故的发生又使交通阻塞加剧，形成恶性循环。英国德州运输研究所研究美国 39 个主要城市，估算美国每年因交通阻塞而造成的经济损失约为 410 亿美元，12 个最大城市每年的损失均超过 10 亿美元。日本东京的专业运输成本 1985 年和 1980 年相比，年度成本增加以 284 亿日元，也是主要由于交通阻塞加剧，货车每日行驶距离缩短，成本上升造成的。日本东京每年因交通拥挤造成交通参与者的时间损失相当于123000亿日元。欧洲近年因交通事故、文通拥挤和环境污染造成的经济损失分别为500亿欧元、5000亿欧元和50—500亿欧元。

2. 城市交通与资源环境

随着我国城市化和机动化的发展。城市交通体系越来越多地需要占用大量的上地，消耗大量的化工类燃料，产生大量的环境污染和生态负效应；另一介面，我国现有的资源（包括土地资源）储量和能源结构，以及基于城市发展模式和可持续发展进程的环境容量限制对于城市交通的发展也有着各方面的制约作用。这种城市交通与资源环境相互影响主要体现在以下三个方面：

（1）城市交通用地是城市主要的用地类型之一

城市发展模式与一定的城市经济水平、交通工具体系密切相关。过去我国城市主要是建立在以公共交通、非机动车交通和步行为主要交通方式的基础上，因而城市布局紧凑、城市交通用地较少。根据世界各汽车化交通发达国家的城市交通用地分析可知：其城市道路面积率范围一般在18%～35%，而我国城市道路面积率平均不足7%（1993年），即使在机动化水平较高的城市，如北京、上海等，其道路面积率也仅为10%左右。

但是，提高我国城市的道路面积率将会受到一定的制约。首先，我国国土面积有限，人均国土面积仅为14.4亩，与世界水平相比是少的国家；我国可耕地更少。据统计，1995年我国人均耕地只有1.2亩，沿海地区省份更少：广东省人均耕地0.52亩，福建省0.57亩。浙江省为0.58亩，江苏省为0.95亩。显然，像我国这样这样一个人口的大国，要解决吃饭问题，在城市化进程中，难以采用北美一些城市低密度发展的策略，城市模式只可能是紧凑型。其次，由于我国是一个历史悠久的国家，城市创建的年代久远，也往往采用同心圆式的紧凑型城市结构，城市道路面积率的增加也往往集中于同心圆的外围，形成同心圆式的向外辐射，这种结构限制了城市交通对土地的开发和利用，而供求矛盾的焦点仍在城市中心。据调查，北京市区客车出行量的42.6%、货车出行量的13.5%是以城区为起止点的，且城区道路建设往往与旧城改造项目同步进行，难度很大。所以希望近期大幅度提高城市交通用地率是不切实际的。

（2）城市交通是我国石油资源的最大消耗者

据联合国统计，交通运输部门已经成为最大的化石燃料消耗部门。我国经济的发展、城市规模的扩大、人口的增加，刺激了人们对交通设施的需求，并相应地引起交通运输业对土地、交通工具的占用和一次性能源消耗的增加。但是，我国资源存储也存在很多不足，如人均资源占有量少，低于世界平均水平；存在资源消耗速度快，强度高，利用率低，后备不足，供求矛盾等问题；且资源的空间分布不均衡，质量差别大，劣质资源比例高。特别是能源结构不合理，一次性能源中，低效率、高污染的煤占75%，而高效率、低污染的石油、天然气仅占20%左右，无污染的水力资源仅占5%，核能利用水平低、离多元化的能源结构相距甚远。这些对生态环境的可持续能力、经济增长和交通发展的可持续性均造成不良的影响。这一矛盾将制约我国交通运输业的发展。

（3）城市交通是我国城市的主要污染源

近些年来，随着我国经济的发展和城市化、机动化进程的加快。我国城市的环境和生态状况质量下降的相当严重。在世界十大污染城市中，我国就占了4个，分别是北京、上海、广州、沈阳。在环境污染中比较严重的是大气污染和噪声污染。目前我国城市大气污染物主要有悬浮颗粒物、SO_2、NO_X、CO 等气体。城市交通是这些污染的主要排放源。我国城市目前的机动车密度虽然较低，即使北京、上海等机动化程度较高的城市的汽车密度也远远低于世界上的一些发达城市，但由于车型、燃料、维护不善等原因，使单车尾气和噪声污染高于国外汽车，加上电气化普及率较低等因素，使得我国城市交通污染在整个城市污染排放中的分担率相当的高。

城市交通引起的噪声污染也相当严重。根据1992年对40个城市的统计，有39个城市的道路交通噪声平均值超过70dB（A），我国北京、上海、广州等大城市的噪声均高于纽约、东京和巴黎。在城市噪声污染源中，交通噪声的污染分担率为30.2%。

城市交通对环境影响的一个重要方面就是城市生态环境。城市生态环境是城市生存和持续发展的前提和基础，持续发展是目标。由于城市人口密度高，生物多样性差，对外界环境的依赖性强，使得城市生态环境相对薄弱，形成倒金字塔型的生态结构。而城市交通设施的建设造成的地域隔断、城市交通发展对土地资源的占用、交通环境污染对生态环境的破坏等一系列因素使得城市有效绿地面积下降、城郊耕地减少、城市可用水源下降、生态保护区被分割和破坏，从而使人们的生存环境质量下降，城市灾害发生频度上升，严重影响了城市的可持续发展。

二、交通发展与城市结构变化

交通系统的不断发展和完善，将会大大缩短时空距离，扩大人们的活动范围。随着交通的发展，人们的生活圈不断扩大，就业圈、购物圈、娱乐圈的半径越来越大；也就是说，交通的发达将会改变城市结构和土地利用形态，使得城市中心区的过密人口向城市周围疏散，城市商业中心更加集中、规模加大，土地利用的功能划分更加明确。同时，交通的规划和建设对土地利用和城市发展具有导向作用。

从就业人口分布来看。由于发达国家的大城市都心部集中了大量的金融、商贸、咨询公司，以及各级政府机关等，从而形成都心部大量就业人口集中的状况。东京都心部就业人口数是居住人口的8倍，而北京都心部的就业人口数却低于居住人口数。上述城市空间结构的不同特征，决定了不同的城市交通特性。发达国家一般形成了远离市中心居住，早晨流向市中心，晚上离开市中心的交通特征。

三、中国城市交通面临的问题

经济的繁荣带动城市及城市之间的社会交往和经济贸易日益频繁，加之我国人口稠密，交通设施原本不发达，以及作为发展中国家工业化过程中的机动车高增长率（年10%以上），导致交通供需矛盾日益尖锐。据统计，1978—1995年我国的机动车辆的增长速度是公路里程增长速度的81倍。1978—1993年我国城市道路面积和长度增加了3.7倍和2.9倍，人均道路面积从34平方米增长至6.5平方米，公交车辆和线路分别增长了2.4倍和2.8倍。但同期，城市汽车增长了5～7倍。并且近年来我国汽车年增长率普遍保持在15%～20%，有的城市高达30%，并且有继续增长的趋势。另外，由于我国城市交通是一种包括行人、非机动车辆和机动车辆在内的混合交通，从而使交通组织、交通管理和交通控制之间的矛盾更加突出，因而导致严重的城市交通拥挤和堵塞。具体表现为：乘车出行拥挤，道路超负荷，平均车速下降，交通事故频发，交通污染严重等。据统计，我国市区机动车平均行驶速度已由60年代的25～30km而下降为现在的10～15km小11978～1993年全国发生交通事故310万余起，死亡6L2万余人。

1. 我国城市交通和道路系统存在的问题

具体而言，我国城市交通和道路系统存在的问题有：

（1）长期以来在城市规划建设中缺乏对城市交通问题的重视。

建国初期，汽车交通发展缓慢，城市交通的矛盾不明显。20世纪60年代以后，随着我国石油工业和国民经济其他产业的发展，汽车发展速度大大加快，运输量也随之增加，铁路和水运逐渐饱和，汽车运输逐渐占据十分重要的地位。尤其是文革后期，城市交通迅速增长，城市中心地区的交通矛盾很快激化。1978年以来，虽然重视了道路交通设施的建设，但由于城市中心地区改造困难，新区建设量比较大，交通基础设施的建设和规划仍相对滞后。进入20世纪90年代后，虽然政府加大了对交通基础设施的投资力度，但由于多年来欠账太多，远远比不上同期我国城市交通需求的增长速度。

（2）城市发展的基本模式一般是单一中心的同心因式的发展。

由于在城市发展建设上缺乏远见，没有清晰的、超前的规划思想，而主要是继承了中国古代城市集中式布局的传统，从而使城市像滚雪球一样越滚越大。城市布局的不合理性造成工作与居住、生产与生活联系的不方便，人和车的平均出行距离越来越大，加大了交通流量，使得城市生产和生活周转减慢，越来越不经济。

（3）城市建设中忽视道路系统的建设。大多数的城市道路系统不完整，交通流过于集中在少数干道上，迂回运输现象比较普遍；城市交通结构不合理，各种交通工具没有合理地负担各自的运输任务，以及自行车交通量的不合理发展；同时，城市中缺少各种车辆的停车场，各种车辆的乱停乱放及其他堆放物占用道路和人行道的现象十分严重。这也是造成城市交通拥挤和阻塞的重要原因之一。

（4）交通流的混杂和相互干扰。由于我国城市的整体经济水平比较低，交通工具种类繁多，差异很大。不同性能和不同功能的交通流在同一平面上混杂在一起，互相干扰，特别是机动车受到非机动车和行人的干扰，使得机动车流量的速度降低，带来的是城市道路利用率降低，从而导致城市交通效率大大下降。

（5）城市交通管理落后。城市中社会车辆比例过高，而专业车辆比例较小，造成了车辆空驶率很高，无形之中加大了交通量。

（6）解决交通问题的指导思想缺乏远见。具体表现为：忙于治标，忽视治本，缺乏从全局观点出发、从系统工程的角度出发、从城市布局和整个道路系统出发的行之有效的方法和手段。往往就事论事，从一条道路、一个交叉路口去解决眼下的问题，这样一来，经常会在解决当前问题的同时又产生新的问题。

2. 解决我国城市交通问题的宏观对策

城市交通问题是当今世界上所有城市共同关注，并为此付出了极大精力的重要课题。针对我国的具体情况，有关专家学者提出了解决我国城市交通问题的宏观对策，主要内容有：

（1）要从我国城市人口多、客运量大的特点出发。我国城市人口密集，很少有像西欧或美国中西部那样的布局比较分散、规模比较小、密度比较低的城市。此外，我国现又实行劳动密集、广就业、低工资的政策，所以城市客运量大是普遍规律，这是我国城市交通的特点，并将长期存在下去。即使发展技术密集型工业，以中心城市为核心的城镇体系仍将是我国城市化的特点。

（2）要从根本布局上解决城市问题。从控制大城市的发展出发，结合建立先进的综合交通运输系统，引导城市用地总布局向合理状态转化而进行必要的调整，改变单一中心的布局结构，减少跨区性的交通生成量，缩短出行距离，使交通均衡分布。

（3）搞好城市交通规划工作，将规划、设计和综合治理相结合，缓解交通拥挤局面。

（4）注重完善道路系统。城市道路系统规划和建设要立足于逐步改革城市道路系统结构，逐渐形成一个完整的、合理的、分流的道路系统。在此前提下，有目的、有计划的安排路段相交叉路口的改造。

（5）加强交通的科学化、法律化管理。认真研究城市规划中的交通问题，做好城市道路交通组织规划，根据现实的交通状况提出科学、系统、合理、有效的交通整治和管理方案，把交通管理与城市规划、城市道路系统规划、城市道路设计结合起来，做到交通管理的科学化；加强交通立法并配合其他措施减少交通事故和降低交通污染。

综合上述，对于新建城市、城市布局还没有完全形成的城市及道路交通基础设施还比较潦弱的中小城市而言，必须严格按照上述方法和对策认真进行城市规划和城市交通规划，以保证城市未来的交通顺畅，促进城市社会和经济的长期、快速和持续的发展。

但对于我国的大城市（尤其是北京、上海和广州等待大中心城市）来说，一方面城市布局和用地已基本成型，中心地区改造极其困难，交通基础设施欠账太多；而另一方面城市交通需求量急剧增长，导致城市交通拥挤状况愈来愈严重。因此针对这些大城市，最迫切的而且是最行之有效的旨在缓解整个或局部交通网络中拥挤局面的对策方法就是：一定要从全局观点出发、从系统工程的角度考虑，在挖掘现有设施的潜力、通过严格的组织管理和提高现有道路系统通行能力的同时，对已不适应现代化交通需求的道路交通设施应及时更新、完善城市道路网络，增强其通行能力。

这种基于整个或局部交通网络的道路更新、改进工作可以避免上述所提到的忙于治标、忽视治本，"头疼治头，脚疼医脚"的就事论事的工作思想和工作方法，即可以避免从一条道路、一个交叉路口去解决眼下的交通拥挤问题的思想和方法而带来的种种弊病。而这种从全局观点出发、从系统工程的角度出发的基于整个或局部交通网络的道路更新、改进对策和方法正是本书所研究的城市交通网络设计问题的主要内容。

日前我国城市交通面临的形势是：

到 1994 年年底，全国道路总里程为 103 万 km，其中高级、次高级路面占道路总面积的 80% 左右，各城市道路面积率一般只有 4% ~ 15%，人均道路面积仅为 3 ~ 7m²，道路网的密度约为 5 ~ 7km/km²；而工业发达国家的城市道路面积率多为 25% 左右，个别城市尚达 35% 以上，人均道路面积为 30m²，道路网密度约为 20km/km²，上述数字表明发达国家的人均道路面积、道路面积率及路网密度大致为我国同类城市的 2 ~ 3 倍，再加上我国城市人口密层大、用地紧张、道路质量不好、技术管理落后，因此在城市交通拥挤、环境污染和城市能源消费上，城市道路数量不足、质量不高的问题十分突出。

1983 年全国城市机动车保有量近 200 万辆，比 1977 年几乎翻了一番；1994 年城市机动车保有量已近 500 万辆，约占全国机动车总数的 50%。近些年来，全国机动车的年平均增长率达到 15%（不包括摩托车），个别城市高达 30%。近 10 年，私人汽车的数量成倍增长，到 1993 年全国私人拥有的客车已达 59.85 万辆。1994 年北京私人汽车拥有量约 10 万辆，占北京市汽车总量的 17%。

不少城市交通量的年增长率超过了 20%，城市交通堵塞现象随之增多，车速普遍下降。一般城市干道上机动车的运行速度只有 15 ~ 20km/h，大城市中心区的车速已降至 10 ~ 15km/h。

我国城市交通现状特点是：汽车增长速度快；道路建设无法满足日益增长的交通需求；常规公共交通萎缩；出租车迅速增加；轨道交通开始起步；交通管理技术水平低。上述问题导致城市交通拥挤堵塞日趋严重、交通事故频发、环境污染加剧、城市环境恶化。

按照目前的交通基础设施建设速度和交通需求增长速度，进入 21 世纪之后，我国城市交通供需不平衡的矛盾将会更加尖锐。交通拥挤、交通事故、环境污染以及能源问题将会日趋严重。如果我们不能及早采取综合措施，加强城市交通基础设施的规划、建设与运营管理，则交通问题就会成为影响经济发展和城市功能的瓶颈问题。结合一些城市的发展状况分析，我国未来的城市交通状况可能会有如下几种前景，即目前的北京、日本东京和泰国曼谷的状态。

1. 发达国家的首都——日本东京

日本东京 23 个区，人口 816 万，面积 617.8 万，拥有 460 万辆小汽车。在此区域内，有城市高速道路 157km，一般道路 1079km，形成了较好的道路网；有 12 条地铁线，总长 210.5km，再加上国铁和私铁进入市内的部分，几乎可以方便地乘坐快速轨道交通到达都内的任何目的地。东京都内（23 区）的全交通目的交通力式分担的情况是：铁道 39.6%，巴士 2.8%，私人小汽车 16.4%，步行和摩托车 41.2%。

尽管东京都内的铁路和道路网都十分发达，但东京的城市交道却面临着极其严峻的局面。铁道最拥挤区段的拥挤度：地铁为 217，国铁为 277，私人铁路为 209。在早晚高峰期，通勤者无法靠自己的力量上车，地铁车站为此招收了大量临时工推乘客上车。这就是日本东京"通勤地狱"的现状。从道路交通来看，东京都有主要交通拥挤地点 51 个，首都高速道路最大拥挤长度（处于拥挤状况下的机动车排队长度）9.87km，最长拥挤时间 17h，几乎是终日处于拥挤状态。

2. 经济高速发展中的泰国曼谷

泰国曼谷自 1984—1993 年间经济增长率为 8.3%，是世界上发展速度最快的国家之一。由于中等收入阶层人数的增加，小汽车拥有量急速增加。现在，曼谷大约有 340 万辆小汽车，平均每 2.5 人拥有 1 辆。由于机动车交通过大，市中心的车速急剧下降，平均只有 3km/h. 有的甚至只有 1.2km/h，堵车时间持续 1 ~ 2h。目前小汽车拥有量仍以每天 400 ~ 500 辆的速度猛增，交通拥挤的现象在相当长的时间内不但无法改变，甚至越来越严重。因交通堵塞，泰国每年的经济损失达 40 亿美元。

3. 城市化、机动化急速发展的首都北京

到 1995 年底，北京市公路一环以内宽度 6M 以上道路长度 1070.47km，用地 30.79km²，道路网密度 1.65km／km²，用地率 4.74%。在所有的交通方式中，机动车一直以惊人的速度发展，包括摩托车和拖拉机在内的全市机动车保有量自 1998 年以来平均以 13.8% 递增。到现在为止，全市机动车数（含出租车）已达 106 万辆。市区有停车位 3.86 万个，仅占市区机动车拥有量的 8.5%，总停车位中 47% 为路上停车。由于交通结构不合理、道路容量不足、交通控制管理设施不健全、行人自行车违章以及交通事故、乱停车导致的交通拥挤，致使机动车车速不断下降，平均车速只有 15km 左右。

随着国民经济的快速发展，我国大中城市的交通需求将会不断增长，并将呈现多样化的趋势。如果我们不能恰当地确定我国城市交通的发展战略，确切地制定并实施城市综合交通规划，真正实现城市交通的科学化、现代化管理，我国大中城市的交通状况可能会重蹈东京、曼谷之覆辙。

第四节 城市道路交通拥挤

一、城市道路交通拥挤的概念

所谓交通拥挤，是指交通需求（一定时间内想要通过某道路的车辆台数）超过某道路的交通容量（一定时间内该道路所能通过的最大车辆台数）时，超过部分交通滞留在道路上的交通现象。

当交通需求很小时，出行者可以很快到达目的地。随着交通需求的增加，道路交通由畅通的自由流状态开始变得混乱，到达目的地的时间逐渐变长。随着交道需求的进一步增加，当交通需求超过了行走路径上的交通容量最小地点（瓶颈）的交通容量时，道路的交通状态就会发生变化。

来自上流的交通需求中超过容量的部分，即超过需求将无法通过瓶颈，在瓶颈处形成等待行列，这种交通现象称为交通拥挤。

交通拥挤的具体定义各国尚无统一标准，日本道路公团对高速公路的交通拥挤定义为：在高速公路上以车速 40km/h 以下低速行走或反复停车，起车的车列连续 1km 以上，并持续 15min 以上的状态为交通拥挤。美国道路通行能力手册在对城市干线街道的服务水平的等级划分中，将车速为 22km/h 以下的不稳定车流称为拥挤车流。总之，拥挤速度对于城市道路规定的要低些，对于高速道路规定的要高些。

二、交通拥堵的危害

交通拥堵之所以成为城市公害，不仅在于它造成城市正常社会生活秩序紊乱，进而导致社会经济、政治与文化等诸项功能的衰退，而且还引发城市环境质量的持续恶化。就能源消耗以及城市道路交通设施的有效利用而言，交通拥堵无疑导致对资源的严重浪费。

据文献资料报道，仅因交通拥堵导致的运输效率下降就使曼谷损失 1/3 以上的国内生产总值。在欧美国家约 1/3 多大城市因交通拥堵每年所带来的直接经济损失高达数十亿美元以上，由交通拥堵引发的交通事故及环境污染等间接经济损失更是难以估算。

交通拥堵对社会生活的影响首先是出行时间和费用（出行成本）的消耗增加。其次，由于出行成本的增大，可能会抑制出行（主要是除上下班等基本出行之外的其他所谓"非必要型"的出行），这就导致城市人口生活素质的下降。因为每个人对出行时间或费用都有一个可接受的限度（不同目的的出行，这个限度也是不同的），超过了这个限度，就可能放弃出行。

对每个出行的人或者货物运输来说，出行费用的增长包含燃料、车辆磨损（如果乘坐公共交通车辆，这两项会反映在票价中）、作业效率下降（运送同样的货物需要配备和使用更多的车辆及作业人员）。其实，出行时间的增加同样也反映在出行成本中（与劳动生产率直接相关的经济回报）。

交通拥堵对公共交通的影响也是十分严重的：私人小汽车更多地投入使用必然增加道路拥堵，由此殃及公共交通的运营效率。北京市曾经作过调查和测算，公共汽车平均运营速度每下降 1 公里／小时，相当于损失 200 部公共汽车的运力。若要维持运力水平不变，就意味着要多投入 200 部车辆。除了购车费用开支之外，还要相应增加车辆保养设施及停车场地建设费用，运营成本（司机、售票及维护管理人员的投入、燃油等）也会相应增加。香港也同样作过类似的测算，当平均运营车速下降 3.5 公里／小时，为了维持原有的运力水平，必须使车辆增加 50%，总的经营成本增加 30%。应当特别指出．交通拥堵对公共交通的影响会导致一种恶性循环——公共交通经营成本的增加及服务水平的下降。使公共交通的吸引力迅速下降（票价高、效率低），乘客会明显减少，使用私人交通工具（小汽车等）的出行会随之增加，交通进一步拥堵，公共交通运营状况进一步恶化。

交通拥堵对城市社会经济的发展有很大的负面影响：一方面，交通拥堵会引起客货运输的成本的增加，从而导致生产力降低；另一方面，城市交通拥堵将危及城市中心区的地位，促使城市的经济活动向外转移（人口及就业岗位向城市郊区的转移），经济规模效应受到破坏。由此可见，交通拥堵是由经济增长引发的经济活动增加所致，适度的交通拥堵是维持城市正常生活所不可少的"伴生物"，而过度的交通拥堵则又必然损害城市的社会生活秩序，阻滞社会经济的发展。这也许就是交通拥堵的"二重性"。

交通拥堵对城市环境质量的危害是另一个不可忽视的问题。据文献资料报道，各类机动车排放的尾气是大气中一氧化碳、二氧化碳、挥发性有机物、氮氧化物、臭氧以及可吸入颗粒物（尤其是小于或等于 10 微米的悬浮颗粒物）的主要来源。据伦敦 20 世纪 90 年代的检测报告，大气中的氮氧化物 74% 来自汽车尾气。我国许多大城市空气中的主要污染物——可吸入颗粒物、一氧化碳、氯氧化物及碳氢化合物也同样主要来自汽车尾气。交通拥堵会导致尾气污染的加重。据测定，汽车处于怠速或减速运行时，一氧化碳和碳氢化合物的排放量会大幅度增加；而汽车在加速时（尤其缓加速）氮氧化合物的排放量会增加很多。此外，交通拥堵还会使噪声污染变得更为严重。不仅是频繁"制动"与"启动——加速"会增加噪声污染，而且车流密度的增加同样使噪声增加（据测定，车流密度每增加1/2，交通噪声将升高 3dB）。

二、交通拥堵的"症状""病灶"及"病因"

如果把交通拥堵视为一种病态，借用疾病诊治的方法与程序，不妨研究一下此"病"的主要"症状""病灶"及发"病"机理。

交通拥堵的症状似乎不难把握，每一个在选出行的人都会以自己的实际体验与感受做出是否经历拥堵的判断。然而，不同的人在某些时候所作出的判断却可能有差异，甚至是大相径庭的。这是因为就"拥堵"和"堵塞"而言,在时间与空间范围上有程度的差异,而人们的主观判断标准也有差异。因此,科学地判断和界定"拥堵"和"堵塞"却并非一件简单的事情。通常要制定一个关于道路畅通程度的衡量标准。

就拥堵发生和持续的时间而言,可能是一个出入口、一个交叉口、一个路段、一个区域乃至整个市区。而就拥堵发生和持续的时间而言,则有高峰时段、平峰时段和低峰时段的差别,持续时间的差异就更大了。此外,还有所谓"阵发性"与"频发性"拥堵的区别。总之,"拥堵"与"堵塞"都是相对概念。客观上存在的拥堵程度差异与主观判断标准(即对拥堵的接受程度)的差异就决定了拥堵界定的难度。

虽然如此,人们还是力图为拥堵制定一个大家都能接受的标准。就一条道路而言,拥堵可以用"道路服务水平"来界定。而对于一个区域来说,问题就要复杂得多,拥堵的判定就不只是某一条或数条道路的实际服务水平了,而是还要引入"路网平均负荷水平"及负荷度随时间变化的"负荷时间分布曲线"的概念来判定拥堵在时间与空间范围上的表现程度。

无论如何,拥堵的"症状"还是不难发现和可以判定的,而拥堵产生的原因("病因")及发生的部位("病灶")就非常复杂了。

首先分析一下导致道路网系统运行不畅以至发生梗阻的部位("病灶")。主要的拥堵"病灶"常见于下列几点:

①各类平面交叉口(信号灯控制、让路标志管制或环形交叉口);

②主次干道及快速路区间出入口;

③立交匝道出入口;

④瓶颈路段;

⑤其他偶发点(事故及意外偶发事件发生点)。

导致上述地点或地段发生拥堵的原因可能是局部性的,也可能是系统性的;可能是道路系统自身的各类缺陷,也可能是系统外部因素(道路交通组织与管理、运输组织与管理、停车设施的安排与停车管理、交通需求管理等等)所造成的。因此,在分析交通拥堵的成因及研究疏导对策时,切忌只看局部(拥堵点)不看整体(路网系统),也不应只局限于研究道路系统自身条件而不研究道路系统的运行管理和道路使用者的行为。

分析交通拥堵的成因应当运用系统综合集成的分析方法,既要研究道路系统内部功能结构的各个组成部分自身的问题,也要研究制约和影响道路系统运行状况的外部因素。拥堵现象发生在道路上,但成因并不完全在于道路本身。作为各种运输系统的载体,道路系统只是城市交通大系统中的一个子系统,它的运行质量固然与它自身的状况(功能结构与空间尺度)有决定性的关系,但又受到其他各个子系统(如:客运子系统、货运子系统、交通组织管理子系统等)的制约,甚至还受到交通系统之外的城市其他功能系统的影响(例如:城市土地开发与使用方式、布局、城市综合管理模式等)。

道路系统自身的问题可以分为两个层次,即宏观层次(系统性缺陷)与微观层次(局部性缺陷），分述如下：

1）宏观层次——系统性缺陷

在研究道路与道路网的时候，人们往往把视点集中在空间尺度（空间容量）上，而很少注意到系统的功能结构性缺陷。道路与道路网的空间尺度与容量是比较直观的，是显性的。就一条道路而言，空间容量与尺度主要反映在道路宽度（车道数）、道路交叉口的平面布置信况以及道路的几何线型标准上。而路网的空间尺度则表现在路网的密度与道路面积率（即单位土地面积内的道路面积）。与空间尺度相比较，道路网系统的功能结构则是非直观的，其缺陷往往是隐性的。所谓功能结构是指担负不同功能的道路在路网系统中所占的比例与组合关系（即功能级配）。特别指出，系统的功能性缺陷是不能简单地用扩展空间尺度（加宽道路、拓宽路口、增加道路网密度和面积率）的方式来弥补的。

道路功能结构性缺陷有先天性的，也有后天性的。先天性缺陷主要是由路网初始规划失误（对于绝大多数城市来说，是历史遗留的问题）造成的，主要表现在各个不同功能层次的道路在路网中比例失调及组合失衡。例如，一些大城市，连接市区出入口的交通走廊与主要出入口数量不匹配，甚至根本就没有这样的走廊系统；或者虽有足够数量的出入走廊，但与对外的城际公路没有良好的衔接关系；或者，市区内担负大负荷量的集散干道不足；也有的是满足可达性功能需求的支路系统数量不足；如此等等。道路网后天性功能缺陷则是在道路系统改造过程中，由于忽视功能级配关系的再调整而造成的系统功能失衡。例如，国内许多大城市为了提高道路通行标准，将原有的城市主干道或次干道升级为城市快速路，而又未同时对路网功能结构级配关系作相应调整，致使原本均衡的级配关系遭到破坏，其后果是快速路周围地区的集散交通受到严重影响，而担负中长距离出行交通的快速路要么不得不继续承担大量短距离出行的车流（前提是快速路有间距较密的出入口），要么就会使该地区短距离集散交通陷于瘫痪。北京的二环路与三环路就是很有说服力的例子。在原先的路网规划中，这两条环路均是担负地区集散功能的城市主干道，后来为满足中长距离跨区过境交通需求，将它们改建为城市快速走廊之后，环路周围地区集散主干道间距内原规划的 300 米左右变为 1500 ~ 2000 米，集散功能受到严重损害，加之这两条快速环路保留了较密集的出入口（入口与入口平均间距 600 ~ 700 米，出口间距也大致相同），改建为快速路之后，实际担负的短距离车流（3公里以下）竟高达 20% ~ 30%。由于出入过于频繁，交织干扰区段过密，环路通行速度急剧下降（高峰时段甚至不足 30 公里／小时），失去其预期应担负的功能。不仅如此，由于路网调整中这一失误，便造成原本已趋于稳定的路网功能级配关系再度失衡。路网功能紊乱进而导致交通拥堵。

此外，路网系统的功能性缺陷不仅表现在道的功能级配关系失衡上，而且还有其他一些表现，例如，节点（交叉口）的功能级配关系。这一点反映在快速路系统上尤为明显。以往我们在快速路止交节点的规划设计上往往只考虑技术标准，而很少考虑不同节点的不同功能级配关系。实际上，不同区位的节点担负的功能是不同的。快速路与快速路相交的节点主要担负车流在快速系统内部行驶路径转移变换功能，要求各个方向车流行驶速度的连续性与稳定性。快速路与主、次干路相交的节点所担负的功能是保证快速路直行车流不受干扰的情况下，满足进出快速系统的转向车流集散功能要求。对于进出快速路的车流而言，只要满足其通过能力要求，而无须（也不可能）要求速度的连续与稳定。立交节点的形式及技术标准是服从于上述功能要求的，只有充分满足技术标准与功能标准的一致性要求，才不致引发节点的拥堵。

综上所述，发生在道路系统上的局部性、阵发性拥堵往往是系统功能紊乱造成的。系统功能的完整、有序是依靠合理的功能级配，亦即系统中各个组成部分（节点与路段）功能组合上的协调性及通过能力的匹配性。所以，解决道路拥堵问题往往并不仅在于路的多少与宽窄，也不在于是否修建高标准的立交或高架路，而是首先在于系统功能结构的合理性与完整性。

2）微观层次——道路设施局部性缺陷

前面谈到系统功能结构的合理性与完整性是发挥道路系统整体协同作用的关键。系统的功能完整性是靠每一个局部的合理设计来实现的。因此，道路设施的局部性缺陷同样会不同程度地破坏路网系统的完整性，从而引发由局部向整体区域逐步扩展的交通拥堵。

常见的道路设施局部性缺陷有以下一些：

①叉口。平面交叉口的进口车道数量不足，或者布置不当，致使通过能力与路段通过能力的不匹配；停车线设置过于靠后，或者停车线间距不均衡（例如东西方向两条停车线间距与南北方向两条停车线间距相差1倍以上）致使绿灯转换时所需间隔时间（即各方向全红灯）过长；交叉口行人设施及自行车车道安排不当，造成绿灯放行时机动车行进受阻；立交出人口没有安排足够的加速和减速车道，或交织段长度不足；匝道平面与竖向标准过低。

②路段区间出入口布置。首先，路段区间出入口的数量应该是与道路的功能性质相吻合的快速交通走廊及城市主干道主要是为中长距离过境（跨区）车流服务的，除了配合立交匝道的布置在路段区间安排必要的出入口之外，原则上是不允许开口的。与此相反，城市支路和多数次干道主要服务功能则是满足可达性要求的，因此路段区间布置出入口没有严格限制。出入口设置不当是导致道路拥堵的重要原因之一。此外，路段上安排的出入口在设计上的缺陷也往往造成交通阻塞。例如；出口与入口混用（即同一开口既可作为出口使用，也可作为入口使用，运行时无法保证出入的唯一性）；快速路或主上路出入口未安排必要的加（减）速车道；交通标志不醒目，标志的位置没有足够的提前量，等等。

③行人过街设施及自行车交通设施。对道路上主车流的顺向和横向干扰是造成通行能力下降，以致交通受阻的多发性常见"病因"。这两种干扰往往都是来自过街行人与倾向行驶的自行车。愈是高标准的城市道路，就愈要重视道路配套设施（行人过街设施、安全护栏及隔离设施等）。

（2）非道路系统自身的因素

道路拥堵的成出在很多情况下并不仅仅产生于道路系统本身。如果忽视了这一点，是无法真正解决道路拥堵问题的。

首先，道路上的交通负荷量是具有很大弹性的，它并非完全等同于城市中人与物流动的客观需求。任何一个城市在一个确定的时期，其出行和货物流通需求是一定的，可调节的弹性很小。但是，以什么运输方式去满足出行及物流的需求则是可以选择的，而采用不同的运输方式，给予道路的交通负荷则是完全不同的。正因如此，运输方式的选择（即交通结构）合宜性就成了影响道路系统负荷量的关键因素。以人的日常出行为例，选择小汽车出行方式就要比乘坐公共汽车多占用 10 倍以上的道路空间，也就是说，道路上的交通量就会无形中增加 10 倍以上。

其次，运输组织也是影响道路负荷的重要因素。一方面是运输效率的影响，以货运为例，运输组织方式落后，必然导致运输效率低下，反映在道路上、就是空驶车辆比例高。即便非空驶，满载率也不会高。据统计，我国许多城市由于货运专业化与集约化水平低，又缺少现代化的货物流通中心设施（配载与调度），货车空驶串高达 50% 以上，实载率不到 40%。这就意味着道路负荷中有很大比例是无效负荷。客运车辆也是如此，私人小汽车客位利用率很难达到 50% 以上。目前，许多城市出租汽车的流量占道路交通负荷的 40% 左右，而空驶率一般均在 30% 以上。这就是说，道路上仅出租汽车一项就产生 12% 以上的无效负荷（当然，按照出租汽车自身服务水平的需要，必须维持一定的空驶率，但通常不应高于 30%）。此外，运输组织水平还直接影响道路交通负荷在时间与空间上的集中程度。众所周知，道路的拥堵并不是从早到晚任何时候都存在的，也不是在任何区域都同时发生的。几乎所有的城市都有明显的交通高峰（包括持续时间可能不足 1 小时的"尖峰"）。如果以高峰小时的道路负荷与全日平均负荷的比值作为负荷时间分布均衡性指标，显然理想的比值应为 1。事实上固然达不到这一理想指标，但应愈接近愈好。同样道理，道路交通负荷在不同区域的差异大小也反映了另一种不均衡——在空间分布上的不均衡。正是由于道路交通负荷分布的过分集中才使得拥堵在高峰时段，在某一特定区域反复出现。应当指出，道路负荷在时间与空间分布上的不均衡性所引发的拥堵问题仅靠道路系统自身的改善是不可能解决的，尤其是时间分布的不均衡性引发的高峰交通拥堵。尽管道路系统的规划与道路的设计均可以充分照顾到这样的不均衡负荷状况，但却无法阻止这种不均衡状况的出现。

第三，城市土地使用布局的影响。这种影响是"潜移默化"的，是一种悄然渐进的过程。一方面，随着城市化的迅速发展，城市用地的扩展，大量外来人口的拥入，不仅城市交通的基本需求量——人的出行量与物的流动量相应大幅度增长，而且出行（流动）的距离也在扩大，反映在道路上的负荷是以上述两种量的乘积（即以人·公里或吨·公里计的周转量）关系增长的。另一方面，由于中心区比城市外围地区具有更为良好的基础设施条件、加之地价相对昂贵，使得这一地区的高强度开发似乎成为不可避免的"规律"。于是，前面谈到的道路负荷在地区分布上的不均衡性便会进一步加剧。为了缓解中心区的交通压力，人们总是试图不断改善这一地区的交通设施条件，而此举又会进一步刺激房地产开发商加大开发强度的欲望。如此反复，后果是可想而知的。

如果从微观的角度来分析城市土地使用与道路交通拥堵的因果关系，也可以发现一些问题。例如，在于道交叉口四周安排有大量车流出入的停车场、公交枢纽站、展览馆等公共建筑或利用交通主干道两侧安排临街商业设施等等。这些不适当的土地应用与建筑布局方式都会给道路的运行留下隐患。

第四，城市交通管理的薄弱或失当是造成交通拥堵的重要原因之一。交通管理所包含的内容是非常宽泛的，既包括对车辆功能状况的检验、驾驶员素质和行为的考核检验，也包括对道路范围内动态与静态的交通组织、监控与疏导。总之，是对道路使用者、车辆及道路运行的全面有效管理。交通管理的首要目标是最大限度地充分发挥既有道路交通设施的效能。这一目标是依靠各种交通流的有序化组织以及道路的使用在时间与空间上的合理分配来实现的。就我国目前的城市交通设施运行状况而言，有效利用程度是较低的。以单个的平面交叉口通过能力为例，由于信号配时、车道渠化及标志方面的问题，至少还有 10% ~ 20% 的潜力未得到利用。如果以路网系统整体运行效率与国外管理先进的城市相比、差距就更大了。仅就道路交叉口信号区域性协调实时控制系统的建立而言，就可以使平均行程时间缩短 30% 左右。其他一些司空见惯的管理失当问题，如；路上随意停车、随意占路、标志与标线不健全……，无一不严重损害道路有效通行能力。应当指出，这些人为的障碍不只是对某一段道路的通行构成阻滞，而更重要的是对路网系统功能完整性的破坏。应当特别指出，这种对道路系统整体效能的影响远比对局部地段的通行影响严重得多，而这一点恰恰是容易被忽略的。

综上所述，引发道路交通拥堵的因素在绝大多数情况下绝非只是局部性的道路缺陷，更多的是道路系统功能结构性缺陷以及许多非道路因素。任何一个城市都难有例外。不幸的是，当我们面对某一交叉口或某一路段发生拥堵时很少会从道路系统整体功能结构乃至道路系统以外的因素分析诊断问题的症结，也许只有发生大范围持续时间较长的拥堵时才会想到系统结构问题或者道路系统以外的其他相关因素。

三、过饱和交通流特性

对于不同的交通方式，交通拥挤的表现形式是不同的。铁道拥护的程度是以车内每平方米乘坐多少人即乘客密度的增加来反映的，它同交通需求成比例，旅行时间基本上不受交通需求的影响；而道路交通拥挤则表现在行车速度下降和到达目的地为止的行车时间的增加，而此行车时间与交通需求直接相关。当交通需求超过了交通容量哪怕只是一点点，就会导致行车时间的大幅度增加，这是道路上拥挤交通流所具有的特性。美国运输部公路局的时间—流量关系曲线即 BPR（Bureau of Road）曲线清楚地描述了这一特性。

随着交通量的增加，走行时间增大；当交通量接近道路容量时，走行时间趋于无穷大。

当然、此曲线是在实际调查数据回归处理的基础上进行模型化得到的抽象曲线，与实际情况多少有些差异。但此曲线确实恰当地描述了拥挤交通流的拥挤程度与行车时间的关系，尤其是接近或超过道路容量时的饱和与过饱和交通流特性。据日本建设省的研究结果表明：如果交通需求超过道路容量 10% 左右的话，会导致道路容量下降 20% ~ 30%。由此可见，必须对整个路网实施科学的交通运用和需求管理，以使现有的路网始终处于最佳运用状态，从而最有效地发挥现有路网的作用。

第五节　综合城市交通对策体系

一、从"三个层次、两个方面"解决城市交通问题的基本思路

城市交通问题的关键，是交通拥挤堵塞问题。分析总结上述例子不难看出，城市交通问题尤其是交通拥堵是由诸多因素决定的。但是相对来说，上述例子都可以从某个或某些侧面，给我们以深刻启迪。

日本东京拥有强大的轨道交通系统，完善的巴士系统，较好的市内高速道路和一般道路网系统，为什么城市交通问题还如此严重？其根本原因就是东京人口高度集中、土地开发强度过高、城市功能过度集中。

泰国曼谷城市交通问题如此严峻，并且在相当长的时间内不会有根本改变，其主要原因就是对机动化的速度和规模缺乏科学的预测，同时也缺乏建立在科学预测基础上的城市交通发展战略与对策，并且没有适当地控制私人小汽车大量进入家庭和大力加强公共交通。

我国城市交通问题很多。如前所述，城市交通设施建设速度跟不上迅速增长的交通需求，导致交通供给能力不足，尤其是缺少大运量的快速轨道交通系统；交道管理设施不足和交通组织管理的科学化、现代化程度不够；交通参与者缺乏交通法规意识和现代交通意识是导致目前交通拥堵严重的几个主要原因。

因此，如果我们的城市设计和土地利用与交通协调规划搞得不好，我国的特大城市就可能成为第二个东京；如果我们不能在做好战略交通规划的基础上建立较为完善的公共交通系统，我国大中城市就有可能成为第二个曼谷；如果我们不能实现真正意义上的城市交通科学化、现代化管理，极大提高交通参与者的交通法规意识和交通道德，对症下药地消除道路交通瓶颈，则很可能陷入东京、曼谷的艰难处境。

解决城市交通问题是一个系统工程，应从如下"三个层次、两个方面"着手，同时采取措施。所谓三个层次：其一是从城市设计、土地利用的角度，避免城市人口、城市功能过度集中，造成交通总需求超过城市的交通容量极限，避免城市商务区土地利用强度过大而使城市交通问题无法解决；其二是从交通结构的角度，采取各种有效措施优先发展公共

交通，形成以公共交通为骨干的大运量、快速度的综合运输系统，合理地利用城市有限的土地资源和交通设施；其三是通过提高路网容量，借助科学化、现代化交通管理手段充分有效地利用现有路网等综合措施，使现有道路交通设施发挥最大作用。

上述从三个层次解决城市交通问题的基本思想，其核心就是加强城市交通发展战略研究，科学地制定并实施与城市规划和土地利用规划相协调的城市综合交通规划。所以，为使我国建立起高速、安全、准时、舒适、可持续发展的交通环境和综合交通体系，必须做好不同层次的交通规划，尤其要加强战略交通规划、区域交通规划、与土地利用相协调的城市综合交通规划和交通管理规划的制定与实施。

20世纪50年代以来，尽管世界各国采取了各种各样的城市交通拥挤对策，但城市交通拥挤问题一直没有得到很好的解决。长期的实践已经使人们认识到，在解决交通供求不平衡的矛盾中，仅从某一个方面采取一些个别措施无济于事，有时还可能导致完全相反的结果，必须从供求两个方面同时采取措施，实施交通需求管理。这里的关键有两点：一是考虑供求两个方面；二是采取综合措施。

二、解决城市交通问题的几点建议

1. 建立保证科学决策和规划实施的组织领导体制

解决城市交通问题必须从整个系统出发。上述"三个层次、两个方面"的基本思想缺少哪一层次和方面，都不能从根本上解决问题。即便是考虑道路交通，如路口改造等，也不能就路口论路口，而要进行整个路网分析，避免"缓解局部交通，扩大堵塞面积"的决策失误。

无论从哪个层次上研究解决问题，都应该以交通规划理论、交通管理与控制理论、交通经济学原理等科学理论为依据，制定出多个可行方案，进行事先的比较分析和对策效果预测与评价。

为保证决策的科学性和规划的实施，大中城市应成立由市长或主管市长领导的，各有关部门及专家学者参加的城市交通委员会，统筹解决城市交通问题。

2. 做好城市设计和交通与土地利用协调规划

从城市容量极限的角度出发，进行城市设计，制定土地利用规划。应该在充分论证的基础上，确定城市发展轴、城市发展模式、产业布局、土地功能区分等，对城市成长进行管理。做好交通与土地利用的协调规划。

交通与土地利用相互联系、相互影响，交通发展与土地利用相互促进。从交通规划的角度来说，不同的土地利用形态决定了交通发生量和交通集中量，决定了交通分布形态，并在一定程度上决定了交通结构。土地利用形态不合理或者土地开发强度过高，将会导致交通容量无法满足的交通需求。从土地利用的角度来说，交通的发达改变了城市结构和土地利用形态．对土地利用和城市发展具有导向作用。交通和土地利用的上述关系决定了交通与土地利用协调规划的重要性。

发达国家的实践表明，必须注意分散城市功能，形成交通负荷小的城市结构。应采取强有力的措施，对城市的发展进行管理，严格控制城市规模和结构。

3. 制定好城市战略交通规划

制定好城市战略交通规划是解决城市交通问题的关键环节和实现资源最佳配置的重要保证措施。应把市郊铁路、地铁、准快速交通网及道路网等统筹考虑，从定性分析和定量计算两个方面研究确定出各交通方式的合理分担率及实施的优先顺序。应把远期规划和近期项目结合起来，近期的所有举措都应与城市交通战略规划相一致，应该是实现战略规划的一个环节。

4. 在进行城市开发时导入交通影响分析步骤

借鉴美国等发达国家的经验，建议尽快导入征收交通影响费的政策；作为开发项目审批的先决条件，建立进行交通影响分析的制度。此制度和政策的导入。不但有重要的现实意义，而且对城市发展有深远的影响。它的好处在于：

以进行交通影响评价为杠杆，充分发挥政策和规划部门对城市发展的导向作用，力图使城市土地利用合理化，避免土地开发强度过大，城市机能和交道需求过于集中，从城市规划和发展的角度，建立交通负荷小的城市模式。我国城市交通基础设施普遍较差，人口集中相当严重。到目前为止之所以城市功能基本上能够正常，很重要的一条就是得益于职住接近的城市土地利用形态。这一点是西方发达国家没有做到的，是我们好的一面，应该坚持和发展。

第二章　城市道路

第一节　城市道路概述

通达城市的各地区，供城市内交通运输及行人使用，便于居民生活、工作及文化娱乐活动，并与市外道路连接负担着对外交通的道路。

一、发展简史

中国古代营建都城，对道路布置极为重视。当时都城有纵向、横向和环形道路以及郊区道路并各有不同的宽度。中国唐代（618 ~ 907 年）都城长安，明、清两代（1368 ~ 1911 年）都城北京的道路系统皆为棋盘式，纵横井井有条，主干道宽广，中间以支路连接便利居民交通。

巴基斯坦信德省印度河右岸著名古城遗址摩亨朱达罗城（Mohenjo Daro，公元前 15 世纪前）有排列整齐的街道，主要道路为南北向，宽约 10 米，次要道路为东西向。古罗马城（公元前 15 ~ 前 6 世纪）贯穿全城的南北大道宽 15 米左右，大部分街道为东西向，路面分成三部分，两侧行人中间行车马，路侧有排水边沟。公元 1 世纪末的罗马城，城内干道宽 25 ~ 30 米，有些宽达 35 米，人行道与车行道用列柱分隔，路面用平整的大石板铺砌，城市中心设有广场。

随着历史的演进，世界各大城市的道路都有不同程度的发展，自发明汽车以后，为保证汽车快速安全行驶，城市道路建设起了新的变化。除了道路布置有了多种形式外，路面也由土路改变为石板、块石、碎石以至沥青和水泥混凝土路面，以承担繁重的车辆交通。并设置了各种控制交通的设施。

1949 年以来，中国城市道路建设取得了重大成就。全国许多大城市改建、兴建了大量道路，铺筑了多种类型的沥青路面和水泥混凝土路面，新兴的中小工业城镇也新建了大批整洁的干道。如北京市展宽了狭窄的旧街道，修建了二、三环路及通达卫星城镇的放射性道路，并修建了一些互通式立体交叉及机动车、非机动车分行的三幅车行道的道路，既改善了市内交通状况又便利了对外联系，改变了旧北京的交通面貌。又如中国工业城市上海，新中国成立以来也新建改建了大批道路，并建成横跨黄浦江的大桥和黄浦江打浦路隧道，两岸交通得到进一步的改善。

二、区别

城市道路一般较公路宽阔，为适应复杂的交通工具，多划分机动车道、公共汽车优先车道、非机动车道等。道路两侧有高出路面的人行道和房屋建筑，人行道下多埋设公共管线。为美化城市而布置绿化带、雕塑艺术品。为保护城市环境卫生，要少扬尘、少噪声。公路则在车行道外设路肩，两侧种行道树，边沟排水。

三、要求

现代的城市道路是城市总体规划的主要组成部分，它关系到整个城市的有机活动。为了适应城市的人流、车流顺利运行，城市道路要具有：①适当的路幅以容纳繁重的交通；②坚固耐久，平整抗滑的路面以利车辆安全、舒适、迅捷的行驶；③少扬尘、少噪声以利于环境卫生；④便利的排水设施以便将雨雪水及时排除；⑤充分的照明设施以利居民晚间活动和车辆运行；⑥道路两侧要设置足够宽的人行道、绿化带、地上杆线、地下管线。

城市各重要活动中心之间要有便捷的道路连接，以缩短车辆的运行距离。城市的各次要部分也须有道路通达，以利居民活动。城市道路繁多又集中在城市的有限面积之内，纵横交错形成网状，出现了许多影响着相交道路的交通流畅的交叉路口，所以需要采取各种措施，如设置色灯信号管制、环形交叉、渠化交通、立体交叉等以利交通流畅。城市交通工具种类繁多，速度快慢悬殊，为了避免互相阻碍干扰，要组织分道行驶，用隔离带、隔离墩、护栏或画线方法加以分隔。城市公共交通乘客上下须设置停车站台，还须设置停车场以备停驻车辆。要为行人横过交通繁忙的街道设置过街天桥或地道，以保障行人安全又避免干扰车辆交通；在交通不繁忙的街道上可划过街横道线，行人伺机沿横道线通过。

此外，城市道路还为城市地震、火灾等灾害提供隔离地带、避难处所和抢救通道（地下部分并可作人防之用）；为城市绿化、美化提供场地，配合城市重要公共建筑物前庭布置，为城市环境需要的光照通风提供空间；为市民散步、休息和体育锻炼提供方便。

四、分类

根据道路在城市道路系统中的地位和交通功能，分为：①快速路，②主干路，③次干路，④支路。

1. 快速路

为流畅地处理城市大量交通而建筑的道路。要有平顺的线型，与一般道路分开，使汽车交通安全、通畅和舒适。与交通量大的干路相交时应采用立体交叉，与交通量小的支路相交时可采用平面交叉，但要有控制交通的措施。两侧有非机动车时，必须设完整的分隔带。横过车行道时，需经由控制的交叉路口或地道、天桥。

2. 主干路

连接城市各主要部分的交通干路，是城市道路的骨架，主要功能是交通运输。主干路上的交通要保证一定的行车速度，故应根据交通量的大小设置相应宽度的车行道，以供车辆通畅地行驶。线形应顺捷，交叉口宜尽可能少，以减少相交道路上车辆进出的干扰，平面交叉要有控制交通的措施，交通量超过平面交叉口的通行能力时，可根据规划采用立体交叉。机动车道与非机动车道应用隔离带分开。交通量大的主干路上快速机动车如小客车等也应与速度较慢的卡车、公共汽车等分道行驶。主干路两侧应有适当宽度的人行道。应严格控制行人横穿主干路。主干路两侧不宜建筑吸引大量人流、车流的公共建筑物如剧院、体育馆、大商场等。

3. 次干路

一个区域内的主要道路，是一般交通道路兼有服务功能，配合主干路共同组成干路网，起广泛联系城市各部分与集散交通的作用，一般情况下快慢车混合行驶。条件许可时也可另设非机动车道。道路两侧应设人行道，并可设置吸引人流的公共建筑物。

4. 支路

次干路与居住区的联络线，为地区交通服务，也起集散交通的作用，两旁可有人行道，也可有商业性建筑。

根据道路力学分类，城市道路主要分为刚性路面和柔性路面两大类。

柔性路面。荷载作用下产生的弯沉变形较大、抗弯强度小，它的破坏取决于极限垂直变形和弯拉应变。以沥青路面为代表。沥青路面结构组合的基本原则：面层、基层的结构类型及厚度应与交通量相适应；层间必须紧密稳定，保证结构整体性和应力传递的连续性；各结构层的回弹模量自上而下递减。

刚性路面。荷载作用下产生板体作用，弯拉强度大，弯沉变形很小，它的破坏取决于极限弯拉强度。主要代表是水泥砼路面。

五、展望

随着汽车工业的发展，各国汽车保有量飞速增加，各国城市道路为适应汽车交通的需要在数量上有大幅度增长，在质量上有大幅度提高，如世界大都市伦敦、巴黎、柏林、莫斯科、纽约、东京等，均建有完善的道路网为汽车交通运输服务，其他各国的城市道路也均有不同程度的发展。

由于城市的发展，人口的集中，各种交通工具大量增加，城市交通日益拥挤，公共汽车行驶速度缓慢，道路堵塞，交通事故频繁，人民生活环境遭到废气、噪声的严重污染。解决日益严重的城市交通问题已成为当前重要课题。已开始实施或正在研究的措施有：①改建地面现有道路系统，增辟城市高速干道、干路、环路以疏导、分散过境交通及市内交通，减轻城市中心区交通压力，以改善地面交通状况；②发展地上高架道路与路堑式地下道路，供高速车辆行驶，减少地面交通的互相干扰；③研制新型交通工具，如气垫车、电动汽车、太阳能汽车等速度高、运量大的车辆，以加大运输速度和运量；④加强交通组织管理，如利用电子计算机建立控制中心，研制自动调度公共交通的电子调度系统、广泛采用绿波交通（汽车按规定的速度行驶至每个平交路口时，均遇绿灯，不需停车而连续通过）、实行公共交通优先等；⑤开展交通流理论研究，采用新交通观测仪器以研究解决日益严重的交通问题。

第二节　城市规划概述

城市规划是一门多学科的设计方案，其主要任务是对用地综合布置。为了合理布局工业、民用建筑、交通运输以及其他各种工程设施，就需要对人们活动的各个方面关系进行现实的、发展的、广泛的分析研究，在该基础上做出规划方案。

一、城市规划是综合性系统工程

按照城市用地使用功能不同，城市规划分为数十种；以建筑性质分有上百种；以交通及市政基础设施分也有几十种。无论采用哪种分类方法，彼此之间都不是孤立的，而是相互联系和密切相关的。因此，研究城市规划必须采用系统工程研究方法。

城市规划组成部分：

1. 土地使用规划；

2. 交通规划；

3. 市政公用事业规划；

4. 城市环境规划。

根据城市规划内容和范围，一座城市规划首先是总体规划，它决定着整个城市的总体布局。因此说，城市总体规划是一个大型的系统工程，也可视为高级系统。其下分若干子系统；而子系统又分为若干个分系统，彼此之间相互联系和制约。这些联系包括系统的性质、结构、数量、频率和稳定性等。

按照城市自然属性，城市规划也可分成两大系统，即自然系统和人类活动系统。自然系统又分为地质和生态分系统；人类活动系统又可分为生产和城市建设分系统。

二、城市规划程序

城市规划是一个复杂的、动态的控制系统。它包括被控制的部分—城市的现状和控制的规划纲要及方案两个方面。城市规划编制程序编制城市规划方案，首先要安排好确定方案的程序。这个程序包括编制方案、有关协作单位研究和讨论及鉴定、群众性征求意见，报请审批部门批准。编制城市规划总体方案是这一系列程序中的重要步骤，在编制之前，要调查城市现状、了解资源、工程地质勘测、规划纲要、选择方案、经济比较、效益分析、分期实施等。在编制过程中，充分注意生态平衡，也就是说，城市自然状况和人类活动相互联系达到最佳状态，城市里最重要的自然组成部分——水、大气、土壤植被等都应获得新生。对于高度城市化的地区，要达到生态平衡的要求是很困难的，但是在更大的地区内，包括郊区，看作是整体研究，采取综合规划方法，努力达到城市自然状况与人类生活的最佳状态。

三、城市规划与城市设计

城市规划理论已有很长的发展历史，但是，近些年来国际上才提倡和发展城市设计理论，并应用于实践。1978年美国举行了第一届全国城市设计学术会议，城市设计理论、实践和教育在美园已经比较普及。英国《不列颠大百科全书》关于"城市设计"的条目，较详细地介绍了城市设计的领域与建筑学、工程学之间密切关系。但是，它是城市设计而不是建筑设计或工程设计。现代城市设计理论在中间的传播和应用是从80年代初期开始的。有的国家（如美国）对城市规划是这样定义的：城市规划是充分研究有关城市的政治、经济、法律、历史地理、风土人情、自然条件等，据此制定城市发展战略、方针政策、城市人口、城市规模、经济发展等规划。而城市设计则是研究如何利用现有土地，合理布局住宅、公共建筑、工业建筑、城市交通、城市绿化、市政公用事业等工程。目前，我国大部分城市的总体规划方案业已编出，加土地使用规划、交通规划、市政公用设施规划、城市环境规划等。而分区规划、详细规划，以及当前建设规划等正在进行。总结以往的工作经验，一方面应当进一步研究总体规划中的方针政策、经济制约和发展以及自然条件等，作为补充和修改总体规划的准备条件；另一方面研究详细规划与城市设计的关系，进一步发展城市规划学。

四、城市规划中局部与整体、近期与远期的关系

城市规划是研究与解决各类建筑和各类工程设施的局部与整体关系，因此，就要正确地、合理地给予以上各类设施一个恰当的位置。每一种设施都有一定的规模、特点和要求，如果都要得到满足，就会使城市规模过大，造价过高、生活上极为不便，这显然是不合理的。因此，无论确定城市规划中哪一个子系统或分系统，都要从全局出发，从总体利益出发，在基本满足各类设施的最低要求前提下，局部服从整体。另一方面，城市规划还要研究和解决近期与长远的关系。城市规划要有长远安排，而在建设上就要从现实出发，分期实施；近期建设又受到现状、经济条件、物资供应等多方面的制约。因此，正确处理近期与远期的关系是十分重要的。在一定程度上适应远期要求的前提下，尽量使近期建设规模适度，减少成本，降低造价。

五、城市交通在城市规划中的位置

城市交通是城市规划中的重要组成部分，受到城市规划中的人口、规模、城市布局、土地使用、城市环境等重要因素的制约和影响。同时，城市交通也影响着城市规划各个方

面的功能和发展，从总体上讲，城市交通依附总体规划，从其本身讲，城市交通又有独立性，因此说，城市交通是大系统中的一个重要子系统，同时又是独立性很强的系统工程。而它本身又分若干规模较大的连续性很强的分系统。

城市是人们活动的舞台。在这个舞台上又分为两类：一类是人们直接参与活动的；如各类建筑。是人们工作、居思的场所；各种交通工程既是静态的设施又是人流及车流动态活动场所，另一类是供应设施，如供水、供电等。因此，研究城市交通脱离不开城市规划与城市建设的各个方面、各种因素，具体到某一城市来说，研究城市规划必须研究城市交通。

第三节　城市性质与规模

一、城市性质

城市性质是城市规划的灵魂，对城市规划有着极其重要的作用。城市性质是由城市的任务、使用功能、地理位置、历史传统、对外关系、经济建设等基本情况和因素而决定。根据中国的实际情况，可将城市分为以下几种类型：政治中心心城市、文化中心城市、省和地区政治中心城市、历史名城、工业城市、内地交通枢纽城市、海港城市、贸易金融城市、旅游城市等以及有多种功能的综合城市，其中多功能城市占有很大比重。

城市性质与城市交通的关系是十分密切的、城市性质决定城市交通规划，反过来城市交通也影响着或某种程度上决定城市性质。城市都有对内对外交通设施，很多城市形成交通枢纽。在我国，城市交通枢纽又可分为客运枢纽城市、货运枢纽城市两大类型。按照城市性质不同，城市交通枢纽，又可分如下种类：

1. 内地大型交通枢纽城市，如北京、沈阳、武汉等；

2. 沿海大型交通枢纽城市，如上海、天津、广州、大连等；

3. 内地中型交通枢纽城市，如成都、长春、西安、太原、济南、郑州、昆明、贵阳等；

4. 沿海中型交通枢纽城市（海港城市），主要是经济特区，加深圳、珠海、厦门、汕头、海口及大城市以外的沿海开放城市南通、温州、宁波、福州、湛江、北海、连云港、青岛、烟台、秦皇岛等；

5. 沿内河交通枢纽城市（这种城市也是陆上交通枢纽），如南京、重庆、哈尔滨等

6. 工业交通枢纽城市，如唐山、鞍山、抚顺、无锡等；

7. 旅游交通枢纽城市，如苏州、杭州、桂林等。

二、城市规模

世界上大多数城市都处在不断发展中，有少数的城市维持现状，也有的城市处于萎缩状态。中国是发展中的国家，一般的城市都是在发展中，城市规划伴随着城市发展和改造

应运而生，规划方案从城市现状出发，充分考虑长远发展的需要，因此城市规模县城市规划的重要方面。城市规模一方而体现城市的体型，另一方而要体现城市发展范围。因此，根据确立的城市规模，首先编制城市现状用地、近期用地、远景用地规划。

决定城市规模的主要因素是人口数量。中国人口众多，虽然有些地方农业经济发展较城市为快，但是就大多数农村经济状况而言还不如城市，城乡差异依然存在，所以农村人口不断流入城市的现象相当普遍。城市规划的人口要有一定数量，土地利用、交通及公用事业的规划，都是根据人口数量来计算和安排的。于是，对人口的机械增长就要有一定限制、不能盲目地无限制的发展。同时在中国对人口自然增长也要有一定的控制。目前，很多城市流动人口数量很大，这种流动人口活动能力比城市人口活动量大得多，尤其表现在城市交通方面更为突出。所以，一方面要发展和开放城市、搞活经济，发展旅游事业，推进城市之间的交流及城乡交流。另一方面要严格管理好流动人口进城，尽量减少或降低不必要的盲目地流入城市的人口。

影响城市规模另一重要因素，是建设用地问题。城市用地是很宝贵的，一方面经济投入很多，另一方面经济价值也很高，如何合理地规划建设用地是非常重要的。在城市居民生活用地方面，诸如居住用地、办公用地、商业用地、公大建筑用地以及生产用地、交通设施用地、绿化用地等、每个城市人口应当占有必需的合理地用地面积，按不同的定额，如 80、100、120m^2，就可确定城市总用地面积。但是在具体执行中要严格控制用地，要节省而不浪费土地。在生产用地方面。有条件的尽量使生产建筑向多层发展，必须放在地面上的也要有合理的经济指标。生活用地也要按规定指标办事，以达到城市用地合理，不致形成不适当地扩大城市用地现象。

我国现有城市450余座,100万人口以上的大城市有30余座,而且这些城市都在发展中,所以合理地规划城市规模是事关重要的。

第四节　城市布局与城市交通

一、城市布局

城市的布局依据于城市特点、城市的规模、地理位置、自然条件、旧城现状、工作与居住关系、建设用地与绿化用地比例等条件而定。

依据各城市不同条件，不同规划的指导思想，总合世界上现有的城市，其城市布局大致分为8种。

1.带性城市：这种城市布局成带状，如我国的兰州市，一面靠山，一面面临黄河，形成带状布局的城市。深圳市亦属带状布局的城市。

2. 集中成片式：这种城市布局呈集中成片状发展，在世界这种布局的城市很多，其具体布局方式也各有所不同。

3. 子母城市：中心市区与周围若干卫星城镇组成子母城市，如巴黎、北京等几百万人口的大城市，市区以外有若干新城或工业县镇。但是，母城与子城规模之间比例尚没有确定的数量关系。

4. 走廊城市：在中心城市以外由若干交通走廊所组成的城市，沿交通走廊布置建筑群，如华盛顿全市人口 300 万，而中心市区只有 60 万人口，其余人口沿中心市区以外若干交通走廊分布，通过交通走廊联系若干建设区。

5. 分散集团式：这种城市布局是在中心市区以外周围有若干分散的重点建设地区（集团），目前北京市区规划就是采用这种形式布局城市建设区。

6. 手指式：这种城市布局是中心市区以外呈手指形放射发展，如哥本哈根市就是采用这种布局。

7. 特殊地形的城市、园地形限制形式。加重庆、武汉等城市。

二、城市交通布设

城市布局不同，制约着城市道路网布设，左右着城市交通网络。所以说，城市布局与城市交通密切相关的，相互依存的。城市道路布设要服从城市布局，反过来说又影响城市总体布局、要研究和布设城市交通网络，首先必须了解城市布局、研究城市布局；反之，确定城市布局，首先必须考虑城市交通的布设。只有统筹考虑，全面安排，整个城市才能活动起来。

城市交通布局可按如下方面考虑：

1. 大城市地区交通布设，应打破同心圆向心发展，改为开敞式，城市布局沿交通干线发展，城市用地呈组团布置，组团之间用绿地空间隔开。

2. 在具有悠久历史传统逐步发展起来的中心城市中，除历史形成的传统中央商业区、金融、行政中心外，在其外部城市建成区组团内，新辟副中心以分散布中心繁杂的功能。另外在中心市外围地区，建设有高速交通干线，形成大容量客运工具的交通网络，在其沿线建设新城或卫星城。

3. 在超越大城市地区更大区域范围内，组成首都圈、城市群，或城市带。用城市体系的布局战略来疏导各个城市的城市功能，如伦敦周围的英国东南部战略规划，日本东京沿太平洋沿岸的东京、横滨、名古屋、大胶、神户城市群带，美国沿大西洋的波士顿、纽约、华盛顿城市群带，这些城市群带组成综合交通体系。

4. 有不少城市在中心城市外围，大范围内划定较大范围内森林公园或绿色环带市生态环境或用以控制大城市中心地区的发展规模。

第五节　土地使用与城市交通

一、城市土地使用及其功能划分

城市土地使用是城市规划的主要组成部分。按其使用性质不同，可以划分为以下几类

1. 工业用地

一般来讲，没有污染、没有噪声、振动的工业，可以分散的独立的布置在市区各地，但是应妥善地处理与居住建筑的关系。这种工业也可以和商业服务业布局在一起，如上层为工业，下层为商业。我国的城市多划分为若干工业区，安排规模较大、性质相同的产业，如重工业区、轻工业区、机械工业区、纺织工业区、化学工业区、精密工业区、电子工业区、综合工业区、建材工业区等。

2. 仓库用地

按仓储货物性质不同，仓库用地分为以下几种：储存生活用品的仓库，如日用百货、副食、粮仓。储存生产用的仓库，如各种工业专用仓库、建筑材料仓库。大城市还可以按地区分散布置各类仓库区。

3. 居住用地

在市中心区和市区建筑的低层、多层、高层或高低相间的居住区用地。居住区在城市里用地中占有很大比重，这是和人民生活最息息相关的用地。因此，正确地规划居住区用地必须充分重视。根据工作和生产的需要，居住区用地可以成片布置，少量的也可分散布置。

4. 工作用地，即行政机关、工业企业办公用地，金融贸易办公用地等。

5. 商业、服务业用地。此种用地可分为市级商业用地，区级商业用地，居住区商业用地，小区级商业用地。

6. 医疗用地。各类医院用地，疗养用地，防治性医疗用地。

7. 文化用地。这类用地包括大专院校用地，中小学用地，科研单位用地，各类文化馆、图书馆、博物馆、画廊等用地。

8. 市政设施用地。此类用地包括自来水厂、污水处理厂、各类通讯枢纽、电厂、变电站、煤气厂站、供热厂站等用地。

9. 城市道路、公共交通用地，包括修理厂、车站等。

10. 广场、停车场用地。

11. 各类铁路站场用地。

13. 河湖水利用地。

14. 体育设施用地。

15. 城市与农村相间布置的地区有村镇用地，乡镇工副业用地，

16. 其他用地。乡中心用处，农业用地。

以上土地使用分类是一种分类方法，还有另外分类方法。在土地使用规划中，各类用地既要符合本身性质、特点和要求，又要考虑各类用地之间相互关系，这是一项十分复杂的工作，必须从城市大系统出发，全面、综合分析研究，做出符合社会经济发展，有利于生产，方便于群众生活的土地使用规划。

二、土地使用规划与城市交通

城市土地使用与城市交通是一个问题的两个方面。从土地使用形态上看，土地使用规划体现在地面上（包括地下和空间）各类建筑设施的综合布局，而城市道路交通网络主要体现在线路上的综合安排，两者相辅相成，相互联系，相互制约。因此，研究和规划城市道路交通，首先研究土地使用规划；编制土地使用规划也首先要布设城市道路网络，确定道路密度。而道路密度又与土地使用功能息息相关。一座城市里土地使用规划，如果没有相适应的城市道路密度，那么将来建成的城市就不能活动起来，影响着整个城市经济生活。自 21 世纪 70 年代以来，世界上不少大城市交通堵塞，就充分说明了这一问题。

一般来说，土地使用性质不同，将来建成区后产生的交通流密度也不同；城市中心区机关多，大型公共建筑也较多，商业及服务业也多，因而产生的交通量就大；对于居住区来讲，是人们生活的场所，相应的产生的交通量次之，对于城市中心区之外的工业区、城市边缘区来说，相应交通量就会稀少。

分析和研究一些城市发展经验教训，按照土地使用功能不同，笔者对城市道路布设提出如下见解：

1. 对于新建和正在发展的城市，在城市中心区和商业区，应当增大道路密度 300 ~ 400m 为宜。

2. 居住区除布设小区道路外，其主要道路间距以 400 ~ 500m 为宜。

3. 城市的工业区，一般布置在市区之外，其道路间距可以到 600m，少数地区也可放宽到 700m 左右。

对于不同等级的道路，当通过不同区域的，其行驶速度也不相同，其通行能力当然也不一样。

三、旧城区交通规划

在当今世界上的城市，有许多是历史上形成的城市，在其市中心区往往保留有重要的历史文物。随着社会发展，旧城区变成了城市的中心区，如巴黎、伦敦，城市的中心区的旧城，除去皇宫寺院外，还建有博物馆、展览馆以及政府机关，大多都列为文物保护之列。在城市规划规定，既是历史文物建筑损坏了，只能照原样恢复，更不能拆除用以展宽道路和改善交通。而这些城市中心区的旧城，早期形成的道路网密度很大，通常 200 ~ 300m

就有一条。这样的道路网便于组织单行线，以提高道路的通过能力。利用这样的办法，既保护了历史文物，又能解决交通问题。美国的大城市纽约、华盛顿的中心区（旧城），有不少建筑层数不高但标准很高，具有历史保留价值，同样不能拆除用作展宽马路。在美国，对广这样大城市的旧城区道路密度很大，差不多每100m就有一条马路，很便利于布设单行线，提高道路通过能力，解决城市交通问题，在欧洲的一些城市，如哥本哈根、德国的慕尼黑，将有历史文物价值的建筑保护起来，原有道路格局不动，开辟为步行街。在我国的旧城有两种类型：一种是以北京、西安为代表的几百年以前形成的城市，按照历史文物等级规定，有些是国家级文物，有些是市级文物，有些是区级文物，在城市规划和交通布设时，都要按照文物保护政策加以保护。这种城市旧城区道路狭窄，小胡同甚多，旧有建筑层次低、质量差，有不少年久失修、急需改造。北京市小胡同多而干道稀少，市中心又有故宫、景山、北海、中南海等，且占地很大，大大限制道路网的布设，因此很难在旧城中心开辟单行线。鉴于这种情况，北京旧城一方面对破旧房要改建，另一方面对文物古迹要保护，道路间的规划是在保留原有棋盘式道路格局前提下，打通和展宽现有道路；在保护这座著名的文化古都的精华的条件下，逐步实现城市交通现代化。另一种是以上海、天津为代表的近百年形成的城市，其旧城中心区多为原来外国的租界地，各自为政，道路各成系统，缺乏统一规划，统一安排。旧有建筑物除少数标准较高外，多数为两、三层或多层，而标准不高，其突出特点是建筑密度较大，上海尤甚。对于这样的城市，首先应将原有道路连通起来，形成一定格局；其次是对其做适当的展灾，另外在有条件的地方组织一些单行线。

分析和研究一些具有旧城的城市交通，在规划和布设这类城市交通时，在保护历史文物和标准较高的建筑前提下，以下四种方法可以供参考。

1. 保持旧有建筑倍局的风貌，利用原有道路开辟单行线。

2. 保护历史文物，保持原有道路格局，展宽和打通道路，形成现代化城市交通系统

3. 保存现有标准较高的建筑，改善现有道路系统，另行开辟一些单行线路。

4. 在旧城区一定范围开辟步行街。

第六节 市政公用系统与城市交通

市政公用系统是城市总体规划中另一个重要组成部分，也与城市道路网络密切相关。市政公用系统大致分为以下两大类：一是重力流，如雨污水的排除，都是依靠重力而流动的，因此这类管道的布置，受到地形的影响。雨水及经过处理过的污水排入河道，这类公用系统，多根据地形沿河湖水系布局，而形成管道系统，例如：北京市内有通惠河、凉水河、清河、坝河四个水系，排水管道系统也分成四个系统，分别排入以上四个水系。另一类是压力流，

以及电流、电讯等管线。压力流如供水、供热、煤气等其流体和气体是依靠压力而运行。这种流体或气体来源于供水厂、集中供热厂、煤气厂（或天然气），流动的液体或气体在管道户可以相互流通，管网呈环形布置，以达到互通有无，提高供应效率，降低工程造价。

由于上述各种市政管线（街坊和小区内部除外）都是随着城市道路系统布设，因此，道路网布局形式制约着各种管线的布局形式。反之，各种管线的布局形式也影响着道路网的布局形式。在城市规划中，布设城市道路网络，除去主要考虑交通流量因素外，也必须考虑到市政公用事业系统的布设，使两者协调一致，便于城市管理。

城市道路与城市间公路都是为交通服务的，除去它们的共同点之外，城市道路功能也大大不同于一般的公路。城市道路两旁都有高的或比较高的房屋建筑，这就要求布设城市道路时既满足工程技术的要求，又要与道路两旁的建筑艺术相协调，以体现城市自身风貌，给人们以美的印象。在城市道路横断面范围内，通常要埋设各种地下管线，布置行道树和街道绿化，安排一些小品建筑，给人们以美的享受。此外，在城市道路两边，还要设置通讯相照明设施，设置交通站，

以及人行道和过街天桥，以方便人们活动。所有这些功能，在布设城市道路及交通系统时，均应全面研究.合理、恰当布设，以全面体现城市道路各项功能。

在城市里，有很多各类地下管线。这些公用管线有的是过境干管，有的为街道两边服务的支线或户线，一般都布局在道路横断面内。因此，在规划城市道路横断面时，必须充分考虑各种管线在横断面内布设问题。对于一般大城市而言，为城市生活和专用的管线有以下几种：即雨水管、污水管、自来水管、集中供热管道、煤气管道、电力电缆、各种通讯电缆。在工业城市里，还有许多工业管道，如氧气管、氢气管、汽油和柴油及重油管道，还有乙烯、液化气管道等。随着城市现代化发展，服务于城市生活和工业生产要求的管线还会增加，如石油管道，邮政通信线路。

根据城市总体布局和城市道路布设，各类地下管线在道路横断面埋设方式也不同，有集中总管道埋设方式，也有分散埋设方式；在分散埋设中也有单排和双排埋设两种。在理设深度上，视管线性质不同而异。就各类管线性质和规模不同，其占地宽度也不同，尤其是附属建筑物如排水管道的检查井，供水管道的闸门井，煤气管道的小室、供电和通信管道的入孔等占地都是比较大的。这些在布设城市道路横断面时都必须充分子以重视，合理安排。总之，城市道路无论是纵向还是横向布设，都不同于城市间的公路，与城市里各种系统都是密切相关的。

第七节　城市环境与城市交通

在当今时代，改造自然环境，使之适应人们生活需要是一个十分突出的问题。在遭受烟尘污染的工业城市，或者聚集大量汽车相密密麻麻建筑物的城市，人们的生活条件恶化是不可避免的。在城市修建公园、开辟大片绿地、植树种草、开辟水面，其目的是改善人们的生活环境，保护人们身体健康。

在城市规划中，城市环境问题是愈来愈受规划部门充分重视的大问题。从另一方面来说，城市环境优劣体现着城市规划和建设的水平，体现着现代社会文明的程度。简言之，城市环境水平如何，大致从城市生态、城市道路与城市景观、环境保护三个方面体现出来。

一、城市生态

衡量一座城市规划方案优劣，依据生态方法，使自然状态与人类活动之间的复杂联系处于最佳状态。在城市土地使用规划中，充分注意发展自然环境与技术活动环境，将城市造就成适合人类生态平衡的优美的生活和工作环境。其主要目标是：

1. 保证空域空气处于正常指标状态。

2. 保证地下水和地面水处于正常指标状态。

3. 保证土壤、植被处于正常指标状态和合理的森林覆盖率状态。

4. 积极创造条件，使噪声、电磁振荡、利用热能和放射性污染处于正常指标状。

5. 为防止流行病的传染创造条件。

6. 为保护和繁殖动物创造条件。

7. 为保护历史和文化古迹创造条件。

8. 为建立完全合乎生态和美学要求的景观创造条件。

在城市规划中，利用生态方法编制方案，就是把城市看作是一个生物经济系统。为了使这个系统达到生态平衡，首先研究的是自然组成部分——水、大气、土壤、植被等能够获得再生。

在高度城市化的地区，想要实现生态平衡，实际上是不可能的。但是在相当大的地区，包括郊区，对其综合规划，充分利用现有自然条件，在城区增加土壤植被比重，可以在某种程度上实现生态平衡。

对于在城市规划中，采取有效措施，布设绿化用地，在很多国家的不少城市里对此已引起了足够重视。美国华盛顿市，人口有 300 万，而市区人口仅 60 多万。该市在中心区以外，采取走廊式布局，即沿着交通走廊布设发展生产和生活用地，在走廊楔形之地进行绿化。楔形绿化用地像雪片似的分布在市区，通过绿地将新鲜空气引入市区，洁净市区空气，又

使人们身感接近了大自然

　　另外，在城市周围发展森林，形成城市外因绿化保护带，并于市内绿地系统相衔接，使市区与大自然融合在一起。莫斯科城市规划具有这些特色。苏联的规划部门，在编制莫斯科城市规划时，考虑到莫斯科周围自然特性，进行了综合规划。该市的周围森林成片，一条条宽阔的绿色楔子插入莫斯科市区，与在拆迁破旧房屋的基础上建立起来的大公园连接在一起，形成一条条连续不断的绿化空间链条，净化了市区空气。

　　例如，在莫斯科北部规划片内有捷尔任斯基公园，回民经济成就展览馆，总植物园；在西北规划片内，有克罗夫斯科、格列鲍夫斯克公园绿地；在东北规划片内有伊兹麦洛夫公园绿地；在东部规划片内有库兹明斯克公园。在东南规划片内有皮察公园，在西部规划片内有察里津公园；在西南规划片内有胜利公园。在整个绿化系统中，还有居住区、生产区之间公路与铁路沿线绿化带，与整个绿化系统相衔接。同时，市区还建有若干个性质独特的公园综合体，如动物园、儿童公园、水上综合运动公园。所有这些人们活动场所，都由城市道路交通网络紧密联系起来，以方便人们生活和工作。

　　为了维护人类生态平衡，我国也十分重视植树造林工作，并且列为基本国策。根据国家制定的这一基本国策，首都北京总体规划对全市绿化进行了总体布局。北京地处于华北平原北端．依山近海，北有燕山山脉，西是太行山，山区面积占三分之二，其余面积为平原；山区、平原地貌多样，风景资源丰富。按照北京市城市总体规划，为了提高绿化覆盖率，实现大地园林化、城市园林化，维护和改善生态环境，首先是绿化山区。目前，北京1000万亩（6660km²）宜林土地中，尚有650万亩（4330km²）荒山需要绿化，并与河北省坝上地区防风林带结合起来，形成防风沙屏障，将有利于水土保持。沿山地带，还要利用背风向阳、雨水较多有利条件，出地制宜发展多种果木。平原地区，要搞好风沙危害区防护林带，实现农田林网化。城区绿化与郊区绿化、山区绿化相连接，形成首都绿化系统，净化空气，改善环境，美化城市。植树造林，绿化大地是改造环境的一项伟大事业，也是一项重要的生产事业。在山区建立自然保护区，利用市区周围的灵山、百花山、松山、云蒙山、雾灵山的有利地形、地貌、自然景观，选择较好的生态环境，划定保护范围，确定保护对象，逐步建立若干自然保护区。在西部山区，充分利用旅游资源开辟和建设风景游览区。在沿山地带，结合风景旅游区建设，侵之逐步形成环抱市区的沿山风景林带和风景游览绿化环，逐步让让北京变成世界上的美丽城市之一。

二、城市道路与城市景观

　　城市道路网络不但为城市交通服务，而且直接影响城市布局和城市景观。城市道路网布局形式决定着城市概貌、体形的主要因素之一。因此，要合理地规划一座城市，应将道路网规划摆在重要位置。

　　除去道路网布局外，道路宽度、道路的密度也都关系到原到城市的格局和街道环境。沿街建筑，尤其是沿城市干道的建筑，往往是列为重点建设，在其布局形式上也特别讲究。

对于主要建筑和较大的广场，都与城市道路紧密配合和协调，具体体现着城市风貌。城市道路上里程碑、路灯、标志、车站以及有关的纪念碑和雕塑一类纪念性建筑等，也与各个历史时期有关。古往今来，这些细部的建筑不仅有其实用意义，而更重要的是体现了城市特色。城市交通设施建设，无疑也是城市建筑艺术中的有机成分，丰富着城市的特色，体现着城市风貌。

随着工业化发展，汽车交通似不可阻挡的洪流一样冲击着城市，给城市环境造成了不小影响，另一方面也对城市道路提出了新的要求。为了适应汽车工业和社会经济发展，在不少城市建设了高速平坦而线形流畅的道路，还有沿路立体交叉桥梁，一座座跨线桥成，明亮的现大化隧道，旅游者度假旅馆或野外宿地，不仅大大提高了城市道路功能，而且为现代化城市增添了新的魅力。

在未来的城市中，安全、方便、舒适、美观的城市道路，将会给城市增添一层新的色彩，这就给城市规划者和建设者提出了新的任务。未来的城市建设者们，应当应用新的科学技术成就，发扬历史文化，丰富城市景观，将未来的城市建设得更加美好。

三、环境保护

环境保护之意是维护城市环境，为人类生存创造良好条件。城市环境保护大致分为以下几点：

1. 城市水源及河湖水系的保护。

2. 生活污水排放和污水处理问题。

3. 工业废水排放和处理问题。

4. 工业废气排放和处理问题。

5. 工业废渣的处理问题。

6. 民用及工业供热的燃料构成和烟尘处理问题。

7. 民用做饭燃料构成。

8. 城市垃圾的运输和处理问题。

9. 城市交通的废气排放和处理问题，交通噪声的处理问题，街道清洁问题。

以上各类问题，在城市环境规划中都要分门别类地具体予以安排，以保持城市生态平衡。

在本书中将重点研究城市交通产生的污染问题。随着汽车工业的发展，汽车数量增长很快，汽车尾气排放对城市尤其街道及沿街建筑污染相当严重。根据北京主要交叉口的监测，大气的污染超过了规定的标准，这个问题已引起各方面极大注意。汽车鸣喇叭的噪声对城市居住环境也产生了不少影响，有些少数城市禁止鸣喇叭。另外，汽车行驶中机体所发生的噪声，对沿街建筑也产生了影响，尤其是高速公路、高架桥或快速道路，其噪声更为严重。对这类经过城市的道路路段，应当设立隔音板，降低噪声影响。现在不少城市规定，汽车行驶噪声不能超过 60 ~ 70dB。美国的高速路经过城市居住区都安设厂隔音板。

日本近年来建设的高架桥两侧也都安装了隔音板。法国巴黎市区的快速环路，在经过西南部居住区，装上双层窗户。

道路两旁种植行道树，不但可以和绿化林带与绿化隔离带联系起来，起到绿化环境和生态平衡作用，而且可以减少噪声对沿街建筑的影响。根据实测结果，行道树后面噪声较行车道上噪声降低若干分贝。为此，除行车道和人行道必须铺装外，其他部位应尽量植树，植花或种植草皮。以美化环境，净化空气。同时定时清理路侧垃圾，以免污染环境；定时用水喷洒路面，保持路面整洁。所以这些规定、设施、措施，其目的是保护道路两侧环境，减少对城市污染，维护人类生存的环境。

第三章　城市道路网规划

第一节　概　述

城市道路网是所有城市道路组成的统称。城市道路网一旦形成，就大体上确定了城市的发展轮廓，并且其影响会一直延续下去。因此，城市道路网规划也就显得尤其重要。从交通工程的观点来看，道路系统规划是城市交通规划的继续，只有在城市交通规划的基础之上，才有可能提出功能良好的城市道路系统规划。

一、影响城市道路网规划的因素

（一）用地分区形成的交通运输对道路网规划的影响

城市中的各种用地，如工业区、商业区、居住区、城市行政中心、公园绿地、码头仓库区及铁路场站等都是交通的策源地。交通策源地每日都发生和吸引着大量的人流和货流，构成不同目的和形式的城市客、货流交通。若要使路网规划得较为合理，就必须通过交通调查取得必需的交通资料，只有在充分占有交通资料的条件下，才可能使得城市分区布局有利于交通便捷、均匀、分散，减少不必要的往返运输、长距离运输、迂回运输，减少交通事故。其原则是分区内部的近距离交通多，超越分区的远距离交通少。

在分区内布置无害工业、手工业及各种机构，供居民就近工作；要修建与分区内就业居民人数相适应的住宅，区内应具有完善的商业、服务、文化娱乐等日常生活公共设施，使得居民上班及日常生活活动的出行距离较近，这就形成了分区内部交通小系统，其主要的交通形式是步行和自行车。

各分区之间的交通是较远或远距离交通，形成全市交通系统。分区之间的交通应该达到通畅快速，车辆的流动与分布、交通种类与速度都直接影响道路系统的布局与形成。

（二）地形条件的影响

城市的地形条件对城市用地分区、道路线型有很大影响。在城市总体规划中，应该认真地分析城市地形特点和变化，做到用地划分自然，道路平、纵、横面线型配合地形变化，既满足技术标准，又能结合环境和景观。

（三）城市进出口公路系统的影响

城市对外交通有铁路、水运、航空和公路。公路交通与城市交通的关系极为密切。公路与城市道路相连接的部分一般称为城市的进出口。城市道路的横断面与公路的横断面有很大不同，技术标准也不同，因此，城市进出口既有横断面改建，又有横断面的衔接过渡问题，如果处理不当，会使城市进出口发生严重的交通阻塞，甚至造成交通事故。

（四）铁路线的影响

铁路运输的发展会促进城市的发展，但当城市发展到一定程度时，铁路线用地往往成为城市发展用地的障碍，城市道路与铁路线的交叉，不仅增加了城市的交通设施和基建费用，而且也影响了城市的环境、景观等。因此，一般应使城市道路路线与铁路线平行，但不宜靠得太近，否则在分支道路跨越铁路需修建立体交叉时，会造成工程技术上的困难和不经济。铁路客、货运站场与城市道路关系密切，应使城市干道系统与铁路场站有直接联系。

（五）城市原有路网的影响

除新建城市外，城市原有道路网对新路网有很大影响。原有路网是基础，是不可忽略的。要根据出行调查资料绘制出 OD 表及流量流向图，并通过其分布来调整原有路网，发展新的路网系统。要防止简单化地将旧城道路向外延伸，漫无止境地成片建设，这样会导致城市用地无限扩大，人口分布不均匀，给城市交通带来更严重的问题。

二、城市干道网类型

城市道路系统是为适应城市发展，满足城市用地和城市交通以及其他需要而形成的。在不同的社会经济条件、城市自然条件和建设条件下，不同城市的道路系统有不同的发展形态. 从形式上，常见的城市道路网可归纳为四种类型：

1. 方格网式道路系统

方格网式又称棋盘式，是最常见的一种道路网类型，它适用于地形平坦的城市。用方格网道路划分的街坊形状整齐，有利于建筑的布置，由于平行方向有多条道路，交通分散、灵活性大，但对角线方向的交通联系不便。有的城市在方格网的基础上增加若干条放射干线，以利于对角线方向的交通，但因此又将形成三角形街坊和复杂的多路交叉口，既不利于建筑布置，又不利于交叉口的交通组织。完全方格网的大城市，如果不配合交通管制，容易形成不必要的穿越中心区的交通。一些大城市的旧城区历史形成的路幅狭窄、间隔均匀、密度较大的方格网，已不能适应现代城市交通的要求，可以组织单向交通以解决交通拥挤问题。

方格网式的道路一也可以顺依地形条件弯曲变化，不一定死板地一律采用直线直角。

2. 环形放射式道路系统

环形放射式道路系统起源于欧洲以广场组织城市的规划手法，最初是几何构图的产物，多用于大城市。这种道路系统的放射形干道有利于市中心同外围市区和郊区的联系，环形干道又有利于中心城区外的市区及郊区的相互联系，在功能上有一定的优点。但是，放射形干道容易把外围的交通迅速引入市中心地区，引起交通在市中心地区过分的集中，同时会出现许多不规则的街坊，交通灵活性不如方格网道路系统。环形干道又容易引起城市沿环道发展，促使城市呈同心圆式不断向外扩张。

为了充分利用环形放射式道路系统的优点，避免其缺点，国外一些大城市已将原有的环形放射路网调整改建为快速干道系统，对缓解城市中心的交通压力，促使城市转向沿交通干线向外发展起了十分重要的作用。

3. 自由式道路系统

国外很多新城的规划采用自由式道路系统。自由式道路系统，是指滨江（海）或山坡上的城市顺应地形而形成的道路系统。自由式道路系统道路布局主要结合地形，路线弯曲无一定几何图形的道路网。它能充分结合河流、海岸等自然地形，节约道路建设投资；但非直线系数较大，不规则街道较多，建筑用地比较分散。一般适用于自然地形条件复杂的地区和小城市。

4. 混合式道路系统

混合式道路系统是由棋盘式、环形放射式或自由式路网组合而成的道路系统。其特点是适应大城市的改建和扩建规划，逐步形成，如规划合理可以扬长避短。中国大多数城市采用方格网和环形加放射的混合式，如北京、上海、南京许多城市保留原有旧城棋盘式格局，为减少城市中心交通压力和便利与周围新区和邻近城镇的联系而设置环路及放射路。道路网结合地形（例如依海（江）岸或山坡）而形成的道路系统。路线弯曲无一定几何图形。可充分结合自然地形，节约工程造价，缺点是非直线系数大，不规则街坊多，建筑用地较分散。中国重庆、青岛、南宁、九江等城市的道路属于这种系统。

三、城市道路网规划技术指标

（一）非直线系数

分区之间的交通干道应短捷（接近于直线），但实际情况不可能完全做到。衡量道路便捷程度的指标称为非直线系数（或称曲度系数、路线增长系数），是道路起、终点间的实际长度与其空间直线距离之比值。交通干道的非直线系数应尽量控制在 1.4 之内，最好在 1.1 ~ 1.2 之间。

应该指出，用非直线系数指标衡量城市交通便捷与否，并不是对所有城市均适用，特别是对山城或丘陵地区的城市，可不必强求。

（二）道路网密度

为使城市各分区用地之间交通方便，应有足够的道路数量。作为城市总平面骨架的道路数量及其分布，既要满足交通发展的要求，也应该结合城市的现状、规模、自然地形条件，尽可能有利于建筑布置、环境保护等规划要求。城市道路的数量、长度、间距等能否与城市交通相适应，可用城市道路网密度来衡量。

道路网密度是城市各类道路总长度与城市用地面积之比值。

从理论上讲，扩大道路网密度，有利于城市交通。但实际上若密度过大，则造成城市用地不经济，增加城市建设投资，并且会导致交叉口过多而影响车辆行驶速度和道路通行能力。因此，道路网密度必须与城市客、货运输交通量的大小、工业和居住生活用地划分的经济合理性等因素综合考虑。一般说来，道路网密度与城市的规模是密切相关的，我国1995年颁布实施的《城市道路交通规划设计规范》对各类不同规模的城市确定了应满足的道路网密度要求。

（三）道路面积密度

道路网密度未考虑各类道路不同宽度对交通的影响，也未考虑其他道路交通设施如广场、停车场对交通的影响，所以它还不足以衡量城市道路系统是否适应交通需要。

道路面积密度又称道路面积率或道路用地率。

道路面积密度是各类道路总用地面积与城市用地总面积（平方公里）的商。

城市道路用地包括广场、停车场及其他交通设施，所以由道路面积密度可以看出一个城市对道路交通的重视程度及该城市道路交通设施的建设情况。世界上主要发达国家的大城市道路面积率一般多在20%以上，而我国主要大城市道路面积率多在10%以下。我国的《城市道路交通规划设计规范》规定，城市道路用地面积应占城市建设用地面积的8% ~ 15%，对规划人口在200万以上的大城市，宜为15% ~ 20%。

（四）居民拥有道路面积密度

居民拥有道路面积密度又称人均拥有道路面积率，它是反映每个城市居民拥有道路面积的技术指标。

居民拥有道路面积密度等于道路服务地区的城市人口（人）各类道路总用地面积的比值。

对于此项指标，我国城市与世界发达国家城市相比也存在一定差距。《城市道路交通规划设计规范》规定：规划城市人口人均占有道路用地面积宜为7 ~ 15m。其中：道路用地面积宜为6.0 ~ 13.5m² / 人，广场面积宜为0.2 ~ 0.5m² / 人，公共停车场面积宜为0.8 ~ 1.0m² / 人。

四、道路系统规划设计方法

道路系统是城市总体布局的重要组成部分，它不是一项单独的工程技术设计，而是受到很多因素的影响和制约，它是在城市总体规划过程中进行的。道路网规划的主要内容包括：城市用地布局中各有关交通吸引点相互联系线的布置分析；城市客、货交通量现状和将来的估计以及在干线上的流量分布；干道性质、选线、走向与红线宽度、横断面形式的确定；交叉口位置和形式；停车场布置；路网图的绘制及规划说明书的编制等。在规划中应考虑道路网结构形式并注意满足路网规划技术指标。一般道路网规划设计步骤如下：

（一）资料准备

1. 城市地形图：地形图范围包括城市市界以内地区，地形图比例尺 1：20000～1：5000。

2. 城市区域地形图：地形图范围包括与本城相邻的其他城镇，能看出区域范围内城市之间的关系，河湖水系，公路、铁路与城市的联系等。地形图比例尺 1：50000～1：10000。

3. 城市发展经济资料：内容包括城市性质，发展期限，工业及其他生产发展规模，对外交通，人口规模，用地指标等。

4. 城市交通调查资料：包括城市客流、货流 OD 调查资料；城市机动车和非机动车历年统计车辆数；道路交通量增长情况及存在问题；机动车、非机动车交通流量分布图等。

5. 城市道路现状资料：1：500～1：1000 的城市地形图，能准确地反映道路平面线型、交叉口形状；道路横断面图以及有关道路现状的其他资料如路面结构形式，桥涵的结构形式和设计荷载等。

（二）道路系统规划

在交通规划的基础上，可进行道路系统规划。道路系统规划分为三个阶段：

1. 城市分区交通吸引点分布及其联系线路的确定

城市中的工业区、居住区、市中心、大型影剧院及体育场馆、对外交通车站和码头等都是人流、货流的出发点和吸引点，彼此之间应该有便捷、合理的道路联系。这些用地之间，远景交通量大的主要连接道路，则形成城市的干道网；远景交通量低的且大部分不贯通全市的则为次干道；若以客运为主，为生活服务的，则为生活服务性道路。

因此，了解各主要交通吸引点的交通性质、流量流向，是拟定城市道路系统的重要前提，同时要密切结合自然地形和城市现状，按道路设计标准来确定各几何要素，进行总体路网规划。

2. 根据交通规划对初步确定的道路系统进行修改

根据本章前面所述远景交通量预估和分配的结果及交通规划的有关内容，对干道系统进行检验修正，确定干道性质、走向布局、红线宽度、横断面形式、交叉口和立交桥的形式、位置等。

道路系统是否经济合理也要考虑其他因素，如是否有利于城市发展，道路系统与公路、铁路、水运、航空等对外交通的联系，道路建设投资与建成后的经济效益等，这些方面都要作经济分析比较。

3. 绘制道路系统规划图

包括道路系统平面图及道路横断面图。平面图要绘出于道中心线和控制线，一般应标明平面线型和竖向线形的主要控制点位置和高程，绘出交通节点及交叉口平面形状。此外，还应在平面图上标明静态交通用地如停车场、广场、加油站等的位置及规模。图纸比例：大中城市 1 ：10000 ~ 1 ：20000，小城市 1 ：5000 ~ 1 ：10000。

第二节 城市道路的功能、组成及特点

与其他道路，如公路、矿区道路、林区道路等相比较，城市道路的功能更多一些，其组成也更为复杂，有着与其他道路明显不同的特点。根据《城市道路设计规范》[cJJ-90]的定义，城市道路是指大、中、小城市及大城市的卫星城规划区内的道路、广场、停车场等，不包括街坊内部道路和县镇道路。城市道路与公路以城市规划区的边线为分界线，在城市道路与公路之间应设置适当的进出口道路作为过渡段，过渡段的长度可根据实际情况确定，其设计车速、横断面布置、交通设施、照明等可参照"规范"和公路的有关设计标准、规范论证地选用。

一、城市道路的功能

城市道路是城市人员活动和物资运输必不可少的重要设施。同时，城市道路还具有其他许多功能，例如，能增进土地的利用、能提供公共空间并保证生活环境，具有抗灾救灾功能等。城市道路是通过充分发挥这些功能来保证城市居民的生活、工作和其他各项活动的。目前，城市中存在的许多问题无不与城市道路的规划建设及管理的不完善有关联。

在城市道路规划及设计时，必须充分理解它的功能和作用。城市道路的功能，随着时代变化、城市规模和性质的不同，表面上或许有所差别，但就其本质来说，它的功能并没有改变，主要有四个方面的功能：

1. 交通设施的功能

所谓交通设施功能，是指由于城市活动产生的交通需要中，对应于道路交通需要的交通功能。而交通功能又可分为纯属交通的交通功能和沿路利用的进入功能。交通功能不难理解，是指交通本身，如汽车交通、自行车交通、行人交通等，进入功能则是指交通主体（汽车、自行车、行人等）向沿路的各处用地、建筑物等出入的功能。一般说来，干线道路主要具有交通功能，利用干道的交通大多是较长距离的交通或过境交通。支路或次干路的进入功能是指向沿线的住宅、建筑物、设施等的出入功能。在不妨碍城市道路交通的情况下，在路上临时停车、装卸货物、公共交通停靠站等也属于这种功能。

2. 公共空间功能

作为城市生活环境必不可少的空间，公共空间有道路、公园等。近年来，随着城市建设的高度发展，城市土地的利用率越来越高，再加上建筑物的高层化，城市道路这一公共空间的价值显得更为可贵。这表现在除采光、日照、通风及景观作用以外，还为城市其他设施提供布置空间，如为电力、电信、燃气、自来水管及排水管等的供应和处理提供布置空间。

在大城市或特大城市中，地面轨道交通、地下铁道等也往往敷设在城市道路用地内，在市中心或大交叉口的下面也可埋设综合管道等设施。此外，电话亭、火灾报警器等也有沿街道设置的。

3. 防灾救灾功能

这一功能包括起避难场地作用、防火带作用、消防和救援活动用路的作用等。

在出现地震、火灾等灾害时，在避难场所避难，具有一定宽度的道路可作为避难道使用。此外，为防止火灾的蔓延，空地或耐火构造极为有用，道路和具有一定耐火程度的构造物连在一起，则可形成有效的防火隔离带。

4. 形成城市结构功能

从城市详细规划的步骤来看，第一步便是进行道路网及道路红线的规划，这便足以说明城市道路在形成城市骨架中的作用。从城市规模来看，主干路是形成城市结构骨架的基础设施，对于小一些的区域，道路则起着形成邻里居住区、街坊等骨架的作用。

从城市的发展来看，城市是以干路为骨架，并以它为中心向四周延伸。从某种意义上说，城市道路网决定了城市结构，反之，城市道路网的规划，也取决于城市规模、城市结构及城市功能的布置，两者相互作用，相互影响。

二、城市道路的组成

城市道路一般包括各种类型、各种等级的道路（或街道）、交通广场、停车场以及加油站等设施，在交通高度发达的现代城市，城市道路还包括高架道路、人行过街天桥（地道）和大型立体交叉工程等设施。

在城市道路建筑红线之间，城市道路由以下各个不同功能部分组成：（1）车行道——供各种车辆行驶的道路部分。其中供汽车、无轨电车等机动车辆行驶的称为机动车道；供自行车、三轮车等非机动车行驶的称非机动车道；供轻轨车辆或有轨电车行驶的称有轨电车道；（2）路侧带——车行道外侧缘石至道路红线之间的部分。包括人行道、设施带、路侧绿化带三部分，其设施带为行人护栏、照明杆柱、标志牌、信号灯等设施的设置空间；（3）分隔带——在多幅道路的横断面上，沿道路纵向设置的带状部分，其作用是分隔交通，安设交通标志及公用设施等。分隔带有中央分隔带和道路两侧的侧分带，中央分隔带用以分隔对向行驶的机动车车流，侧分带则是用以分隔同向行驶的机动车和非机动车车流。

分隔带亦是道路绿化的用地之一；（4）交叉口和交通广场；（5）停车场和公交停靠站台；（6）道路雨水排水系统，如街沟、雨水口（集水井）、窨井（检查井）、雨水管等；（7）其他设施，如渠化交通岛，安全护栏、照明设备、交通信号（标志、标线）等。

三、城市道路的特点

与公路及其他道路相比较，城市道路有如下特点：

（一）功能多样，组成复杂

城市道路除了交通功能外，还兼有其他多项功能。因此，在道路网规划布局和城市道路设计时，都要体现其功能的多样性。城市道路的组成比一般公路要复杂些，这给城市道路的规划设计带来一些特点。

（二）行人、非机动车交通量大

公路在设计中一般只考虑汽车等机动车辆的交通问题，城市道路由于其行人、非机动车交通需求量大，必须对人行道、非机动车道作专门的规划设计。

（三）道路交叉口多

由城市道路的功能已经知道，它除了交通功能之外，还有沿路利用的功能。加之一个城市的道路是以路网的形式出现的，要实现路网的"城市动脉"功能，频繁的道路交叉口是不可缺少的。就一条干线道路来说，大交叉口约 800 ～ 1200m 便有一个，中、小交叉口则 400 ～ 500m 就可能有一个，有的交叉口间距可能更短一些。所以，道路交叉口多是城市道路的又一个明显特点。

（四）沿路两侧建筑物密集

城市道路的两侧是建筑用地的黄金地带，道路一旦建成，沿街两侧鳞次栉比的各种建筑物也相应建造起来，以后很难拆迁房屋拓宽道路。因此，在规划设计道路的宽度时，必须充分预计到远期交通发展的需要，并严格控制好道路红线宽度。此外，还要注意建筑物与道路相互协调的问题。

（五）景观艺术要求高

城市干道网是城市的骨架，城市总平面布局是否美观、合理，在很大程度上首先体现在道路网，特别是干道网的规划布局上。城市环境的景观和建筑艺术，必须通过道路才能反映出来，道路景观与沿街的人文景观和自然景观是浑然一体的，尤其与道路两侧建筑物的建筑艺术更是相互衬托，相映成趣。

（六）城市道路规划、设计的影响因素多

城市里一切人和物的交通均需利用城市道路。同时，各种市政设施、绿化、照明、防火等，无一不设在道路用地上，这些因素，在道路规划设计时必须综合考虑。

（七）政策性强

在城市道路规划设计中，经常需要考虑城市发展规模、技术设计标准、房屋拆迁、土地征用、工程造价、近期与远期、需要与可能、局部与整体等问题，这些都牵涉到很多有关方针、政策。所以，城市道路规划与设计工作是一项政策性很强的工作，必须贯彻实行有关的方针、政策。

上述城市道路的七个方面特点，是道路规划设计人员理应了解和掌握的。对这些特点理解得越透彻，工作起来越得心应手，工作成果就越令人满意。

第三节　城市道路分类分级及红线规划

一、城市道路分类分级的目的

要实现城市道路的四个基本功能，必须建立适当的道路网络。在路网中，就每一条道路而言，其功能是有侧重面的，这是在城市规划阶段就已经赋予的，也就是说，尽管城市道路的功能是综合性的，但还是应突出每一条道路的主要功能，这对于保证城市正常活动、交通运输的经济合理以及交通秩序的有效管理等诸方面。都是非常必要的。

进行城市道路分类分级的目的在于充分实现道路的功能价值，并使道路交通运输更加有序，更加有效，更加合理。

道路分类方法是建立在一定视角之上的。例如：根据道路在规划路网中所处的交通地位划分，有主干路、次干路和支路；根据道路对城市交通运输所起的作用划分，则有全市性道路、区域性道路、环路、放射路、过境道路等；根据道路所处的城市地理环境划分，有中心区道路、工业区道路、仓库区道路、文教区道路、生活区道路及游览区道路等。

可以肯定，功能不分、交通混杂的道路系统，对一个城市的交通运输乃至整个城市的正常运转和发展都是相当有害的。现代城市道路必须进行明确的分类分级，使各类各级道路在城市道路网中能充分地发挥其作用。

二、我国城市道路分类分级

（一）道路分类

我国的《城市道路设计规范》依据道路在城市道路网中的地位和交通功能以及道路对沿路的服务功能，将城市道路分为四类，即城市快速路、城市主干路、城市次干路和城市支路。

1.城市快速路完全是为机动车辆交通服务的，是解决城市长距离快速交通的汽车专用道路。快速路应设中央分隔带，在与高速公路、快速路和主干路相交时，必须采用立体交叉形式，与交通量不大的次干路相交时，可暂时采用平面交叉形式，但应保留修建立体交叉的可能性。

快速路的进出口采用全部控制或部分控制。

在规划布置建筑物时，在快速路两侧不应设置吸引大量人流、车流的公共建筑物出入口，必须设置时，应设置辅助道路。

2. 城市主干路是以交通功能为主的连接城市各主要分区的干线道路。在非机动车较多的主干路上应采取机动车与非机动车分行的道路断面形式，如三幅路、四幅路，以减少机动车与非机动车的相互干扰。

主干路上平面交叉口间距以 800 ～ 1200m 为宜，道路两侧不应设置吸引大量人流、车流的公共建筑物出入口。

3. 次干路是城市内区域性的交通干道，为区域交通集散服务，兼有服务功能，配合主干路组成城市于道网络，起到广泛连接城市各部分及集散交通的作用。

4. 支路是以服务功能为主的，直接与两侧建筑物、街坊出入口相接的局部地区道路。

（二）城市道路分级

城市道路的分级主要依据城市规模、设计交通量以及道路所处的地形类别等来进行划分。

大城市人口多，出行次数频繁，加上流动人口数量大，因而整个城市的客货运输量比中、小城市大。另外，市内大型建筑物较多，公用设施复杂多样，因此，对道路的要求比中、小城市高。为了使道路既能满足使用要求，又节约投资和用地，我国《城市道路设计规范》规定，除快速路外，各类道路又分为Ⅰ、Ⅱ、Ⅲ级。一般情况下，道路分级与大、中、小城市对应。

我国各城市所处的地理位置不同，地形、气候条件各异，同等级的城市其道路也不一定采用同一等级的设计标准，而应根据实际情况论证地选用。如同属大城市，但位于山区或丘陵区的城市受地形限制，达不到Ⅰ级道路标准时，可经过技术经济比较，将技术标准作适当变动。又如一些中小城市，若系省会、首府所在地，或特殊发展的工业城市，也可根据实际需要适当提高道路等级，要强调的是，无论提高或降低技术标准，均需经过城市总体规划审批部门批准。

注：①设计车速在条件许可时，宜采用大值；

②改建道路根据地形、地物限制、拆迁占地等具体困难，可选用表中适当等级；

③城市文化街、商业街可参照表中次干路及支路的指标。

三、道路红线规划

（一）红线规划的作用

所谓道路红线是指道路用地与城市其他用地的分界线，道路红线宽度即为道路的规划路幅宽，它为道路及市政管线设施用地提供法定依据。

在做城市规划的道路网规划时，首先要确定路网形式、路网组成、各条道路的功能性质、走向和平面位置，然后要具体解决城市道路以及和道路相关的各项建筑、市政管线工程的近、远期建设问题。规划道路红线也就是规划道路的边线，红线的作用是控制街道两侧建筑不能侵入道路用地。

从规划红线的意义和作用来看，不仅要全面考虑城市每条道路的布局问题，还要提出每条道路的技术设计原则，以便合理解决各局部地区各项工程的设计及建设的协调问题。

（二）红线规划设计内容

1. 确定红线宽度

红线宽度也即路幅宽度，它是道路横断面中机动车道、非机动车道、人行道、设施带、绿化带等各种用地宽度的总和，包括远期发展用地。横断面各部分宽度的确定原则和方法在"城市道路横断面设计"已经介绍。

红线宽度是城市规划中路网规划的主要内容之一，也是整个城市建设用地矛盾和近、远期设计矛盾的焦点之一。红线宽度规划得太窄，不能满足日益发展的城市交通和其他各方面的要求，给以后道路改建带来困难；反之，红线定得太宽，近期沿线各种建筑物就要从现在的路边后退很大的距离，给近期建设也带来矛盾，同时还会造成用地的不必要浪费。所以，红线宽度的确定要充分考虑"近远结合，以近为主"的原则。

对于新建道路，应根据各城市各时期的城市交通和城市建设特点，尤其注意道路的远景发展趋势，适当留有发展余地。对于现有的狭窄的、交通矛盾比较突出的道路，规划时均应多留有余地，以备将来条件成熟时逐步拓宽；对于目前矛盾尚不大的干道，应根据道路地位的重要程度、流量大小以及两侧建筑和用地情况，有区别地比现状适当加宽，为将来交通发展留有余地；有些道路沿街建筑确实很好，将来亦无条件拓宽者或交通流量不大、两侧房屋在相当时期不会改建的支路，红线可维持现状不动。

全国各城市干道红线宽度标准不尽相同，如北京为 60 ~ 90m；天津为 35 ~ 50m；武汉为 40 ~ 60m；上海为 32 ~ 40m；广州为 38 ~ 47m；石家庄为 45 ~ 60m。道路红线宽度没有统一标准，它与城市的基础有关。

2. 确定红线位置

道路红线的平面位置依赖于道路中线的定位。通常是在城市总平面图基本定案的基础上，确定道路的中心线位置，然后按所拟定的道路横断面宽度，画出道路红线。

红线的实现有三种方式：（1）新区道路：一般是先画定道路红线，然后建筑物依照红线逐步建造，道路则参照规划断面，分期修建，逐步形成；（2）旧区道路：通过近期一次辟筑达到规划宽度，这种情况较简单，但目前是少数；（3）旧区道路：通过两侧建筑物按照规划红线逐步改建而逐步形成。这种方式在实际建设工作中经常采用。红线画定后，由于近期交通矛盾尚不突出，或由于拓宽、辟筑没有条件，所以道路暂不改建。但两侧建筑物的新建、改建则是经常有的，这些都要依照红线建造。这样通过建筑物长期的新陈代谢，逐步实现道路的规划红线宽度。

道路红线的实地定位是件政策性很强的工作，涉及城市建设诸方面的技术经济问题，应该全面考虑红线实现的全过程中可能出现的情况和各种矛盾，通过调查研究，妥善处理道路与沿线建筑的关系。

3. 确定交叉口形式

城市道路交叉口分平面交叉和立体交叉两大类别。平面交叉口又分一般平面交叉、拓宽渠化交叉和环形平面交叉三个类型；立体交叉则有苜蓿叶型、环型、喇叭型、菱型、定向式等多种平面形式。不同类别、不同形式的交叉口，其用地范围、大小、具体位置等各不相同。而道路交叉口是道路的主要组成部分，因此在规划道路红线时，应同时确定交叉口的远期和近期形式，以便规划道路交叉口处的道路红线，从而使道路红线规划趋于完整。

4. 确定道路的控制点的坐标和高程

规划道路中线的转折点和各条道路的相交点，就是道路的控制点。控制点可直接用测量仪器实地测量，也可以依据可靠的地形图计算其坐标和高程。

总之，城市道路的红线规划包括红线宽度、红线平面位置、交叉口形式和道路控制点规划等四个方面的内容。这四个方面的内容是紧密相连的，因此在实际规划工作中，应同时考虑。

第四章　城市对外交通规划设计

第一节　一般规定

（一）城市对外交通规划目标

城市对外交通中铁路、公路、海港、河港、机场等系统规划，应根据城市总体规划和上位系统规划，合理确定其在城市中的功能定位和规划布局，以满足交通运输和城市发展的需要。

（二）城市对外交通规划的主要内容

城市总体规划阶段的城市对外交通规划应根据经济发展做出交通预测和分配，并进行规划。

1. 铁路客货运量、规模、铁路线路、站场布局规划等。
2. 长途客货运量、公路网规划、客货运设施规划等。
3. 水运客货运量、规模、航道布局及通航等级规划、岸线利用规划、海港、河港布局规划等。
4. 空运客货运量、规模、机场布局规划等。

（三）城市对外交通规划布局

城市规划区内的铁路、公路、水运、空运等运输方式应相互配合和衔接，并与其他交通方式形成结构合理、高效便捷的城市综合交通网络。妥善处理好城市对外交通规划与其他相关规划之间的衔接。

1. 铁路规划

城市规划区范围内的铁路设施布局和规模，应与城市规划布局和土地使用及其他交通设施布局相协调。

2. 公路规划

（1）公路应与城市规划区内的城市主要道路衔接。

（2）高速公路进入城市规划区应满足城市规划布局的相关要求。

3. 海港、河港规划

（1）港区的改造或置换应与城市规划布局和周围环境相协调。

（2）对环境影响比较大的危险品码头、矿、煤、建材等散货码头规划应远离市中心，应布置在城市的下风向或江河的下游，并符合环境评价要求和相关规范规定的要求。

4. 机场规划

（1）机场与主城区应有一定的安全距离。

（2）机场与城市间的交通衔接应顺畅、便捷，规划机场专用道路应与城市干道系统衔接。

（3）根据客运交通需要，机场与城市之间可规划轨道交通。

（四）城市对外交通枢纽

城市规划区内的铁路、公路、海港、河港、机场、市内交通等交通方式相互衔接，并具有一定客、货运量时，应设置交通枢纽。交通枢纽的用地规模应按城市交通发展的远期目标进行控制，可分期建设。交通枢纽中各相关交通方式应紧密衔接，方便换乘，采用快速疏散方式。交通枢纽可分为大型、中型和小型交通枢纽。

（五）城市对外交通与城市市内交通的换乘

铁路客运站、长途汽车站、水运客运站、机场是城市的重要交通节点，要根据客运量，规划站前广场、公交线路站场和出租汽车站以及相应的公共停车场、库，有轨道交通规划的城市，还应考虑轨道交通与铁路客站、机场等对外交通节点联通。

铁路、公路、海港、河港、机场等货运中转应有良好的集疏运条件。

（六）线路交叉的规定

城市规划区内的铁路、高速公路、快速路、城市干道等相交，包括高速公路与城市道路相交，应采用立体交叉形式。

一级公路与城市主干路相交，宜采用立体交叉形式；与次干路、支路相交，宜采用分离式交叉形式，当采用平面交叉形式，应设置交通管制设施。

（七）规划控制与保护

城市总体规划确定的远期对外交通设施用地，在城市建设过程中应该严格控制与保护，不得擅自更改其使用性质。

（八）城市对外交通市政配套规划

1. 电源：重要设施宜引入两路独立的或专用的可靠外电源，并满足负荷要求。

2. 供水：供水水源宜纳入城市供水系统。当引用城市供水有困难时，可采用独立的供水系统。

3. 通信：包括有线通信及无线移动通信，重要地区应布置通信专线。

4.雨水：雨水宜纳入城市雨水排水系统。特殊地区可设独立的雨水排水系统设施，以及其他防洪、排涝设施。

5.污水：污水应达到接管标准后纳入城市污水管网系统。当纳入城市污水管网有困难时，应采用独立的污水处理设施，达到国家规定的排放标准并满足纳污水体的要求。

6.供气：燃气设施应纳入城市燃气（煤气、天然气或液化石油气）系统。

第二节 铁路规划设计

一、铁路规划

城市规划区内的铁路规划，应根据国家铁路网规划、城市总体规划，在城市对外交通系统中统筹安排。

（一）铁路规划内容

铁路在城市对外交通系统中的地位、规划原则、客货运量预测、线路及站场等铁路设施布局与规模、近期及远期规划等。

（二）铁路设施

铁路客运站、货运站场、编组站、集装箱中心站或办理站、客车整备所、车辆段、机务段、工务段、电务段、动车段或动车运用所等站段设施，干线铁路、枢纽内铁路疏解线、联络线及专用线等线路设施，以及为军事、城市邮政等服务的军供站、邮件转运站等。

（三）特大城市、大城市、铁路枢纽所在城市可在城市总体规划指导下进行铁路专项规划

（四）具体的铁路线路、站场等建设项目，应当在城市规划布局指导下进行选线、选址规划，画示控制线

（五）铁路规划应考虑的主要因素

1.铁路经过的城市，一般应设置一个或一个以上的客运站、货运站，或客货混合站。车站规模、等级应根据城市发展规模、客货运量等确定。

2.有两条以上规划铁路干线线路引入的城市，一般应设置铁路枢纽。

3.城市规划区范围内满足铁路专用线规模要求的工矿企业以及具有一定规模的城市工业区或港口，宜考虑设置铁路专用线及工业站或港湾站。

4.城市规划区内铁路客运站、货运站的设置，应与其他交通运输方式相衔接。

5.高速铁路（快速铁路）引入的城市，应规划高速铁路（快速铁路）车站用地以及相

关的设施用地。

二、铁路枢纽

位于铁路网铁路干线交汇点或端点的城市，应根据引入铁路的数量及其在铁路网中的地位与作用、城市规模和布局等因素设置不同类型和规模的铁路枢纽。

三、铁路线路

应明确铁路线路的走向及控制走廊。铁路线路的线位应与城市土地使用规划相结合，并满足与枢纽内客运站、编组站等连接和径路合理的需要。

四、铁路客运站

1. 应根据城市性质、人口规模、布局、干线引入方向，以及在全国或地区的地位和作用等因素明确主要客运站的布局及规模。

2. 客运站的规划布局，中小城市宜靠近市区，大城市宜布置在主城区。设两个及以上客运站时，应结合铁路和城市规划布局，确定其分工和规模。

3. 铁路客运站应与城市交通相互衔接，为旅客出行和集散提供良好的通达性和便捷的换乘条件。

4. 客运站站前广场用地的规模和布局应满足旅客集散和城市交通衔接的需要，符合旅客进出站和换乘的安全、方便和迅速的要求。

5. 站前广场的交通规划，应方便乘客，有利集散，合理组织人行流线和车行流线。

五、铁路货运站和货场

1. 大城市和铁路枢纽所在的城市，应结合城市发展，根据城市到发货运量及类别，确定货运站场布局。中小城市一般宜在中间站设置货场。

2. 应根据服务功能需要，结合城市土地使用规划，合理布局综合性货场和各类专业性货场。有大量集装箱货源的城市，宜考虑设置集装箱中心站或集装箱办理站。

3. 货运站场选址应结合铁路线路布局，宜临近货源集中地，避开城市居民区。

六、铁路编组站、工业站、港湾站

1. 编组站宜布局在城市郊区，多条铁路干线引入的汇合处；宜考虑主要干线车流运行顺直，缩短干线列车走行距离。

2. 具有一定规模、满足设站要求的工矿企业、工业区、港口，宜考虑设置工业站、港湾站。

七、铁路机车车辆段、所

1. 机车车辆、客车整备等设施，应结合机车车辆运用组织和城市土地使用规划综合考虑其布局及规模。

2. 机务段、货车车辆段宜布局在编组站或区段站附近，客车车辆段、动车段或动车运用所、客车整备所宜布置在有一定始发终到作业的客运站附近。

八、铁路设施的改造

1. 市区内现状铁路线路、站场及相关设施，需要调整其功能和规模的，应结合城市和铁路规划布局统筹安排。

2. 市区内货运站场宜结合铁路和城市发展逐步外迁，涉及铁路线路、站场等设施搬迁，应结合城市和铁路规划布局统筹安排。

九、铁路用地

1. 应根据地形、地貌等因素确定对铁路线路的控制宽度，铁路线路的控制范围，干线宜按照外侧轨道中心线以外 20 米控制，支线宜按照外侧轨道中心线以外 15 米控制。

2. 铁路线路、站场及相关设施规划用地，应满足城市和铁路布局统筹规划。

3. 除铁路建设实际征用土地外，尚应考虑安全防护隔离用地需要。

第三节　公路规划设计

一、公路规划范围

为沟通城市或主城区与外界联系的快速干线、一般干线及其相应附属设施均为公路的规划范围。

二、公路系统布局规划

1. 公路系统规划应适应和促进城市的发展，满足城市对外客货运的安全和畅通要求。公路系统的形式和布局应根据城市规划布局、土地使用规划、客货交通流量和流向等情况合理确定。大城市对外通道每个方向宜有不少于两条对外放射的公路，并与城市主要道路衔接，形成多层次、多通道、多功能、网络化的结构。

2. 公路主要分为快速干线，一般干线。快速干线包括高速公路；一般干线包括一级公路，二级公路，三级公路。大城市以上城市一般干线的规模宜为快速干线的 2 ~ 3 倍。

三、大型对外交通设施连接道路

1. 应规划设置专用道路与机场连接。道路等级应为快速路、高速公路或一级公路。

2. 应规划相对独立的疏港道路与港口连接。道路等级应为快速路、主干路、高速公路或一级公路。

3. 应规划设置快速、便捷的集散道路与铁路客站连接。道路等级应为快速路、主干路、次干路、高速公路或一级公路。

四、过境交通的疏导

1. 平原城市可设置城市外环路，疏导过境交通，沟通与外界联系。当采用其他形式的过境公路时，应避免与城市道路相互干扰。

2. 大城市、山地城市宜设置绕城高速公路，中小城市宜设置对外交通公路，避免过境交通道路影响城市市内交通。

五、公路隔离带控制

1. 城市规划区内高速公路在其公路红线两侧一般应控制不小于 50 米宽的绿化隔离带，一级公路在其道路红线两侧一般应控制 20 ~ 50 米宽的绿化隔离带，二级、三级公路在其道路红线两侧一般应控制 10 ~ 30 米宽的绿化隔离带。

2. 城市外环路在其道路红线外侧宜控制 50 ~ 100 米宽的绿化隔离带，内侧宜控制 20 ~ 50 米宽的绿化隔离带。

六、公路沿线相关设施

安全保护区范围城市规划区内的大中型公路桥梁两侧各 50 米，公路隧道上方和洞口外 100 米为规划的安全保护区范围；山地城市安全保护区范围根据城市规划布局确定。

七、公路的相关交通设施

1. 公路规划中配置的对外客运站、货运站、社会停车场和交通广场的布局应根据城市规模、运量等来确定用地规模，宜一次规划，分期实施。

2. 客运站宜结合城市对外交通的主要方向、城市对外交通枢纽设置。特大城市、大城市宜结合主城区附近均衡布置，中小城市宜布置在市中心外围附近。

3. 货运站宜结合工业区、仓储区、物流区等规划布局。

4. 社会停车场应按其衔接的交通方式，结合城市规划布局要求设置。

5. 交通广场应按照对外交通产生的最大集聚人流确定和设置。

6. 高速公路服务区的间距宜控制在 30 ~ 50 公里。在服务区之间宜设置停车区。

第四节　海港规划设计

一、港口性质和规模

港口的性质和规模应根据所处地域区位、腹地经济条件，城市社会、经济发展规划和产业发展水平、特征和前景、客货流量以及交通集疏运条件来确定。

港口性质可分商港、工业港、旅游港、客运港、渔港、专业港等。

港口规模可分为枢纽港、重点港、一般港。

二、海港选址规划

海港的选址应对港址进行区域经济地理的多方案的比选和论证，符合城市规划布局。海港选址要综合考虑自然地理条件、技术条件和经济条件等因素。

1. 自然地理条件

自然地理条件决定港址的技术基础，主要包括水域条件、水域的掩护条件、地质条件和陆域条件等要素。

2. 技术条件

技术条件主要指港口总体布局在技术上进行设计和施工的可能性，包括防波堤、码头、进港航道、锚地、回转池、港池等。

3. 经济条件

经济条件主要指海港的性质、规模、腹地、集输运条件、港口运营、资金筹措、经济效益等方面的经济合理性。

三、港口规划布局

1. 按照城市功能布局的需要，充分利用海港的自然条件，科学选择港口位置，统筹兼顾、统一规划，妥善处理港口与城市之间的关系。

2. 港口的集疏运交通系统规划，首先应协调港口与城市的交通衔接，协调港口与铁路、公路、内河港区等各类交通运输设施的衔接，提高港口的综合运输能力。

主要疏港道路不应穿越市中心，宜从城市的一侧与城市道路网络连接，减少疏港运输对城市交通的干扰。

3. 符合城市环境规划的要求，避免对城市公共安全和公共卫生的影响，对污染环境、易燃易爆危险品等的码头，应单独选址，避开主城区、人口密集地区、城市水源保护区、风景游览区、海滨浴场等区域，保持一定的间距，并应布置在城市的下风向。

4. 海港的建设宜利用荒地、劣地，尽量不占或少占用农田，避免大量拆迁，注意节约用地。

四、岸线使用规划

1. 深水深用，浅水浅用，高效合理使用岸线，各得其所。满足港口的使用要求，符合城市规划布局的要求。

2. 统筹兼顾，合理规划，科学地协调好航运、工业、仓储、市政、生活和生态绿化等岸线之间的关系，避免相互干扰。

3. 近远期规划相结合，为港口的发展留有余地。

4. 海港城市必须保留一定比例的生活岸线，供市民休闲游息。

5. 危险品码头岸线的使用必须考虑城市的安全性。

五、港区陆域布置

1. 综合规划、协调不同功能区域的相互关系，并满足港口装卸、港口库场、港内道路、生活辅助设施等用地要求。

2. 港区陆域布置应根据装卸工艺流程和自然条件，科学布置各种运输系统，合理地组织港区货流和人流，减少相互干扰。

六、码头陆域用地

码头的长度应根据设计船型尺度要求，满足船舶安全靠离作业和系缆要求。码头的陆域纵深应满足货物装卸运输的要求。

1. 件杂货码头。陆域纵深一般宜按 350 ～ 450 米 控制。件杂货码头前沿一般不宜设铁路装卸线。

2. 集装箱码头。陆域纵深宜按 500 ～ 600 米控制。

3. 多用途码头。陆域纵深宜按 500 ～ 600 米控制。

4. 散装货码头。陆域纵深一般宜按 350 ～ 450 米控制。

5. 石油化工产品和危险品码头。石油、化工品码头等后方储罐区的面积可根据石油、化工品的储量、储存期和储存工艺经计算确定。危险品码头应按货运量和危险品货物在港口的储存周期计算危险品储存设施的规模。

6. 矿石、煤炭及建筑材料码头。一般的矿石、煤炭码头（船型在 5 万吨级以下）采用顺岸式或突堤式时陆域纵深一般宜按 400 ～ 600 米控制。

远洋超大型船舶停靠的大型矿石、煤炭中转码头后方的堆场面积应根据货物中转量和货物堆存期计算确定，后方规划陆域面积一般宜按 30 万 ～ 40 万平方米/货物中转量千万吨。

7. 客运码头。根据港口客运站建筑设计有关规定，客运站建筑规模按旅客聚集量的数量分级，并规划各类用房的面积。国际客运站的平面布置应符合联检要求。

客运站应与城市交通相互衔接，为旅客出行和集散提供良好的通达性和便捷的换乘条件。站前广场规模和布局应满足旅客集散和城市交通衔接的需要。

七、港区外围配套设施

货物集散、中转仓库、专用铁路、进港道路及内河航运和内河港区等设施应符合城市和港口布局规划。

八、海港与内河航道衔接

内河航道宜引入海港，应协调与海港道路、铁路的交叉，减少相互间的影响。

第五节 河港规划设计

一、河港岸线

1. 规划岸线按功能分为港口岸线、停泊锚地岸线、水利与通航设施岸线、市政企事业岸线、旅游岸线和景观岸线等。

2. 岸线规划应符合城市规划布局与建设的需要，根据城市的水、陆域与环境条件、统筹规划、综合开发，科学处理各区段的功能关系。

3. 岸线利用应贯彻深水深用、浅水浅用的原则合理使用。

4. 岸线规划应远近结合，水域、陆域布局要留有发展余地，应根据港口功能，合理规划，节约使用岸线。

二、河港规划

1. 河港规划应根据城市总体规划，吞吐量预测等规划布局，并留有余地。

2. 河港规划前沿应根据装卸作业船舶的大小与数量确定港池作业区、掉头水域与待锚地区、航道或引航道区等的水域范围。

3. 河港规划后方陆域应根据货物种类和吞吐量确定装卸作业区，货物堆场、生活和管理用房等陆域规划用地面积。有条件的地区可规划城市货物集散中心。

4. 根据河港规划规模与需要，其疏港交通应与城市主干道或快速道路、高速公路有便捷的联系。根据论证确有需要的可设专用铁路。

5. 河港规划的选址应根据城市规划布局与港口规划的需要，选在航道河床稳定、水流平稳，船舶进出方便、集疏运条件良好，后方陆域相对开阔处。

6. 河港规划的选址应与上水取水口保持一定的安全距离、符合环保要求。

7. 河港规划的布置应满足水利、通航、桥梁与市政设施等安全距离的需要。

8. 专业码头应符合城市规划布局和内河航道规划布局的需要。

9. 客运港根据城市发展需要确定用地规模。客运站应与城市交通相互衔接，为旅客出行和集散提供良好的通达性和便捷的换乘条件。站前广场规模和布局应满足旅客集散和城市交通衔接的需要。

10. 水上旅游规划应根据城市性质、功能定位，结合航道水资源条件、有条件的区域可进行水上旅游规划。

11. 货运站的设置，应与其他有关的交通运输方式紧密衔接。

三、停泊锚地

1. 停泊锚地应根据城市总体布局要求，设置在市区边缘或城镇的外侧，有便利的道路相衔接，方便船民进出城镇。

2. 停泊锚地应布置在水流条件较好的地段，不应影响航道船舶的安全航行。

3. 停泊锚地后方宜配备一定的商业、文化、娱乐、维修、生产与生活补给等设施。

四、内河航道等级

航道规划应与水利规划、城市用地规划协调。内河航道的等级标准与航道尺度要素，应符合内河通航的有关要求。

五、河港水域与码头陆域用地

1. 河港水域

按规划确定港池作业区，应按设计船型规划船舶进出港池的掉头水域区，符合河港工程总体设计有关要求布置待锚地区。

2. 码头陆域用地

按规划确定港区规划用地，应根据码头规模与集疏运条件、按河港工程设计的有关要求配备进港与港区铁路、道路、客运站、给排水设施、供配电、照明、通信等设施以及管理、辅助生产与生活等设施。

码头陆域部分用地，应按河港工程设计中有关规定计算确定，并可参考表。

第六节　机场规划设计

一、航空运输规划

1. 城市或地区的航空运输需求量应依据城市的性质、功能、规模、发展前景、经济水平和交通结构等进行预测，并提出比选方案作为确定机场建设规模的依据。

2. 开辟航线、适用机型等航空运输业务应满足城市对外交通的需求。

二、机场布局规划

1. 新建、改建和扩建民用机场时，应根据地区和城市经济社会发展需要确定。

2. 机场布局规划应根据城市总体规划、区域规划和全国民用机场的布局规划，满足机场安全运行和发展需求，合理控制机场的净空、电磁环境及其周边土地使用。

3. 机场布局应与城市规划布局协调共容、共同发展，机场外公用配套设施应与城市基础设施系统相协调。

三、机场场址规划

1. 机场位置的确定应根据民用机场建设和有关规定，结合所在城市和区域的规划要求进行场址的比选和论证。

2. 机场位置应便于城市和可能辐射的邻近地区使用，一般中小机场距离城市中心宜为10 ~ 20公里或15 ~ 30分钟车程，大型机场距离城市中心宜为20 ~ 40公里或30 ~ 60分钟车程。

3. 场址净空应符合民用机场飞行区有关技术要求，机场的空域应能满足机场的飞行量和飞行安全的要求。机场场址选择应使跑道轴线方向避免穿越城市市区，宜放在城市侧面相切的位置，跑道中心线延长线与城市市区边缘的垂直距离应5公里以上；如果跑道中心线延长线通过城市，靠近城市的一端与市区边缘的距离应大于15公里。

4. 机场场址选择应与邻近机场合理协调使用，满足与现有邻近军、民用机场空域使用的相容性要求。

5. 机场场址应满足环境保护要求，对修建机场产生的新的污染源必须进行环境评估，场址应能保证飞机起降方向避开对飞机噪声敏感的地区。

6. 机场场址应具有满足机场建设需要的地形、工程地质、水文地质以及气象条件。

7. 场址选择应符合经济和节约土地的要求，不宜占用良田，减少动迁和移民，降低土石方工程量和利用地方建筑材料，节约机场建设费用。

四、机场数量、类别、规模和等级

（一）机场的数量和类别

1. 已有机场因无条件扩建且航空运输业务量又继续增长的情况下，可规划建设第二机场。

2. 根据城市规模、性质、航空业务量需求、航线等因素确定大型枢纽机场、中型枢纽机场、一般干线机场和支线机场。

（二）机场的规模和等级

1. 机场规模、等级按飞行区指标和规划目标年的旅客吞吐量划分。

2. 机场的用地规模应按照其性质、等级、跑道数量、布置形式、运行方式、航站楼和附属设施，以及机场与城市的地面交通方式等综合确定。机场用地规模宜按 0.5 ~ 1 公顷／每万人次·年客运量估算，规划将民用机场分为大、中、小三种规模。

五、机场的交通规划

（一）机场与城市间的交通

1. 机场与城市的交通联系方式应按照交通流量、距离和服务标准，结合机场性质、发展规模以及地区交通规划确定。

2. 设置国际机场的大城市，机场与城市联系的道路应规划为机场专用的高等级道路，并与城市干道系统紧密衔接。其他大型机场所在城市，宜规划建设专用道路。专用道路可采用高速公路或快速道路的规划标准。利用公路作为机场与城市联系道路的，规划选线应便捷。

3. 机场内外的地面交通道路应合理衔接，统一规划。

4. 根据机场客运交通发展要求，机场与城市间可采用轨道交通的方式，并布置相应的交通换乘枢纽。

5. 合理组织机场与城市间的道路客货运交通。年旅客吞吐量 1000 万人次以上的机场，应规划客货分开运行的地面交通；年旅客吞吐量小于 1000 万人次的机场，宜规划一个以上的交通进出口。

6. 大城市应根据机场规模以及机场与城市分布等情况设置航空站。航空站可设置在市区的边缘或大城市市中心边缘，处于通向机场方向的位置上，并与城市的干道系统或机场专用道路直接相连。

（二）机场与水运、铁路

1. 沿海或沿江的具有水运条件的机场，宜规划水运交通航线和客、货运码头，及其通往机场旅客航站区和货运区的道路。

2. 根据机场客货运输要求及区域铁路网络条件，机场可布置铁路专用线。

（三）机场总平面规划

1. 机场用地应根据飞行区、旅客航站区、货运区、工作区等各设施的功能及其相互关系进行布局，并与场外地区规划相衔接。

2. 机场总平面规划应统一规划、分期建设，节约和集约使用土地，并留有发展余地。机场内外供电、供水、供气、通信、道路、排水等设施应与城市各系统之间合理衔接。

3. 机场周边地区交通组织应按照航站楼和货运站的交通设施规模、停车场库设施应满足机场客、货运发展要求等进行规划。航站楼广场应根据旅客吞吐量设置一定数量公交线路、出租车停车线路，以及一定比例的社会停车场面积。

六、机场辅助设施规划

1. 空中交通管制系统和助航灯光系统

导航台、雷达站应选择在交通方便，靠近水源、电源的地点，避开城镇的发展区域。机场目视助航设施应与地形地貌和周围环境相协调，符合专业技术规定。机场附近应控制非航空地面灯的设置。

2. 机场供油设施

铁路或码头卸油站应设在靠近机场有铁路专用线接轨条件或码头建造条件的地方，合理确定卸油站至机场使用油库的输油管线走向与路由。

装卸油站及中转油库场址应具有良好的地形、地质、排水、防涝、防洪等条件，交通方便，并具备能满足生产、消防、生活所需的水、电源的条件。

3. 机场急救、消防等设施

合理确定机场消防保障等级，配备设施应与城市建立专用的通讯通道。靠近江、河、海边的机场还应布置水上救援设施。

七、机场环境保护与周边地区规划

（一）机场净空限制

机场规划应规定障碍物限制面，按照批准的机场规划净空限制图，严格控制机场内外一定范围内新建建（构）筑物的高度。

（二）机场噪声防护

对机场噪声影响必须提出应对的规划方案和噪音防护措施，对机场噪声级（WECPNL）大于 75 分贝的地带应限制发展居住、文教建筑，大于 75 分贝地带的现有建筑物应采取规划防护措施。

（三）机场电磁环境保护

规划应按照有关规范、行业标准，严格控制各个无线电导航台站周围的建设。

（四）机场附近供电线路

机场附近供电线路布置应符合机场净空、导航台站电磁环境要求以及有关规范、标准，并与机场建筑物、构筑物及其景观相协调。

（五）机场周边地区土地使用规划

1. 机场周围土地使用应根据噪声环境标准及预测的飞机噪声强度等值线图，进行功能分区、合理规划和综合开发建设。

2. 机场周围土地使用和建设规划，必须符合按照国家规定划定的机场净空保护区域对影响飞行安全的建筑物、构筑物、树木、灯光、架空高压线等障碍物体的要求，以及航空无线电导航台站对电磁环境的要求。

3. 机场周围土地使用规划应明确产业导向，建设项目选择应避免发生鸟害影响。

第五章　城市轨道规划设计

第一节　概　述

一、城市轨道交通行业定义

根据国民经济行业分类（GB/T4754-2002）的规定，轨道交通属于城市公共交通业，行业代码为 F5320。轨道交通包括地铁交通、轻轨交通、有轨电车交通、各种索道 / 缆车的经营管理活动。

在中国国家标准《城市公共交通常用名词术语》中，将城市轨道交通定义为"通常以电能为动力，采取轮轨运转方式的快速大运量公共交通之总称"。国际轨道交通有地铁、轻轨、市郊铁路、有轨电车以及悬浮列车等多种类型，号称"城市交通的主动脉"。轨道交通是一种独立的有轨交通系统，它提供了资源集约利用、环保舒适、安全快捷的大容量运输服务方式，能够按照设计的能力正常运行，与其他交通工具互不干扰，具有强大的运输能力、较高的服务水平、显著的资源环境效益。因此，轨道交通的应用首先是表现在经济发达的城市中，并且在城市应用中有 140 多年的历史，于是人们也习惯地把轨道交通称之为城市轨道交通。其实，根据轨道交通的特性，从广义上讲，车辆运行在导轨上的交通都应称之为轨道交通。但是，在轨道交通发展的历史进程中，人们又把铁路运输称之为大铁路，与轨道交通区别开来。因此，轨道交通不包括大铁路。

二、城市轨道交通行业分类

轨道交通是因为城市经济的发展和道路的拥挤而产生的。在轨道交通的发展过程中，其基本上是作为城市公共交通系统的一个重要组成部分而发展的，因此，人们把它称之为城市轨道交通。在中国，随着区域经济和城市群的发展，人们又把连接这些地区的城际铁路也惯称为轨道交通。

轨道交通有多种类型，如：地铁、轻轨、有轨电车、跨座式独轨、磁浮列车、城际列车等。每一种类型都有其应用范围，像地铁比较适合在大城市的中心区客流密集度极高的路段建设；轻轨适合在中等客流密集度的路段建设；跨座式独轨适合在地形复杂（丘陵）的区域建设；城际列车主要应用于城市与城市之间或城镇之间；磁浮列车主要应用于对旅行速度要求较高的区域之间。

1. 地铁

地铁（Metro 或 UndergroundRailway 或 Subway）是地下铁道的简称，是城市快速轨道交通的先驱。地下铁道是由电气牵引、轮轨导向、车辆编组运行在全封闭的地下隧道内，或根据城市的具体条件，运行在地面或高架线路上的大容量快速轨道交通系统。地铁的造价，每公里投资在 3 亿 ~ 6 亿元，建设成本一般较高。

地铁不仅具有运量大、速度快、安全、准时、节省能源、不污染环境等优点，而且可以在建筑群密集而不便于发展地面和高架轨道交通的地区大力发展。从发展上看，地铁已是一个历史名词，如今其内涵与外延均已有相当大的扩展，并不局限于运行在地下隧道中这一种形式，而是泛指高峰小时单向运输能力在 3 ~ 6 万人左右，地下、地面、高架运行线路三者结合的一种大容量轨道交通系统。纽约、旧金山以及香港也称其为"大容量轨道交通系统"（Mass Rail Transit）或"快速交通系统"（Rapid Transit System）。这种轨道交通系统的建设规律是在市中心为地下隧道线，市区以外为地面线或架空线。如首尔在 1978—1984 年建造的地铁 2 号、3 号、4 号线总长 105.8 公里，其中地下线路 83.5 公里，高架部分长 22.3 公里，占全长的 21%。随着地铁技术的不断发展，地铁车辆主要向"动车组"方向发展。地铁车辆不同于干线铁路车辆的主要特征，在于地铁车辆具有较好的加速、减速性能，起动快、停车制动距离短，平均运行速度高；具有较大的载客容量，车门数多，便于乘客上下车，以缩短停站时分；车型小，适合隧道内运行；车辆采用不易燃材料制成，不容易发生火灾；自动化程度较高。

地铁路网的基本形式有：单线式、单环线式、多线式、蛛网式。每一条地铁线路都是由区间隧道（地面上为地面线路或高架线路）、车站及附属建筑物组成。根据地铁主要在地下运行、运量大、造价高的特点，比较适合在大城市的中心区客流密集度极高的路段建设。

2. 轻轨

轻轨是反应在轨道上的荷载相对于铁路和地铁的荷载较轻的一种交通系统，称之为轻轨。公共交通国际联会（UITP）关于轻轨运输系统（LightRailTransit）的解释文件中提到：轻轨铁路是一种使用电力牵引，介于标准有轨电车和快运交通系统（包括地铁和城市铁路），用于城市旅客运输的轨道交通系统。轻轨交通的原来定义是指采用轻型轨道的城市交通系统。当初使用的是轻型钢轨，而如今的轻轨已采用与地铁相同质量的钢轨。所以，目前国内外都以客运量或车辆轴重（每根轮轴传给轨道的压力）的大小来区分地铁和轻轨。轻轨现在指的是，运量或车辆轴重稍小于地铁的轻型快速轨道交通。在我国《城市轨道交通工程项目建设标准》（试行本）中，把每小时单向客流量为 0.6 ~ 3 万人次的轨道交通定义为中运量轨道交通，即轻轨。

轻轨的造价，每公里投资在 0.6 亿 ~ 1.8 亿元，且施工简便，建设工期较短。加之轻轨的单向高峰小时客运量为 1 ~ 3 万人次，足以解决客流密度不高的城市交通问题；轻轨交通建设标准也低于地铁，因而其国产化进程容易推进。轻轨是适合我国大、中城市、特别是中等城市的轨道交通方式。

经过 100 多年的发展，轻轨已形成三种主要类型：钢轮钢轨系统；线性电机牵引系统；橡胶轮系统。

钢轮钢轨系统即新型有轨电车，是应用地铁先进技术对老式有轨电车进行改造的成果。线性电机车系统（Linear Motor Car）是由线性电机牵引，轮轨导向，车辆编组运行在小断面隧道、地面和高架专用线路上的中运量轨道交通系统。20 世纪 80 年代，加拿大成功地开发了线性电机驱动的新型轨道交通车辆。它采用线性电机牵引、径向转向架和自动控制等高新技术，综合造价节约近 20%。它与轮轨系统兼容，便于维护救援，具有较大的爬坡能力。线性电机技术在加拿大、日本、美国都取得了较大的成功，由此研制的线性电机列车也投入了使用。线性电机列车在我国的广州和北京也有应用。由于线性电机列车具有车身矮、重量轻、噪声低、通过小半径曲线和爬坡能力强等优点，可以轻便地钻入地下，爬上高架，是地下与高架接轨的理想车型。以线性电机作动力，其意义还在于它引起了轨道车辆牵引动力的变革。橡胶轮轻轨系统采用全高架运行，不占用地面道路，具有振动小、噪声低、爬坡能力强、转弯半径小、投资较省等优点，当前的独轨、新交通系统和 VAL 系统均属橡胶轮轨系统。

独轨交通系统也称单轨系统（Monorail）。是指通过单一轨道梁支撑车厢并提供导引作用而运行的轨道交通系统，其最大特点是车体比承载轨道要宽。独轨交通系统是一种把单轨铺设在高架桥上的新型铁路。以支撑方式的不同，单轨一般包括跨座式单轨和悬挂式单轨两种类型。跨座式是车辆跨座在轨道梁上行驶，悬挂式是车辆悬挂在轨道梁下方行驶。单轨车的走行轮采用特制的橡胶车轮，以减少振动的噪音。单轨车的两侧还装有导向轮和稳定轮，控制列车转弯，保证列车运行稳定可靠。这种交通工具有占地少、造价低、噪声小等优点。高架独轨因轨道梁仅为 85cm 宽，不需要很大空间，可以适应复杂地形的要求，适宜在狭窄街道的上空穿行，可减少拆迁，降低造价。高架独轨结构简单，易于建造，建设工期短，它的工程建筑费用只有地下铁道建筑费用的三分之一。

国外独轨列车一般由 4 ~ 6 辆组成，列车运输能力每小时 5000 ~ 20000 人次，因此十分适合山区城市与郊区之间的交通使用。目前，我国重庆市轨道交通采用的就是独轨交通系统。此外，德国的乌伯塔在 1901 年建成了世界上第一条悬挂式独轨线路。1963 年日立独轨式列车在日本读卖大陆开始运营。1975 年跨座式独轨交通系统在日本开始建设。截至目前日本已建成多条独轨交通系统，是使用独轨交通系统最多的国家。

3. 磁浮列车

磁浮列车是根据电磁学原理，利用电磁铁产生的电磁力将列车浮起，并推动列车前进的高速交通工具。由于它运行时悬浮于轨道之上，因而没有轮轨的摩擦，突破了轮轨粘着极限速度的限制，成为人们理想的现代化高速交通工具。磁浮列车分为常导型和超导型与永磁悬浮三大类。常导型也称常导磁吸型，以德国高速常导磁浮列车 transrapid 为代表，它是利用普通直流电磁铁电磁吸力的原理将列车悬起，悬浮的气隙较小，一般为 10 毫米左右。常导型高速磁悬浮列车的速度可达每小时 400 ~ 500 公里，适合于城市间的中长距离快速运输。而超导型磁悬浮列车也称超导磁斥型，以日本 MAGLEV 为代表。它是利用超导磁体产生的强磁场，列车运行时与布置在地面上的线圈相互作用，产生电动斥力将列车悬起，悬浮气隙较大，一般为 100 毫米左右，速度可达每小时 500 公里以上。这两种磁悬浮列车各有优缺点和不同的经济技术指标，德国集中精力研制常导高速磁悬浮技术；而日本则全力投入高速超导磁悬浮技术之中。永磁悬浮是以中国大连为代表。

4. 城际轨道交通

城际轨道交通（Urban Railway）是由电气或者或内燃牵引，轮轨导向，车辆编组运行在城市内部和城市群之间，线路技术、设施与干线铁路基本相同，以提高市民旅行速度为目的公交型轨道交通。城市的发展离不开区域的支撑，区域城市一体化的进程，能更好地促进中心城市与城市次中心、周边主要城镇之间的协调发展。城际轨道交通就是主要服务于城市之间的快、高速交通方式，以加强城镇一体化的进程，促进区域经济的发展。城际轨道交通的特性是大能力、高密度、公交化。它主要服务于城际间的旅客出行需求将快速增长，为公务出行、假日旅游、休闲旅游、探亲访友等客流提供快速的旅行。

城际轨道交通的作用是促进本地区社会经济全面快速的发展，加快区域融合，促进区域经济一体化，促进现代工业、旅游事业快速发展。城际列车的旅行速度一般在 160 ~ 300km/h 之间。我国已研发适用于城际轨道交通列车有电动车组、内燃车等。如："中华之星"高速动车组，时速达 270 公里，定员 772 人；"先锋号"快速动车组，时速 200km 以上，定员 424 人；"中原之星"动车组，时速 160km/h，总座席数 548 个，可以满足最高运行速度 160km/h 站站停列车的运输要求。按交通工具考虑，不同形式的交通系统，其运输能力、性能指标有较大的区别。

5. 有轨电车

有轨电车（Tram 或 Streetcar）是使用电力牵引、轮轨导向、1 辆或 2 辆编组运行在城市路面线路上的低运量轨道交通系统。有轨电车起源于公共马车，为了多载客，人们把马车放在铁轨上，这样做是为了减少旅客人均牵引力。随着电动机的发展和牵引电力网的出现，电动机取代了马匹。在 20 世纪 20 年代，美国的有轨电车线总长达 2.5 万 km。至 30 年代，欧洲、日本、印度和我国的有轨电车有了很大发展。1908 年，我国第一条有轨电车交通线在上海建成通车，在随后的年代里，我国的北京、天津、武汉、沈阳、哈尔滨、长春、鞍山等城市都相继修建了有轨电车，在当时我国城市的公共交通中发挥了骨干作用。但旧式有轨电车行驶在城市道路中间，与其他车辆混合运行，又受到路口红绿灯的控制，运行速度很慢，正点率低而且噪声大，加减速度性能较差，但仍不失为居民出行的便捷交通工具。有轨电车单向运输能力一般在 1 万人次 /h 以下，这很难满足急剧增长的城市客流。另外，随着汽车工业的迅速发展，大量的汽车涌上街头，城市道路明显地出现拥挤，于是世界上各大城市都纷纷拆除有轨电车线路，改修运量大的地铁或轻轨交通。我国在 20 世纪 50 年代末，有关的有轨电车拆除得所剩无几，仅剩下长春、大连和鞍山 3 座城市的有轨电车没有拆除，并一直保留至今，继续分担着正常的公共客运任务。由于上述有轨电车的种种问题，现在有轨电车停止了发展，基本上完成了它的历史使命。目前，有的城市为了适应运输量的需要，在它原来的基础上将其改为类似轻轨的大公交车辆。

三、轨道交通发展历史

（一）城市交通发展概况

1. 早期的城市交通

历史上最早的城市公共交通可以追溯到罗马时代，那时建立了一个地区性的车辆出租系统。

2. 现代意义上的城市大容量公共交通

1819 年巴黎出现第一条公交运行线路。美国的第一条公交线路是 1827 年纽约城产生的可载 12 人的改良马车。

由于城市人口的集聚，单纯依靠道路交通实际上将很难解决城市交通问题。因为道路交通方式本身所固有的交叉、冲突环节在拥挤、土地有限的市区难以得到很好的解决。

（二）轨道交通发展历史

1. 铁路

蒸气铁路是 19 世纪发明的。第一条城市间铁路服务开始于 1830 年英国的利物浦至曼彻斯特。它使得铁路主导着城市间运输达 1 个世纪。从那以后人们每天乘火车上班。由于需求良好，铁路开始经营通勤运输。伦敦 1838 年开放了第一条严格的市郊运输线路，大量市郊线网的建设则是在 1840 ~ 1875 年间，有些现在仍在使用。

美国最早的通勤列车是 1843 年在 Worcester 至 Boston 开通的。纽约、费城、芝加哥等均建设了较大规模的市郊运输线网。

2. 地铁的产生

地铁的产生源于将蒸汽列车引入市中心的构想。世界上最早的地铁是 1863 年 1 月 10 日在伦敦开通的 6km 长的一段线路。列车由蒸汽机车驱动，火需要专门的力量来煽动，通风也成问题。不过它运营几年后就电气化了。

更好的想法是将蒸汽列车放在高架的街道上行驶。地下铁路主要是 20 世纪的发展产物，尽管伦敦地铁始于 1863 年，第一条深挖电气化隧道则是在 1890 年。

3. 轨道交通系统的产生

美国第一条地下铁路是在 1870 年由 Alfred Ely Beach（科学美国的创始者）在纽约城

建设开放的线路。

世界上第一条由（第三轨）电力驱动的地铁是伦敦 1890 年开通的。

世界上第一条电力高架线是芝加哥的都市西部高架线，1895 年 5 月 6 日运营，它用一台带有电机的机车，可牵引 1 ~ 2 台无动力的拖车。

4. 电动车组的出现

1897 年，芝加哥南部高架铁路决定电化，并设计发明了多单元动车系统，它可使每辆车均有电机，但全部由第一辆车的驾驶员操纵。

多单元列车的重要性体现在可以在不减少列车牵引力的条件下增加列车编成，因为每辆车均有动力。牵引力是重量与驱动轮数量的函数，在多单元系统，几乎整个列车（而不是机车）的重量都施加于驱动轮对，故对每辆车来说，它有更大的加速度，从而可以增加列车平均速度，减少运营费用。目前世界上所有地铁列车的驱动均采用这种系统。

5. 轨道交通发展的低潮

20 世纪 20 年代以来，城市发展过程中的交通被机动巴士所取代。紧接着，有轨电车的发展促进了居民区的发展。影响更大的是，私人轿车的大量拥有鼓励了郊区化和城市在更大范围内的分散化、多中心化。除了少数郊区线路外，机动车在拥挤不堪的市中心同电车、巴士开展了竞争。

电车被认为是过时的方式，而英国的反应则是从 20 世纪 30 年代后期以来几乎在所有城镇用巴士取代电车，并于 1946 年得到了政府的支持。典型的事例是 Manchester1946 年、London1952 年完成了取代。Sheffield 保持到 1960 年，Glasgow 则维持到 1962 年。

相比而言，德国则中庸一些，它将电车改造成 Stadtbahn（轻轨）系统，在拥挤的市中心地区将它们放到地下以避免与道路交通的冲突。Cologne 及 Hannover 就是很好的例子。

6. 城市轨道交通的重新兴起

巴士对电车的取代没有缓解路面交通的堵塞程度，而机动车的持续增长，道路状况的恶化，污染的严重，能源危机等因素，使得轨道交通成为发展的重要方向。时至今日，城市轨道交通在世界已得到快速发展。

四、国内外城市轨道交通系统建设与发展

（一）有代表性国家轨道交通的发展

拉丁美洲的第一条地铁是 1913 年在 Buenos Aires 开通的。

澳大利亚成为第四块拥有地铁系统的大陆，它在 1926 年开通了悉尼近 5km 的隧道电车。

亚洲最早的地铁是东京 1927 年完成的 Ginza（银座）线。

非洲直到 1987 年开罗开通连接两个铁路车站的隧道服务后才有地铁系统。

目前，伦敦拥有世界上最大的地铁系统，其线路 406km。

纽约 1904 年开通第一条地铁，现以线路长度 372km 屈居第二位。

巴黎的第一条地铁建成于 1900 年。现有 300 余 km，具有当今世界最先进的系统。素以线路多，换乘方便而闻名。

柏林的第一条地铁于 1902 年开通。现有线路约 142km。德国是世界上轻轨铁路最发达的国家。

最有名的地铁系统之一要算是莫斯科，其第一条线路建设于 1935 年。较早的车站是用大理石、装饰灯和雕塑等精心装修的，新的车站则更考究，隧道特别深，而且，地铁在二战期间频繁用于防空。目前，莫斯科地铁是世界上运量最大的地铁。

东京地铁运量仅次于莫斯科。日本拥有最多样化的轨道交通系统。

（二）我国轨道交通系统的发展

我国第一条地铁于 1969 年 10 月在北京建成通车。现已建成并通行地铁的城市有：北京、天津、上海、广州、香港。

1. 北京

北京一线地铁于 1969 年 10 月建成通车，线路长度为 23.6km，第二条环线于 1987 年建成通车。截止 1992 年 10 月西单站建成通车，北京保持正常运营的地铁线路共长 41.6km，年客运量已突破 5 亿人次。1999 年 9 月 28 日复八线全线贯通并投入运营，2003 年 12 月 28 日八通线贯通试运营，至此北京地铁线路总长达 74km，设车站 52 座。

北京市老规划网络 286km，是 1950 年构思的，80 年代成文。1992 年进行了修订。包括 12 条干线、3 条支线，总长 380km。1998 年又进行了修订，包括 13 条干线，2 条支线，408.2km。

北京城市铁路：

北京城市铁路（地铁 13 号线）总长度 40.95km，投资为 65.7 亿元人民币。线路中，地下部分为 1.8km，高架部分总长 6.85km，地面部分为 32.3km。共设车站 16 座，其中地下车站 1 座，高架站 7 座，地面站为 8 座。

西线西直门至回龙观东站，全长 20.5km；设 9 站。2002 年 9 月 28 日通车。东线回龙观东站至东直门设 7 站。2003 年 1 月 28 日通车试运营。

西直门将成为一座交通枢纽站。融公交、地铁、铁路为一体。

北京目前已开工或计划开工线路：

地铁 4 号线（马家堡—北宫门）是城区西部南北线和市区南部东西线连通的一条线路。南北段由回龙观居住区向南至学院路拐向东再向南。至北太平庄继续向南经新街口、西四、西单、菜市口、到北京南站，由北京南站向东，经市区南部到市区东南的十里河，正线全长 28.15km，预计建设总投资约为 140 亿元人民币左右。建设工期 2003 ~ 2007 年，2009 年通车试运营。

地铁 5 号线南起宋家庄站，北至太平庄北站，线路经过南郊工业区、天坛、崇外大街、东单、东四、雍和宫、地坛、和平里西街、中日友好医院、经贸大学、北苑居住区等地段。全长 27.6km，其中地下线路长 14.7km，地下车站 15 座，地面及高架线长 12.9km，高架车站 8 座，地面车站 1 座。全线设车辆段一座（小营），停车场两座（宋家庄和太平庄）。五号线奥运支线，由五号线和平西桥站向西沿北三环路到此辰路南口，向北延伸至奥运村，全长约 6km，全部地下线路。

地铁 5 号线工程在 2006 年年底完成，2007 年年初投入试运行。本工程总投资为 119.93 亿人民币，宋家庄至大屯区段投资为 100.42 亿元，大屯至太平庄北区段投资为 19.51 亿元。五号线奥运支线投资约为 30 亿元，与五号线同期建设。

地铁 8 号线（奥运村段）：2003 年开工建设，2006 年通车。

地铁 9 号线（一期）（气象局—北京西站）：2003 年开工建设，2006 年通车。

地铁 10 号线（一期）（火器营—宋家庄）：2003 年开工建设，2008 年通车。

机场快轨（磁悬浮）：2004 年开工建设，2007 年通车。

北京西站至北京站的地下轨道联络线也于 2008 年前通车。

3 条分别通往顺义、昌平、良乡的市郊铁路也于 2008 年前通车。

2008 年北京城市快速轨道交通线网：

1 号线苹果园—土桥

2 号线西直门—北京站—西直门

4 号线马家堡—北宫门

5 号线东三旗—大兴影视城基地公园

8 号线（奥运专线）奥运村—北辰路

9 号线气象局—北京西站（未来延长到世界公园）

10 号线火器营—宋家庄

13 号线西直门—东直门

机场快轨（磁悬浮）东直门—首都机场

火车站地下联络线北京西站—北京站

2008 年北京新增市郊铁路：

四惠东—顺义区域

西直门—昌平区域

永定门—良乡

2. 上海

目前上海共规划了一个较大规模的地铁网络和一个轻轨网络。地铁网络由 12 条线路组成。轻轨系统作为地铁系统的补充，线路 5 条，全长 780 公里。上海地铁 1 号线 1994 年 10 月正式运营，全长 16.1km，设 12 站，年客运量约 1 亿人次。建筑限界直径 5.2 米。明珠线一期工程正线长度 24.97km，其中高架线路 21.3km，地面线路 3.6km。这些线路中，利用原有线路 18km。设车站 19 座，其中高架 16 座，地下 3 座。车辆段 1 处，车辆 24 列，144 辆，为我国第一条高架轻轨线路。

3. 广州

轨道交通网络以 1、2、3 号线为基本骨架，近期增加 5、6 号线，远期 7 号线。7 条线总长共 206.5km。线网密度为 0.366km/km²。地铁 1 号线全长 18.48km，设 16 站，设计单向断面能力 5.5 万；93 年 12 月 28 日动工，97 年 6 月 28 日开通首期西朗至黄沙段（5.4km），98 年底全线通车。2 号线三元里至琶洲，南北走向，全长 21.34km，19 站，9 个地下，10 个高架，2003 年 6 月 28 日开通。单线延长 1m 从 9 万元降为 4.5 万元，70% 国产化，造价约 95 亿元。3 号线南北走向，主线北起广州东站，南到番禺广场，全长 28.5km，13 座车站，平均站间距 2.4km，2002 年开始兴建，2006 年建成。

4. 天津

地铁既有线 7.4km，动工于 1970 年，1984 年通车，设 8 站。目前天津市总体规划共规划了 7 条快速轨道交通线路，合计 153.945km。共设 130 个车站，11 个车辆段，可望在 2050 年前实施。"十五"期间，拟实施并完成地铁 1 号线扩改建工程。它包括三部分，共计 26.96km，设车站 23 座，投资 55.78 亿元。此外，要完成由部分 2、3 号线构成的"东西线可行性报告"。

5. 香港

香港地铁自第一条线路于 1977 年建成通车以来，现在已有 3 条线路在正常运营，线路总长度约 43.2km，共设车站 38 座。1998 年 6 月新机场快速轨道交通线建成通车，全长 34km。香港还建有轻轨交通 31.75km，设有 51 座车站，保有车辆 99 辆。

6. 深圳

一期由 1 号线东段和 4 号线南段组成；正线总长 19.468km，18 站，地下 17 站，地面 1 站，车辆段及综合维修与控制中心 1 个。一期工程全线隧道已于 2003 年 8 月 10 日贯通，于 2004 年通车试运营。将在皇岗车站与香港实现接驳，与深圳皇岗口岸地铁接驳的是香港落马洲铁路车站。届时从香港市区到深圳仅需 16 分钟，港人从香港落马洲下车过关后可立即转乘深圳地铁前往各地。

7. 青岛

地铁一期工程南起西镇站，北至国棉九厂站，正线长 16.37km，出入段线 1.5km；设 13 站，一处车辆段，一处指挥中心。采用暗挖钻爆法施工，可大大减少拆迁量。土建造价是北京、上海、广州的 1/3。可达全国最低。

8. 大连

现有轨电车从高科技园区至沙河口共 12.5km，其中高架 1.7km，隔离 8.4km，混行线路 2.4km，隔离地段采用 50kg 轨，混行地段采用槽型钢轨，除小半径及地质不良地段外，采用整体道床和无缝线路一次成型技术。快轨一期西起旅顺南路上的财政大学站，至港湾广场站。线路 13.7km，其中地下线 9.4km，高架线 4.3km，设 13 站。其中地下站 9 座，高架站 4 座。

五、城市轨道交通经济特征

（一）正外部效应

所谓外部效应是"某个经济主体生产和消费物品及服务的行为不以市场为媒介而对其他的经济主体产生的附加效应的现象"。从外部效应的经济效率来看，又可分为正外部效应和负外部效应。轨道交通一个重要的技术经济特征是它的正外部效应。地铁建设能诱发沿线土地升值，促进沿线房地产、商业等行业加速发展，从这方面分析，地铁能增加城市的社会经济福利，带来巨大的正外部效应。但无论是正效应还是负效应，只要有外部效应存在，都会使市场机制的作用出现扭曲，从而不能对资源进行有效的配置，要求政府进行干预。城市轨道交通建设能诱发沿线土地升值，促进沿线房地产、商业等行业的加速发展。从这一意义上讲，城市轨道交通能增加城市的社会经济福利，带来巨大的正效应。研究表明，轨道交通项目每投资 1 亿元，就可以拉动 GDP 增长 2.6 亿元，与之直接关联的装备制造、工程基建、钢铁、水泥、电子等产业链的重要环节都将获得丰厚的订单，将增加 8000 个以上的就业岗位。

（二）规模经济

城市轨道交通发挥作用以网络规模为前提，覆盖面越大，城市轨道交通效率越高。由于城市轨道交通项目正外部性的存在，其社会效益大于经济效益，项目盈利差。城市轨道交通项目带来的总收益不可能全部量化为项目投资者的账面收益，如城市轨道交通到达地区房地产升值的部分，城市轨道交通的畅通给人民群众带来的时间成本的节约，城市轨道交通的建成对城市交通及环保的贡献等。城市轨道交通项目的经营具有时空局限性，盈利空间有限。但是，城市轨道交通权益具有放大性，资产的保值增值能力强。随着社会发展、人口流动增大、路网增加，以及服务水平的提高，城市轨道交通将吸引更多的客流，票款收入从长期看具有一定的增长趋势。而且城市轨道交通的洞体使用年限长达百年，随着时间的推移，城市轨道交通资产的升值潜力巨大。因此从长期看，城市轨道交通资产的权益可以不断放大，资产具有很强的保值增值能力。

（三）准公共产品

从经济学角度看，地铁项目兼具公共产品和私人产品的特性，即地铁运输服务具有消费的非竞争性和有一定排他性的基本特征，属于准公共产品。理论上纯公共产品由政府提供，纯私人产品应由民间部门通过市场提供。准公共产品既可以由政府直接提供，也可以在政府给予补助的条件下，由私人部门通过市场提供，即政府和民间合伙的方式。公共产品和私人产品是经济学的两个重要概念。公共产品的主要特征有：一是效用上的不可分性；二是供给上的非排他性；三是消费上的"非竞争性"。而私人产品在以上几个方面与公共产品正相反，其主要特征有：一是生产商容易向消费者收费，如果消费者不付费，则无法取得该产品；二是生产产品的边际成本为正且高于平均成本。准公共产品则介于公共产品与私人产品之间，并更倾向于公共产品，其主要特征有：一是在某些情形下很难向消费者收费，但在另外一些情形下可以对部分消费者收费；二是生产产品的边际成本低于平均成本，但大于零。

（1）轨道交通运输在消费上具有一定程度的非竞争性；当乘客较少时，在供给上具有一定的非排他性，具有较强的公益性。

（2）轨道交通运输是可分割的。每个消费者可以通过谁买票谁乘车的方式对城市轨道交通运输产品进行消费，因此这种效用的可分性可以对地铁提供的部分服务（客运）直接收费，具有私人产品的一些属性。

（3）城市轨道交通对所有人提供相同数量和相同质量的服务，但当乘客越来越多的时候，会产生拥挤问题，乘客所得的消费利益将会下降，而且不能通过随意提高票价的方式来排除大部分人对城市轨道交通运输产品的消费，因此城市轨道交通具有一定的公益性。因此，城市轨道交通是介于公共产品与私人产品之间的准公共产品。

六、城市轨道交通的技术经济特征

城市轨道交通系统的概念：服务于城市客运交通，通常以电力为动力，在固定导轨上轮轨运行方式为特征的车辆或列车与轨道等各种相关设施的总和。

城市轨道交通系统可以根据多方面的特点来分类，如运输能力、外形特点、采用的技术等。主要分为：有轨电车（Trolley Bus）、轻轨铁路（Light Rail Transit）、地铁（Underground Railway，Subway，Metro）、市郊铁路（Suburbs Rail）。

1. 有轨电车

利用街道上的轨道运行的电力车辆或列车系统。

优点：造价低，建设容易。

缺点：所受干扰多，速度慢，通行能力低，平交道口多，极易与地面道路车辆冲突，引起道路交通堵塞。

发展现状：已经比较少见，多数被改良为轻轨系统。

2. 轻轨铁路（Light Rail Transit）

轻轨的概念：轻轨交通车辆轴重较轻，施加在轨道上的荷载相对于市郊铁路或地铁的荷载来说比较轻，故称轻轨。是一种介于有轨电车和地铁之间的中运量的轨道交通工具。

（1）轻轨的种类

轻轨系统主要有三种类型：

第一种是从有轨电车改造而成，如德国的斯图加特轻轨。

第二种是作为一个独立系统开发，大部分新建的系统，如英国的 Dockland 轻轨。

第三种是利用原有旧铁路线路修建比较经济的系统，如英国 Manchester 的 Metrolink 轻轨。

（2）轻轨的优点

1）比地铁安全：由于动力来自车顶部，而非地铁系统的第三轨。此外无须防护栏杆，因为它也可在街道上行驶。

2）在建设上比地铁更灵活：由于土地昂贵，尤其在闹市区，轻轨系统可以放在街道，旅客可以在人行道上下车。

（2）轻轨的主要参数

1）最小运行时间间隔：2 分钟；

2）每节车厢的乘客人数：225 人（按 0.14m²/ 人计算，2 节 / 组）；

3）每列车编组车厢节数：2 ～ 4 节（1 ～ 2 组）；

4）每小时单向最大运送能力：6750 ～ 13500 人；

5）时刻表速度：20 ～ 25km/h；

6）最低经济运输量：2100 人 /km 天

3. 单轨系统

单轨系统又称独轨系统，可分为跨座式和悬挂式两种。一般使用道路上部空间，需要的专用空间较少，可以适应急弯及大坡度，其投资小于地铁系统。

（1）单轨系统特点

单轨电车一般均采用橡胶轮胎。

优点：占地小、投资费用少、噪声低、振动小、乘坐舒适、对城市的景观及日照等影响小、通过小半径曲线能力和爬坡能力强。

缺点：运能较小、速度低、能耗大、粉尘污染、道岔等结构复杂、发生事故时疏散和救援工作比较困难。

（2）主要技术特性指标

1）最小运行时间间隔：2 分钟；

2）每节车厢乘客人数：140 人（按 0.14m²/ 人计算）；

3）每列车编组车厢节数：2 ～ 6 节；

4）每小时单向最大运送能力：8400 ～ 25200 人；

5）时刻表速度：30km/h；

6）最低经济运输量：4000 人 /km• 天。

4. 自动导向系统（AGT）

自动导向系统（Automatic Guideway Transit，AGT）是一种通过非驱动的专用轨道引导列车运行的轨道交通方式。

主要技术特征：轨道采用混凝土道床、车辆采用橡胶轮胎，有一组导向轮引导车辆运行，列车运行自动控制，可实现无人驾驶，自动化程度较高。

1）最小运行时间间隔：2分钟；

2）每节车厢乘客人数：70人；

3）每列车编组车厢节数：4～12节；

4）每小时单向最大运送能力：8400～25200人；

5）时刻表速度：30km/h。

5. 地铁

地铁：轴重相对较重，单方向输送能力在3万人次/h以上的城市轨道交通系统。有地下、地面和高架三种形式。

（1）地铁的特点

一般线路全封闭，在市中心区全部或大部分位于地下隧道内，因而可实现信号控制的自动化。

优点：容量大、速度快、安全、准时、舒适、运输成本低、节省能源、不污染环境、不占城市用地。

缺点：建设成本高、周期长、见效慢。

适用于出行距离较长、客运量需求大的城市中心区域。

（2）地铁分类

重型地铁：即传统的普通地铁，轨道基本采用干线铁路技术标准，运量最大。

轻型地铁：是一种在轻轨线路、车辆等技术设备工艺基础上发展起来的地铁类型，运量较大。

微型地铁：又称线性地铁、小断面地铁，隧道断面、车辆轮径和电动机尺寸均小于普通地铁，运量中等，行车自动化程度较高。

（3）主要技术特性指标

1）最小运行时间间隔：2分钟；

2）每节车厢的乘客人数：280人（按0.14m²/人计算）；

3）每列车编组车厢节数：6～10节；

4）每小时单向最大运送能力：50400～84400人；

5）时刻表速度：30～60km/h；

6）最低经济运输量：12200人/km·天。

（4）线性地铁—小断面地铁

线性地铁即小断面地铁的特点是断面较一般地铁要小，可降低建设成本（投资为一般地铁的60%～80%）。此外，它车身矮、重量轻、噪声低，可以采用较小的曲线半径和较大的坡道，也可高架，维护较容易。目前在日本已有几条线路建成投产。线性地铁能力略低于一般地铁系统。

线性地铁的缺点是运营成本与一般地铁差不多。

6. 市郊铁路

市郊铁路是沟通城市边缘与远郊区的手段，它与城市间的长距离铁路相同。由于服务于人口密度相对稀疏的郊区，站间距比较大，它使得列车的运行速度可以提高许多。

7. 橡胶轮胎铁路

橡胶轮胎铁路：采用轮胎车辆的铁路系统。线路采用钢轨或混凝土路面，多节轮胎电车铰接在一起形成列车，电力驱动，能力小于钢轨铁路系统。

8. 磁悬浮铁路

磁悬浮列车是利用电磁系统产生的吸引或排斥力将车辆托起，使之悬浮于线路上，利用电磁力导向，使用直线电机将电能直接转换成推进力，推动列车前进。

磁悬浮铁路特点：

与传统的铁路相比，磁悬浮铁路去除了轮轨接触，因而无刚体直接摩擦阻力，可获得比一般高速铁路更高的速度，目前试验速度已达 500km/h 以上；无机械振动与噪声；无环境污染；可获得高舒适度和平稳性；由于没有钢轨、车轮、机械传动和接触导电轨等摩擦部件，维修费用大为降低。

磁悬浮列车的发展：从 1981 年英国伯明翰机场到火车站的第一条磁悬浮线开通，1986 年西柏林 M-Bahn 磁悬浮试验线投入运营，日本的 HSST 系列磁悬浮列车的开发，以德、美、日等所研制的试验样车为先导，实用的磁悬浮列车即将进入国际市场。

七、城市轨道交通经营特征

1. 局限性

轨道交通每天的营运时间是有限的，不可能像其他行业那样，通过延长工作时间可以生产出更多的产品，以增加收入。而且地铁只能在已经建好的有限的轨道上运行，"产品"不可能输往外地，也不可能脱离轨道运行，票款收入限制在固定的线路上，运输的能力有限。

2. 放大性

轨道交通票款收入的增长主要受沿线居住条件、土地开发强度、路网变化、商业经济成熟程度等外部因素影响。随着社会发展，市民出行活动增加，路网规模扩大以及服务水平的提高，轨道交通将吸引更多的客流。从整体发展趋势看，票款收入具有一定的增长空间。地铁线路一般建设在城市人口密集，商业繁华的核心地段，地铁的洞体使用年限长达百年，随着时间的推移，地铁资产的升值潜力巨大。因此，地铁资产的权益随着时间不断放大，具有很强的保值增值能力。

3. 获利性

轨道交通项目虽然投资大、回收期长、前期收支暂时不平衡，但项目具有长期稳定、持续增长的票款收入，而且附着于轨道交通的商业机会也很多，在保证安全运营的前提下，可以通过连锁商业、广告、沿线物业、地下移动通信及视频业务、智能卡服务及地下空间开发等多种途径增加地铁项目的衍生收益。巨大的现金流使项目的盈利成为可能。

4. 规模化性

轨道交通网络汇集了稳定、巨大的客流量，使地铁沿线的商业开发具有放大性、网络性，可以实现规模化、集约化经营。利用地铁站点采取连锁店、品牌店等现代营销方式，有利于地下商业网络随着轨道交通网络的成熟完善而发展壮大，并进而实现地下商业网络向地上商业空间的覆盖与延伸。

八、轨道交通系统规划与设计的主要内容

1. 重要性

城市轨道交通规划与设计是一项涉及城市规划、交通工程、建筑工程以及社会经济等多种学科理论的系统工程。轨道交通项目工期长、投资大，在城市规划中，轨道交通网络的规划与设计非常重要，直接影响城市的基本布局和功能定位，对城市发展有极强的引导作用，对促进城市结构调整、城市布局整合，对整个城市土地开发、交通结构以及城市和交通运输系统的可持续发展都有巨大影响。

我国作为发展中国家，各大城市正处于快速发展期，不同于西方发达国家处于发展成熟期的城市，做好城市轨道交通系统规划与设计工作更具有独特的意义，是保障空间预留避免今后高昂的工程建设成本的基本前提。

2. 主要内容

（1）特定城市社会与经济环境下轨道交通系统的功能定位。主要包括城市经济地理特征分析、城市规划总体目标与城市交通结构的协调性分析、轨道交通的功能评估等。

（2）轨道交通线网规划。主要包括线网规模确定、线网构架方案选择和方案评估等，线网规划是城市轨道交通线路设计和建设的基础。

（3）轨道交通系统客流预测。在城市规划与综合交通规划基础上进行客流预测，它是确定轨道交通网络及线路建设规模、能力水平的依据。

（4）轨道交通工程可实施规划。主要包括车站、车辆段、换乘点的选址与规模、线路敷设方式规划，线网建设顺序与运营以及轨道交通与地面交通的衔接设计等内容。

（5）轨道交通系统的线路和车站设计。包括线路的走向、线路平纵断面设计、车站的数量及分布、车站的站型设计以及换乘站的设计等。

（6）轨道交通的枢纽设计与规划。主要包括城市地区枢纽点规划、枢纽客流分析、枢纽换乘设计、枢纽用地分析、枢纽不同方式间的协调等。

（7）轨道交通系统与其他交通方式的衔接设计。主要研究轨道交通系统与其他方式的衔接，包括地面交通、城市间交通等，具体包括车站周边其他交通方式站点布局及设计。

（8）轨道交通系统的安全防护设计。安全防护的内容包括地震防护、火灾防护、水灾防护以及杂散电流防护等设施的设计，需要考虑轨道交通运营中的安全对策与应急措施。

（9）运营规划。从规划与设计阶段开始考虑运营问题是一条轨道交通线路建设成功与否的重要前提条件，直接关系到轨道交通系统建设目标的实现。这些内容也可以作为工程可实施规划的内容。

五、行业在国民经济的地位

国际大都市建设发展轨道交通经验表明，轨道交通作为现代化的客运交通方式，对带动城市经济综合发展、调整城市空间结构、引导城市土地合理运用，起着重要而积极的作用。世界各国拥有地铁和轻轨系统的城市已有 300 多个，这些城市都是政治、文化、经济中心，有良好的客运市场需求和坚实的经济基础，轨道交通已经成为大城市经济发展和聚集辐射能力的重要力量。

轨道交通最显著的作用就是促进了城市与城镇的发展。城市的发展演变经历了自由村落市场——城市——城市圈——城市带的过程。在这个发展过程中，交通起了很重要的作用。当交通满足城市要求、适应城市发展需要时，这个发展过程就会得到加速，否则就会就会衰落。从这个意义上讲，城市轨道交通的功能不再仅仅是为了满足人们出行的需要，而是一种资源，其与土地资源、人力资源、文化资源、环境资源等一起成为现代化城市建设的主要资源。轨道交通是现代化城市框架的支撑，轨道交通在城市发展中不仅是追随者，而且是引导者，在某种程度上引导着城市的发展方向。他不仅可以优化城市的结构，还可以调整城市的布局和功能，不仅有利于城市文化中心、经济中心、政治中心、工业中心、生活中心的科学建设与形成，还有利于周边中小城市的发展。使城市发展由摊饼式发展向组团式和带式方向发展，有利于建设和谐的生态城。

轨道交通可以极大地发散中心城市、区域性城市的辐射带动作用，带动一省甚至某一区域的经济社会发展。是城市—城市圈—城市带的组合纽带。轨道交通系统的水平直接体现了一个城市和区域的现代化水平，是现代化城市和区域的主要标志之一。轨道交通建设投资带动的产业链影响较大，如带动原材料、建筑、机电、电子信息、金融和相关服务等产业的发展。根据测算，轨道交通建设投资对 GDP 的直接贡献为 1∶2.63，加上带动沿线周边物业发展和商贸流通业的繁荣等间接贡献则更高。因此，通过投资建设轨道交通，将促使居民出行和消费增长，直接带动 GDP 增长。轨道交通促进相关产业链发展，可为财政收入开创新的增长点，又可为自身的发展提供更多的资金保障。如果政府主管部门调控得当，轨道交通建设经营可望进入良性循环。轨道交通的辐射功能可促进社会经济协调发展。为了实现"和谐社会与小康"目标，我国社会经济已进入一个高速发展时期。发展轨道交通能够促进城市化和都市化进程，从而扩大内需，增加就业，满足社会有效需求。

轨道交通的投入资产属于第三产业，因此，轨道交通的存量资产越多，能够为第三产业带来的商机和就业机会就越多，城市化水平就越高。

轨道交通可加速城市区域一体化进程。城市的发展离不开区域的支撑，区域城市一体化的进程，能更好地促进中心城市的发展。从区域层面考虑，尤其是相对密集的城市群或城市连绵区，轨道交通线路可将他们连接起来，缩短时空，相互协调发展。通过城际轨道将城市周边主要城镇与城市次中心联系起来，以利于城镇体系的合理发展。市区层面的地铁与轻轨主要是依据客流要求进行抉择，客运量大的城市可以选择地铁或与轻轨相互形成轨道网络，客运量相对较小的城市可选择投资较少的轻轨交通。发展轨道交通对城市规划具有导向作用。现代城市规划发展了带形城市理论，出现了沿主要交通轴线的带状发展理论。现代带状城市理论的具体应用是经济带，如拉动了全国经济的日本东京—大阪经济带、韩国首尔—釜山经济带等。在经济带上的各城市间，除了有高速铁路联络之外，还建有公交型城市轨道交通网，使各城市间大大缩短了时空距离，这样有利于突破行政区划的羁绊，实现资源配置的最优化；调整产业结构，使各城市间优势互补，实现整体经济利益的最大化。长江三角洲的南京—上海—杭州—宁波城市带，如果通过过江大桥上的轨道交通线路，跟长江以北的扬州—泰州—南通城市带相连接，形成一个"乏"字形的公交型城际轨道交通网，那么，到2010年上海举办世博会时，就能使整个长江三角洲活起来。

在交通供需矛盾十分尖锐的情况下，城市交通存在的新问题日益增多，城市交通拥挤的现象，从特大城市逐步向大城市和中小城市蔓延。在实践中，城市交通规划的观念发生了重大的变化。人们意识到，要缓解城市交通拥挤，仅仅靠修道路已无法满足日益增长的交通需求，必须调整不合理的交通结构和道路设施结构，优先发展轨道交通。特别是随着城市汽车化的起步，交通污染和能源消耗问题日益突出，可持续发展作为一个轨道交通引导城市发展。城市有序的外延拓展，需要依托某种交通方式来实现。在快速化城市发展过程中，城市空间布局模式从圈层式外延发展，走向轴向发展、紧凑式布局的城市格局，已成为城市可持续发展的空间表征。一方面，城市的轴向发展与紧凑布局可以为城市发展提供更大的发展空间，有利于减少城市交通堵塞、改善城市生态环境，实现城市发展的可持续性；另一方面，轨道交通为城市轴向发展和紧凑型布局提供了良好的交通导向。从区域层面看，多个轴向发展的城市通过轨道交通的相互连通，也有利于实现真正意义上的网络城市。

发展轨道交通的最终目的，是合理引导城市的空间布局。通过城市交通的合理布局，引导不同的交通资源实现空间的合理配置，以达到城市可持续发展的目的。世界上很多大城市的地下都已构筑起一个上下数层、四通八达的地铁网，有的还在地下设立商业设施和娱乐场所，与地铁一起形成了一个地下城。地铁车站建筑构思新颖，气势磅礴，富有艺术特色。乘客进入地铁车站，犹如置身于富丽堂皇的地下宫殿。地铁车站以其迷人的魅力吸引着各国旅行者，并成为该地的重要旅游景点。还有很多国家的地铁与地面铁路、高架道路等联合构成高速道路网，以解决城市紧张的交通运输问题。地铁现代化的发展，已成为城市交通现代化的重要标志之一。

第二节　城市轨道交通系统的构成

轨道交通系统的构成主要包括：车辆、车辆段、限界、轨道、车站建筑、结构工程、供电、通信、信号、环控、给排水系统等设施。

一、车辆及其主要技术参数

（一）城市轨道车辆特点

城市轨道车辆应具有先进性、可靠性和实用性，满足容量大、安全、快速、舒适、美观和节能的要求。

地铁车辆有动车和拖车、带司机室车和不带司机室车。

A 型——带司机室拖车

B 型——无司机室带受电弓的动车

C 型——无司机室不带受电弓的动车

我国推荐的轻轨电动车辆有 3 种形式：4 轴动车、6 轴单铰接式和 8 轴双铰接式车。

（二）车辆基本构造

城市轨道交通车辆由车体、转向架、牵引缓冲装置、制动装置、受流装置、车辆内部设备、车辆电气系统 7 大部分组成。

1. 车体

（1）特点

1）一般为电动车组，有单节、双节和 3 节式等，有头车（即带司机室车辆）和中间车，以及动车与拖车之分；

2）座位少，车门多且开度大，内部服务于乘客的设备较简单；

3）重量的限制较严格，特别是高架轻轨车和独轨车，要求轴重小，以降低线路的工程投资；

4）为使车体轻量化，车体承载结构和其他辅助设施尽量采用轻型化材料；

5）对车体的防火要求严格，在车体的结构及选材上采用防火设计和阻燃处理；

6）对车辆的隔音和减噪有严格要求；

7）由于用于市内交通，对车辆的外观造型和色彩都有美化和与城市景观相协调的要求。

（2）车门结构

城市轨道交通车辆的车门一般采用压缩空气为动力的风动门，也有采用电气驱动的车门。由于车辆运载客流量大，乘客上下车频繁，一般车体每侧车门开度较大，数量也较多，例如，上海地铁车每侧设有 5 扇内藏嵌入式对开拉门 1900mm×1300mm（高 × 宽）。

在带司机室车（A 型）的前端中央还设有应急安全疏散门，在紧急情况下，做成可伸缩的套节式踏级板可向前放下到路基上，列车内的乘客可通过此踏级板疏散到路基上。

2. 转向架

分动力转向架和非动力转向架：动力转向架装设有牵引电机、减速箱以及集电器（受电靴）装置等。

3. 牵引缓冲装置

车辆的连接是通过车钩实现的，车钩后部一般需要装设缓冲装置，以缓和列车运动中的冲击力。

4. 制动装置

制动装置是保证列车运行安全的装置。无论动车或拖车均需设摩擦制动装置。针对城市轨道交通的特点，制动装置应具备一定条件。

制动方法：

（1）摩擦制动：包括闸瓦制动和盘式制动

（2）电气制动：包括电阻制动和再生制动

（3）电磁制动：包括磁轨制动和涡流制动

磁轨制动是将电磁铁落在钢轨上，并接通激磁电流将电磁铁吸附在钢轨上，通过磨耗板与轨面摩擦产生制动力。

涡流制动是将电磁铁落至距轨面 7 ~ 10mm 处，电磁铁与钢轨间的相对运动引起电涡流作用形成制动力。

电磁制动的最大优点是所产生的制动力不受轮轨间的粘着条件限制。

城市轨道交通车辆一般均采用再生制动与电阻制动相结合的电制动优先、空电联合制动方式，保证在制动系统允许的条件下得到尽可能大的制动减速度。

5. 受流装置

从接触导线（接触网）或导电轨（第三轨）将电流引入动车的装置。也称为受流器。

一般有：

杆形受流器（多用于城市无轨电车）

弓形受流器（多用于城市有轨电车）

侧面受流器（多用于矿山货车）

轨道式受流器（第三轨受流）

受电弓受流器（适用于高速干线）

6. 车辆内部设备

服务于乘客的车体内部固定附属装置（如车灯、广播、空调、座椅等）

服务于车辆运行的设备装置（如蓄电池箱、继电器箱、主控制箱、风缸、电源变压器等）

7. 车辆电气设备

各种电气设备及其控制电路。包括：主电路系统、辅助电路系统、电子控制电路系统。

城市轨道交通车辆的电气部分主要是按功能和系统以屏、柜及箱体的形式安装在车厢内及悬挂固定在车体底部车架上。为了使车厢用于载客部分的空间尽量多，电气箱柜绝大部分安装在车体底下的空间。

（二）车辆段及其任务

轨道交通系统的车辆管理单位基本上有两种：一是车辆段；二是停车场。

车辆段是电动车辆停放、运用、检查、管理、整备和检修保养的场所及管理单位。

目前国内各城市的地铁采用的修程基本上分四种：厂修、架修、定修、月修。

1. 车辆段业务范围

（1）列车运用，编组，调车，停放，日常检查，故障处理，清扫等；

（2）车辆技术检查，月修，定修，架修，临修等；

（3）列车折返及乘务组换班；

（4）其他维修工作。

一般一条线设一个车辆段，线路长度超过 20km 的线路可以设一个车辆段、一个停车场。停车场可进行月修。一般运营线路里程达到 50km 时应考虑设车辆修理工厂（50km 线路平均每天有 3 ~ 4 辆车厂修）。

车辆段主要承担的任务有列车的运用及定期检修作业。车辆的厂修和车辆段内设备的大修一般可由车辆设备修理工厂或委托其他工厂担当，也可选择一个车辆段增加车辆厂修任务。

2. 车辆段的线路布置

车辆段线路布置的一般原则：

（1）收发车顺畅

（2）停车检修分区合理

（3）用地布置紧凑

车辆段一般可布置成贯通式或尽头式，贯通式车辆段可以两端分别收发车，能力较强，停车列检库一股道可以停 3 列车；远期 2 列车；尽端式车辆段停车列检库一股道可以停 2 列车，远期 1 列车。

3. 轻轨车辆检修周期表

修程	检修周期	修车时间	施修地点
厂修	54万～60万km	40d	车辆段或工厂
架修	18万～20万km	20d	车辆段
定修	6万～7万km	10d	车辆段
月修	1万～1.2万km	2d	车场
列检	200～400km（每天）	2h	车场或列检所

（三）限界

限界（Load Gauge）是指列车沿固定的轨道运行时所需要的空间尺寸。限界越大，安全度越高，但工程量及工程投资也随之增加。

1. 限界的种类

根据轨道交通系统的构成和设备运营要求，限界可以分为车辆限界、设备限界、建筑限界、接触轨和接触网限界。

限界的确定需要根据车辆外轮廓尺寸及技术参数、轨道特性、各种误差及变形，并考虑列车在运动中的状态等因素，经过科学的分析计算后确定。

（1）车辆限界

坐标系

车辆轮廓限界

车辆限界图

车辆限界的各点坐标

（2）设备限界

设备限界是为保证轨道交通系统的列车等移动设备在运营过程中的安全所需要的限界。设备限界要在车辆限界的基础上，考虑轨道出现状态不良而引起的车辆偏移和倾斜；此外，还要考虑适当的安全预留量。

（3）建筑限界

建筑限界是指在行车隧道和高架桥等结构物的最小横断面所形成的有效内轮廓线基础上，再考虑其施工误差、测量误差、结构变形等因素，为满足固定设备和管线安装的需要而必需的限界。

2. 区间直线地段的限界

隧道建筑限界：在既定的车辆类型、受电方式、施工方法及结构形式等基础上确定的隧道的建筑限界。

它分为矩形隧道建筑限界、圆形隧道建筑限界、马蹄型隧道建筑限界三种类型。

在高架桥上，还有其相应限界。

在曲线、道岔区要考虑加宽、加高。

3. 车站限界

一般站台边缘与车厢外侧之间的空隙设置 100mm 为宜，站台面的高度应低于车厢地板面 50mm ~ 100mm 较为合适。这个数值与车辆质量及运营水平有关，也与线路和车站工程的施工质量有关。

（四）轨道

轨道结构是城市轨道交通系统的重要组成部分，一般由钢轨、扣件、轨枕、道床、道岔及其他附属设备组成。

1. 钢轨

年通过总重在 15Mt ~ 30Mt 时，采用 50kg/m 钢轨；在 30Mt ~ 60Mt 时，采用 60kg/m 钢轨。

1. 扣件

2. 轨枕、道床

轨枕：长枕式整体道床

道床：碎石（有砟）道床与整体（无砟）道床

3. 道岔（turnout）

（1）道岔的作用

（2）道岔组成：

转辙器（points or switch）

连接部分：

辙叉及护轨（frog and guard rail）

（五）车站建筑

（1）按车站与地面相对位置分：地面站、高架站、地下站；

（2）按运营性质分：中间站、换乘站、中间折返站、尽端折返站、枢纽站、联运站、终点站；

（3）按站台形式分：岛式站台、侧式站台、岛侧混合站台；

（4）按车站埋深分：浅埋车站、中埋车站、深埋车站；

（5）按车站结构横断面形式分：矩形断面、拱形断面、圆形断面、马蹄形断面等。

（六）结构工程

1. 地下结构类型及施工方法

（1）概述

1）隧道横断面形式

车站结构横断面类型主要有：矩形、拱形、圆形、椭圆形。

区间隧道结构横断面类型主要有：矩形、圆形、马蹄形、钟形。

2）施工方法主要有

明挖法（Open-Cut Method）：明挖顺作法、盖挖顺作法、盖挖逆作法、盖挖半逆作法。

适用：地下铁道线路在地下几米深时采用。

优点：速度快、工期短、易保证工程质量、工程造价低。

暗挖法：传统矿山法、新奥法、浅埋暗挖法、盾构法。

传统矿山法施工工艺落后，安全性较差，近年来有逐步被新矿山法取代的趋势。

新矿山法又可称为新奥法或浅埋暗挖法。充分利用围岩的自承能力和开挖面的空间约束作用，及时对围岩进行加固。

浅埋暗挖法是松散地层新奥法施工方法。

盾构法（Shield）以预制管片拼装的圆形衬砌。具有施工速度快，振动小、噪音低等优点，在松软含水地层中及城市地下管线密布、施工条件困难地段采用盾构法施工，其优点尤为明显。盾构法的缺点是对断面尺寸多变的区段适应能力差。

（2）地铁车站结构

1）明挖法施工的车站结构（盖挖法类似）

地下铁道线路在地下几米深时采用。

明挖车站一般为现浇整体式矩形钢筋混凝土框架结构。

根据运营需要可做成单跨、双跨或多跨结构，单层、双层或多层结构。

明挖车站结构由底板、侧墙及顶板等维护结构和楼板、梁、柱及内墙等内部构件组合而成。

2）矿山法施工的车站结构可采用单拱式车站、双拱式车站，或三拱式车站，根据需要可做成单层或双层。

3）盾构法施工的车站结构

盾构车站的结构形式与所采用的盾构类型、施工方法和站台形式等关系密切。主要有：

由两个并列的圆形隧道组成的侧式站台车站。

由 3 个并列的圆形隧道组成的三拱塔柱式车站。

立柱式车站。

（3）区间隧道结构

1）明挖法修建的隧道衬砌结构

明挖法修建的隧道衬砌结构通常采用矩形断面，一般为整体浇注或装配式结构。

2）新奥法修建的隧道衬砌结构

新奥法修建的隧道一般采用拱形结构，基本断面形式为单拱、双拱和多跨连拱。衬砌基本类型是复合式衬砌。

3）盾构法修建的隧道衬砌结构

盾构法修建的隧道横断面的内部尺寸全线是统一的。衬砌结构有预制装配式衬砌、预制装配式衬砌和模注钢筋混凝土整体式衬砌相结合的双层衬砌以及挤压混凝土整体式衬砌。

（七）供电系统

城市轨道交通的供电系统负责提供车辆及设备运行的动力能源，一般包括高压供电源系统、牵引供电系统和动力照明供电系统。

1.高压供电源系统

高压供电源系统即城市电网对轨道交通系统内部变电所的供电系统。

高压供电源方式有三种：集中式供电；分散式供电；混合式供电。

2.牵引供电系统

（1）电力牵引的制式

指供电系统向电动车辆或电力机车供电所采用的电流和电压制式，如直流制或交流制、电压等级、交流制中的频率以及交流制中是单相或三相等。

根据牵引列车的电动车辆或电力机车的基本要求，目前世界上城市轨道交通系统的牵引网均采用直流牵引，牵引电压等级较多，国际电工委员会（IEC）拟定的电压标准为600V、750V、1500V。

我国国标电压标准为750V和1500V两种。所以，目前国内各城市的地铁和轻轨采用的电压制均在750V和1500V之间进行选择。

广州、上海采用了1500V电压制，北京地铁采用了750V的电压制。

（2）电力牵引供电系统组成

电力牵引供电系统包括：发电厂、升压变压器、高压输电网、区域变电站、主降压变电站、直流牵引变电所、馈电线、接触网、走行轨道、回流线。

牵引变电所尽量设置在地面。

接触网分为架空式接触网和接触轨式接触网。

架空接触网安全性较好，但运行维护工作量大，运行费用高。适应于电压较高的制式。上海、广州地铁均采用了1500V接触网供电的方式。

接触轨是沿牵引线路敷设的与走行轨道平行的附加轨，故又称第三轨。是敷设在铁路旁的具有高导电率的特殊软钢制成的钢轨。电动车组伸出的受流器与之接触而取得电能。

接触轨使用寿命长，维修量小、简单，运行费低，能充分利用隧道空间，在地面或高架运行时对城市景观没有影响，但在隧道内保养、检修或在车库内检修作业时应注意安全。适应于净空受限的线路和电压较低的制式。北京地铁即采用了 750V 接触轨供电的方式。

（3）动力照明供电系统

动力照明供电系统由降压变电所及动力照明组成。

每个车站应设降压变电所。

车站动力照明采用 380/220V 三相五线制系统配电。

车站设备负荷分三类：

一类负荷：事故风机、消防泵、主排水站、售检票机、防灾报警、通信信号、事故照明；

二类负荷：自动扶梯、普通风机、排污泵、工作照明；

三类负荷：空调、冷冻机、广告照明、维修电源。

（八）通信系统

城市轨道交通的通信系统必须适应与满足轨道交通的运营管理。

整个通信系统包括以下 5 个组成部分：

1. 通信网

用通信电缆或光缆作为传输介质，所提供的服务为话音通信（自动电话交换机之间的中继线通道、各种有线调度电话、有线广播话音、直达话音通道等）及数据通信（电力、防灾、环控的监控通道，有线广播及闭路电视的监控通道以及自动售检票系统的数据通道）。

2. 电话网

利用同一套程控交换机网组成有轨交通专用电话网和自动电话交换网。

3. 有线广播系统

每一个车站设置 1 套有线广播系统，每个站分为若干个播音区，例如：站厅，上、下行站台，机房，办公室等，可以同时广播，也可分区广播。中央控制室通过遥控、遥测，对各车站的广播系统进行控制和监测。

4. 闭路电视系统

主要是供有轨交通中央控制室的调度人员监视沿线各车站（主要是站台及站厅）的状况，车站值班员也可通过该系统了解站内各区域的现状。

5. 无线通信

通常可包括若干个子系统，如上海地铁一号线的无线通信包括列车调度电话，公共治安电话，车辆段电话及紧急无线电话等 4 个子系统。

（九）信号系统

用于指挥和控制列车运行的通信信号设施，尽管其投资额在整个工程中所占的比例甚低（通常在 30% 以下），但对于提高通过能力、保证行车安全却有着至关重要的作用。

城市轨道交通的信号技术制式是沿袭城市间铁路的制式，但有其固有的特点：

（1）由于城市轨道交通往往承担巨大的客流量，因此对最小行车间隔的要求远高于城市间铁路。这就对列车速度监控提出了极高的要求，要求其能提供更高的安全保证。

（2）由于城市轨道交通的列车运行速度远低于铁路干线上的列车运行速度，因此在信号系统中可以采用较低速率的数据传输系统。

（3）由于城市轨道交通的大多数车站仅有上、下旅客的功能，在大多数车站上并不设置道岔，甚至也不设置地面信号机（依靠机车信号及速度监控设备驾驶列车），仅在少数联锁站及车辆段才设置道岔及地面信号机，如上海地铁一号线仅在 4 个联锁站及一个车辆段上设置道岔及地面信号机，因而，联锁设备的监控对象远远少于一般大铁路的客货站，通常一个电气集中控制中心即可实现全线的联锁功能。

（4）由于城市轨道交通的车辆段具有与城市间铁路车辆段不同的功能，类似于城市间铁路区段站的功能，其行车组织工作主要包括编解、接发及调车，因而，城市轨道交通车辆段的信号设备远多于其他车站，通常独立采用一套电气集中装置，但在采用微机联锁时，往往也仅作为一套微机联锁中的一部分。除了车辆段外，其他车站的行车组织作业既单纯又简单。

（5）由于城市轨道交通的线路长度、站间距离都较短，列车种类单一，行车时刻表的规律性很强，日复一日地按照同一运行计划周而复始地运行，因此，在城市轨道交通的信号系统内，通常都包含有进路自动排列功能，即按事先预定的程序自动排列进路，只有运行图变更时才有人工介入。

传统信号系统由信号、联锁、闭塞、机车信号与自动停车、调度集中等设备组成。

现代信号系统—列车自动控制 ATC 系统

目前在一些发达国家的城市轨道交通中，依赖信号技术的进步，最小行车间隔已缩短至 100s 以下。采用先进的信号技术，还将大大提高行车的安全性，使得因人为的疏忽（如司机忽视信号显示）、设备的故障而产生的事故率降至最低。此外，采用先进的信号技术可以避免不必要的突然减速和加速，这不仅可提高行车的稳定度，还对节能具有重要的作用。据文献报道，采用先进的 ATC 技术，使列车始终处于最佳速度状态，可导致节省电能 15% 以上。

列车自动控制 ATC（Automatic Train Control）系统，进一步增加了基本的信号控制内涵。实际上，列车自动控制系统是一个不太明确的术语，但它通常包含以下三方面的内容：

（1）ATP—列车自动防护系统（Automatic Train Protection）

列车自动防护 ATP 的工作原理是：将信息（包括来自联锁设备和操作层面上的信息、

地形信息、前方目标点信息和容许速度信息等）不断从地面传至车上，从而得到列车当前容许的安全速度，依此来对列车实现速度监督及管理。ATP 的优点是缩短了列车间隔，提高了线路的利用率和行车的安全可靠性。

（2）ATS—列车自动监督系统（Automatic Train Supervision）

列车自动操纵 ATO 主要用于实现"地对车控制"，即用地面信息实现对列车驱动、制动的控制。由于使用 ATO，列车可以经常处于最佳运行状态，避免了不必要的、过于剧烈的加速和减速，因此可显著提高旅客舒适度，提高列车准点率及减少轮轨磨损。通过与列车再生制动配合，还可以节约列车能耗。

（3）ATO—列车自动操纵系统（Automatic Train Opration）

列车自动监督 ATS 主要是实现对列车运行的监督，辅助行车调度人员对全线列车运行进行管理。它可以显示全线列车运行状态，监督和记录运行图的执行情况，为行车调度人员的调度指挥和运行调整提供依据；如对列车偏离运行图时及时做出反应。通过 ATO 接口，ATS 还可以向旅客提供运行信息通报，包括列车到达、出发时间，列车运行方向，中途停靠点信息等。

（十）环控系统

用人工气候环境保证满足乘客的需求。

它涉及空气的温度、湿度、空气流动速度和空气质量。当列车阻塞在区间隧道时，能维持车厢内乘客短时间能接受的环境条件，当发生火灾事故时，能提供有效的排烟手段，给乘客和消防人员输送足够的新鲜空气、形成一定的风速、引导乘客迅速撤离现场。

通风与空调系统

（1）开式系统

活塞通风。

机械通风。

（2）闭式系统

（3）屏蔽门式系统

防排烟系统。

环境监控系统。

（十一）给水与排水系统

1. 给水

（1）生产、生活和消防共用的给水系统。

（2）生产及生活给水系统。

（3）消火栓给水系统。

2. 排水

主要处理系统的污水、结构渗水、冲洗及消防等废水和车站露天出入口及洞口的雨水。一般包括主排水泵站、辅助排水泵站、污水泵房、局部排水泵房和临时排水泵房。

二、轨道交通系统规划的意义和目标

（一）轨道交通系统规划的意义和目标

1. 轨道交通系统规划的意义

（1）科学制定城市经济发展计划的需要。

（2）制订城市各项设施建设计划的需要。

（3）控制轨道交通建设用地、降低工程造价的需要。

（4）轨道交通工程立项建设的依据。

2. 轨道交通系统规划的目标

（1）协调好交通需求与供给之间的关系。

（2）实现城市土地规划发展目标。

（3）实现交通战略目标。

（二）我国轨道交通系统规划存在的问题

（1）与城市总体规划联系不够紧密。

（2）对客流预测中的不确定性考虑不够。

（3）规划方案没有充分重视用地控制规划，使规划方案缺乏可操作性。

（4）网络规划缺乏层次性，难以体现发展重点。

（5）车站交通功能定位模糊，对交通枢纽认识较浅。

不利的后果：

（1）缺乏交通需求和交通供给之间的动态平衡关系研究，表现在或者规模失控，或者促使城市土地畸形发展，或者部分线路客流效益得不到保证。

（2）缺乏投入和效益的宏观分析，不能制定合理工程进度和投资强度制约下的修建计划，造成政府决策的盲目性，影响线网建设的可持续发展。

（3）线路走向因缺乏论证而不稳定，影响线网整体的合理布局。

（4）没有预留适度的工程条件，为后续工程建设增加了难度，轻则投资加大，重则工程无法实施。这种情况集中表现在相交线路的换乘站建设之中。

（5）没有预留轨道交通工程用地条件，主要是正线区间和车站用地、车场用地及联络线用地，造成功能合理的线路位置往往没有建设条件。

（三）规划与设计的基本理论与理念

1. 基本理论

（1）影响因素分析

1）城市

城市自然地理条件。

城市规模、性质。

城市人口。

城市发展潜力和发展趋势。

城市经济。

城市土地利用规模。

城市交通状况。

2）轨道交通系统特性

系统的形式。

运行方式。

技术水平。

（2）规划范围

我国在进行轨道交通线网规划时，特别是一些大城市，轨道交通规划线网的规划范围应该是全市域，甚至是覆盖整个城市群。轨道交通覆盖范围的扩大必然需要相应的市域内的或者城市群内的长距离快速轨道交通线路，在法国巴黎都市圈，大容量放射状的区域快线（ERE）把城市中心区域距离 50 ~ 60km 的远郊卫星城镇紧密联系起来。日本东京都市圈半径已经达到 65km。

（3）轨道交通系统的区域性

城市轨道交通发展历史表明，城市发展不同阶段对应着不同的轨道交通类型，不同类型的轨道交通适合于不同城市不同区域的发展。

在轨道交通线网规划中，要以城市发展的具体阶段和发展需求为依据，合理选择适合城市要求的轨道交通系统，根据城市不同的发展区域，如中心区、建成区、郊区等，结合范围对象的多样化需求，确定轨道交通的范围区域，选择相应的轨道交通类型。

（4）规划研究方法

1）城市交通发展前景判断

首先，把握城市总体规划的基本思想，确定远景城市人口用地布局。

其次，把握城市交通发展战略，预计远景年公交出行比重与总量。

2）客运主流向分析

（5）设计方法

1）做好客流预测。

2）做好沿线周边环境调查。

3）确定合理的车站形式和埋深。

首先，与各管线业主单位的配合和协调。

其次，建设与运营应密切结合起来。

最后，充分研究施工方法也十分重要。

2. 规划的理念

（1）概念规划

概念性规划以城市的性质、基本职能、发展方向和城市体系等重大问题为研究内容。它对未来一定时段内可能进行的开发建设进行宏观的原则性指导，是城市未来空间发展的战略规划。

概念规划是把以时间期限为主导的规划模式转为以规模为主导，淡化规划期限。即在区域规划的指导下，在可预见的将来，对城市远景发展进行战略性的分析研究，提出城市发展战略的方针政策并作为城市发展的目标和总体规划的支撑和依据。

概念规划的主要内容：

第一，社会经济环境发展战略和目标对策；

第二，市域城镇体系规划，基础设施和重大项目的布局；

第三，主城区在内的市域重点城镇的规模和布局形态、城市化促进区域和城市化控制区范围以及远景发展框架；

第四，研究城市能源、交通、供水、供气等城市基础设施和生态绿地、水域系统开发的重大原则问题。

概念规划的战略特点是在充分满足社会经济发展需要的前提下，结合实际，创造性地找准每个城市发展的定位。

（2）轨道交通对城市格局的引导作用（TOD）

轨道交通引导城市结构发展（the rail transit oriented development（TOD））就是通过大幅度提高交通供给，引导周边土地高强度利用。一般整个过程分四个阶段：团状开发，波浪状开发、带状开发，面状开发。

轨道交通线网中的线路按照功能可分为两个类型：

1）客流追随型（SOD）。

2）规划引导型（TOD）。

（3）城市轨道交通的可持续性

可持续发展的城市轨道交通是建立在可持续发展的理念基础之上，以可持续发展的观念分析、解决城市轨道交通中的各种问题，建立既有利于城市的交通发展需要，又同时保证环境、资源的保护和子孙后代发展的轨道交通发展模式。

1）交通与环境协和；

2）交通与未来的协和；

3）交通与社会的协和；

4）交通与资源的协和。

从可持续发展的角度出发，城市交通各种运输方式都应当向高效节能型转变。纵观国内外城市交通发展史，最好的解决途径是优先发展以轨道交通为代表的中、大容量公共交通，限制私人机动交通发展。

（4）兼顾交通疏堵的发展引导

轨道交通作为一种面向大众的捷运工具，既能进一步促进多组团的网络式城市发展，又能有效制衡小汽车交通的过度膨胀。

在密集区修建地铁、疏导交通仍是发展轨道交通的重要任务之一。

发展成熟地区拥有较好的客流基础，既能有效地缓解道路交通阻塞又能为日后营运提供财务保障。

（5）规划的滚动性

鉴于经济的迅速发展、城市空间布局规划的调整优化、城市建设重点和时序的调整以及对轨道交通认识和技术水平的不断提高，轨道交通线网规划工作不可能毕其功于一役，有必要每隔四五年进行一次修正。事实上新的规划或多或少的会吸纳上一轮规划的内容和成果，并根据新的发展情况加以充实和提高。

（6）线路功能分级和服务一体化

地铁：服务主城区，发展密度大和客流量高的走廊；

轻轨：服务主城区中等发展密度和客流量的走廊；或主要服务新城区；

市郊铁路：主城区和主要发展组团的联络线；服务市区及其市郊地区之间的交通；

城际铁路：服务较大规模城市间的直通交通。

随着轨道交通线路的增多，服务的一体化，包括票制的协同，换乘的衔接将变得越来越重要。尤其是客运枢纽站的设计需要从以人为本和方便转乘的角度给予更多地考虑。

3. 设计的理念

（1）改变车站设计理念。

（2）合理设置车站出入口。

（3）以人为本。

1）方便、快捷。

2）舒适。

3）安全。

4. 规划与设计的系统分析方法

（1）系统分析概念

系统分析是系统工程在处理大型复杂系统的规划、研制和运用问题时，必须经过的逻辑步骤。轨道交通系统属于一类大型项目，其系统分析的目的在于：通过对系统的分析，认识各种替代方案的目的，比较各种替代方案的费用、效益、功能、可靠性以及与环境之间的关系等，得出决策者进行决策所需要的资料和信息，为最优决策提供科学可靠的依据。

（2）系统分析的要素

系统分析的基本要素有：目标、可行方案、费用、模型、效果、准则和结论。

（3）系统分析的内容

1）对现有系统的分析

对系统外部的分析主要是：根据国内外政治经济形式，研究轨道交通系统在国民经济中的地位、当前国家对轨道交通系统的政策以及与经营活动有关的各方面的现状，如轨道交通客流情况、技术水平等。

对系统内部的分析，主要是：计划安排、运营组织、设备利用、劳动力状况、成本核算及财务收支等。

2）对新开发系统的分析

分析的内容可以是新系统的投资方向、建设的规模、线网的设计、可行方案的确定、设备配套以及运营组织等。

（4）系统分析的步骤

1）明确问题与确定目标。

2）搜集资料，探索可行方案。

3）建立模型。

4）综合评价。

5）检验和核实。

（5）系统分析的方法

系统分析所遵循的原则：

1）外部条件与内部条件相结合的原则。

2）当前利益和长远利益相结合的原则。

3）局部效益与整体效益相结合的原则。

4）定量分析与定性分析相结合的原则。

一般说来，系统分析的各种方法可分为定性和定量的两大类。定量方法适用于系统结构清楚、收集到的信息准确、可建立数学模型等情况。定量的系统分析方法有投入产出分析法、效益成本分析法等。

如果要解决的问题涉及的系统结构不清，收集到的信息不太准确，或是由于评价者的偏好不一，对于所提方案评价不一致等，难以形成常规的数学模型时，可以采用定性的系统分析方法。

1）目标—手段分析方法

目标—手段分析方法，就是将轨道交通系统建设要实现的目标和所需要的手段按照系统展开，一级手段等于二级目标，二级手段等于三级目标，依此类推，便产生了层次分明、相互联系又逐渐具体化的分层目标系统。

2）因果分析法

利用因果分析图来分析影响轨道交通系统规划与建设的因素，并从中找出产生某种结果的主要原因的一种定性分析方法。

5. 轨道交通系统规划设计过程与层次

（1）线网方案设计的过程

1）在选择了轨道交通发展模式后，拟定线网规模。

2）建立城市的初始研究对象交通路网。该路网的线路包含主要的道路及现有的轨道交通线路。

3）交通路网客流特征分析。

4）轨道交通初始线网方案设计。

5）线网方案分析。

6）线网方案评价、比选和筛选。建立线网评价指标体系，对线网方案进行比较和筛选。

7）线网方案更新优化。

（2）轨道交通系统选择的步骤

1）确立线路走向。

2）确定线路规模。

3）线路的封闭程度。

4）确定线路设置方式。

5）确定特殊要求。

（3）轨道交通规划的层次性

由于轨道交通的规划建设具有近远期结合的性质，因此需要区分轨道交通规划的合理层次。在我国轨道交通规划中，可把轨道交通规划分为轨道交通线网规划和轨道交通线网控制性规划两个层次，同时对规划线网的构成进行一个明确的层次划分，由近期建设的轨道线路、中期建设的轨道线路以及需要研究的远期轨道线路来构成整个规划线网。

6. 轨道交通系统规划设计原则与相关规范

（1）轨道交通系统规划与设计原则

1）轨道交通系统规划与设计的要求

①轨道交通规划应满足城市总体规划。

②路网布设要均匀，线路密度要适量，乘客换乘要方便。

③轨道交通规划应结合城市特点，充分考虑城市轨道交通多元化的趋势，合理确定轨道交通的建设标准和形式，不同的轨道交通系统的建设投资、适应城市的规模、运行指标各不相同，因此在轨道交通网规划过程中，应充分分析不同城市的特点以及各线路的具体

情况，不拘形式，合理确定轨道交通网中各线路的建设标准和形式。

（2）轨道交通系统规划一般原则

1）轨道交通规划要体现稳定性、灵活性、持续性的统一。

2）轨道交通规划要有超前意识，要做好线网规划用地控制。

3）轨道交通要支持城市建设与发展，提高项目生命力。

4）轨道交通要兼具城市发展与运输的综合规划能力。

5）轨道交通应加强与其他公共交通的规划与整合。

6）轨道交通要以"绿色交通"为指导原则。

7）网络布局必须与城市用地布局相结合，与城市发展形态相一致。

8）充分考虑轨道交通与土地利用的相互影响，处理好满足需求与引导发展的关系。

9）线路走向应与城市主客流方向一致，应连接城市主要客流发生吸引源，吸引交通流量的最大化。

10）轨道交通作为城市交通的骨干，应与现有交通工具相配合，协调发展，以最大限度地提高其使用效率。

11）组建大型换乘中心，使之成为城市发展的副中心或新区开发的先导和依托点。

12）与城市建设计划和旧城改造计划相结合，以保证轨道交通建设计划实施的可能性和连续性，工程技术上的经济性和合理性。

13）依据城市形态地理态势，与城市的地质、地貌和地形相联系，以降低轨道交通工程造价。有条件的地方应尽量采用高架或地面形式。

14）考虑运营上的配合。

（3）车站设备配置原则

城市轨道交通车站的设备配置首先要满足面向乘客的服务要求，其次要强调设备配置的能力匹配与经济性，最后要体现出轨道交通服务方式在各类城市公共交通服务模式中的先进性。

1）实用性。

2）功能匹配。

3）先进性。

4）经济性。

5）安全性。

三、轨道交通线网规划

（一）轨道交通线网规划的主要内容

1.轨道交通线网规划的目的和意义

（1）作用

1）缓解中心区尤其是商业区（CBD）地区交通的供需矛盾，强化土地资源可能提供的交通供给。

2）加强主出行方向上（主要交通走廊）系统的速度和容量，以便于主城区外围与中心区的联系。

3）串联城市大型客流集散点（交通枢纽、商业服务中心、行政中心、规划大型居住区、规划工业区、娱乐中心等），实现客流的合理疏解。

4）加强对外交通与市区的联系，方便卫星城镇与市区的联系，增强城市的辐射能力。

5）以高品质的供给引导交通方式选择的良性转移。

6）节约能源，避免大气污染，改善环境。

7）启动内需，聚集商贸及房地产开发，支持旧城改造和新区开发，并成为城市产业发展的新增长点。

城市轨道交通系统建设是庞大而复杂的系统工程，具有非可逆性，线路一经建成不可更改。因此规划布局合理和规模适当的线网就显得很重要。它的好坏直接影响城市交通结构的合理性、工程项目的经济效益及社会效益。如果作为前期基础研究之一的线网规划发生失误，后期则难以挽回，因为用地控制、规划导向均与线网直接相关。

（2）意义

1）支持城市总体规划的实施和发展。

2）有利于城市科学制定经济发展规划。

3）线网规划有利于城市各项设施的建设。

4）为控制快轨建设用地提供基础。

5）为快速轨道工程立项建设提供依据。

2.轨道交通线网规划的主要内容

（1）前提与基础研究

主要是对城市的人文背景和自然背景进行研究，从中总结指导轨道交通线网规划的技术政策和规划原则。主要研究依据是城市总体规划和综合交通规划等。具体的研究内容包括城市现状与发展规划、城市交通现状和规划、城市工程地质分析、既有铁路利用分析和建设必要性论证等。

（2）线网构架研究

线网构架研究是线网规划的核心，通过多规模控制—方案构思—评价—优化的研究过程，规划较优的方案。这部分研究的内容主要包括：合理规模研究、线网方案的构思、线网方案客流测试、线网方案的综合评价。

（3）实施规划研究

实施规划是轨道交通规划可操作性的关键，集中体现了轨道交通的专业性，主要研究内容是工程条件、建设顺序、附属设施规划。具体内容包括车辆段及其他基地的选址与规模研究、线路敷设方式及主要换乘节点方案研究、修建顺序规划研究、轨道交通线网的运营规划、联络线分布研究、轨道交通线网与城市的协调发展及环境要求、轨道交通和地面交通的衔接等。

（二）轨道交通线网规划的基本原理

轨道网规划要在确定的规划期限内对整个轨道网的大致走向、总体结构、用地控制、车辆段及换乘站的配置作出规划，轨道网规划的过程实际上是对初级路网不断优化完善的动态滚动过程。

主要有两类轨道交通线网的设计方法：解析法和系统分析法。

解析法：根据城市人口、土地资料，用运筹学的图论和数学规划的方法建立目标函数，求解选出线路走向。

系统分析法：根据城市的交通现状和土地发展方向，构架初始线路或线网，用交通规划方法，进行轨道交通线网的客流预测，并评价择优。系统分析法是定性经验和定量数据相结合的动态规划过程。

（三）轨道交通线网规划的方法体系

线网规划是城市总体规划中的专项规划，在城市规划流程中，位于综合交通规划之后，专项详细控制性规划之前。线网规划是长远的、指导性的专项宏观规划。它强调稳定性、灵活性和连续性的统一。

稳定性：规划核心在空间上（城市中心区）和时间上（近期）要稳定。

灵活性：规划延伸条件在空间上（城市外围区）和时间上（远期）要有灵活变化的余地。

连续性：线网规划要在城市条件不断变化的情况下，不断调整完善。

线网规划特点：

（1）线网规划是综合的专业交通规划，同时又是全市综合交通规划的延续和补充，由于轨道交通的特点，规划和建设均对全市规划格局产生相当程度的影响，因此线网规划既有相对的独立性，又要与城市的总体规划有机地融为一体。

（2）线网规划的研究工作涉及城市规划、交通工程、建筑工程及社会经济等多项专业。各专业及相互联系紧密有彼此独立，因此整体研究方法是一个包含多项子方法的集合体系。

（3）线网规划作为一项复杂的系统工程，除本身各子系统具有复杂的关系外，各种外界的影响因素和边界条件对线网规划又产生了不同程度的影响。因此，不能把线网规划作为一个孤立的系统来进行规划，既要重视其自身的建设运行机制，又要注重与外部环境及各影响因素的协调关系。

1. 规划范围与年限

范围：一般是规划的城市建成区范围。

年限：近期规划和远期规划。

2. 规划技术路线

指规划工作的基本程序和主要指导思想。

规划全过程：基础研究、线网构架研究和规划可实施性研究。

（四）轨道交通线网合理规模

1. 线网合理规模的含义和指标

规模是从交通系统供给的角度来说的，从一个侧面体现系统所能提供的服务水平。它主要以线网密度和系统能力输出来反映，其中系统能力输出又与系统的运营管理密切相关。

规模的合理性关系到建设投资、客流强度，也关系到理想的服务水平的设定、建设用地的长远控制。

（1）城市轨道交通线网总长度

$$L = \sum_{i=1}^{n} l_i$$

式中　　　　l_i——城市轨道交通网第 i 条线路的长度，km。

　　　　　　L——线网的规模，由此可以估算总投资量、总输送能力、总设备需求量、总经营成本、总体效益等，并可据此决定相应的管理体制与运作机制。

（2）城市轨道交通线网密度

$$\sigma = L/S \text{ 或 } \sigma = L/Q$$

式中　　　　S——城市轨道交通线网规划区面积，km^2；

　　　　　　Q——城市轨道交通线网规划区的总人口，万人；

　　　　　　σ—— 一个总的城市轨道交通网密度，km/km^2 或 km/ 万人。

城市轨道交通线网密度是指单位人口拥有的线路规模或单位面积上分布的线路规模，它是衡量城市快速轨道交通服务水平的一个主要因素，同时对形成轨道交通车站合理交通区的接运交通组织有影响。实际中由于城市区域开发强度的不同，对交通的需求也不是相对均等的，往往是由市中心区向外围区呈现需求强度的逐步递减，因此线网密度也应相应递减。评价城市轨道交通网的合理程度需按不同区域（城市中心区、城市边缘区、城市郊区）分别求取密度。

（3）城市轨道交通线网日客运周转量（人·km/ 日）

$$P = \sum_{i=1}^{n} p_i l_i$$

式中　　　p_i——第 i 条轨道交通线路的日客运量，人 / 日；

　　　　　l_i——城市轨道交通网第 i 条线路的长度，km。

城市轨道交通线网日客运周转量是评估城市轨道交通系统能力输出的指标。表达了轨道交通在城市客运交通中的地位与作用、占有的份额与满足程度。它涉及轨道交通企业的经营管理，是轨道线路长度、电力能源消耗、人力、轨道和车站设备维修及投资等生产投入因子的函数。所以，在一定程度上，城市轨道交通网的规模还可用能源总消耗量、产业总需求量、人力总需求量等反映生产投入规模的指标来表示，可根据需要选择使用。

城市轨道交通网的规模在规划实施期内，往往要根据城市发展的需求进行适当调整。相对而言，总长度的调整幅度不应很大。因此，城市轨道交通网的总长度是一个必须确定也是可以确定的基础数据。

2. 线网规模的影响因素

合理规模的影响因素有：城市的规模、城市交通需求、城市财力因素、居民出行特征、城市未来交通发展战略与政策和国家政策等。其中，城市发展的规模又包含城市人口规模、城市土地利用规模、城市经济规模、城市基础设施规模四个方面。

3. 线网合理规模的计算方法

在目前的规划实践中，主要是确定线网长度或线网密度，对系统能力输出的研究以国外为多。

（1）系统能力输出规模指标的确定

对系统能力输出的研究国内外有不同作法，国外研究者多从估计轨道交通企业的成本函数出发，判断轨道交通系统的规模经济性，为管理者制定票价提供参考依据，为经营者对新服务项目的增设或已有服务项目的终止提供成本分析依据，并进而讨论放松管制和私有化问题。

（2）线网长度、线网密度规模指标的确定

1）服务水平法

该法先将规划区分为几类，例如分为中心区、中心外围区及边缘区，然后或类比其他轨道交通系统发展比较成熟的城市的线网密度，或通过线网形状、吸引范围和线路间距确定线网密度，来确定城市的线网规模。

高密度低运量与低密度大运量的选择决定了我们对服务水平的取舍，从现实的经济实力，倾向于投资较少的方案，而线网建设的长期性，又必须考虑乘客要求不断提高服务水平的矛盾。

2）交通需求分析法

$$L = Q \cdot \alpha \cdot \beta / \gamma$$

其中　　　L——线网长度（km）；

Q——城市出行总量；

α——公交出行比例；

β——轨道交通出行占公交出行的比例；

γ——轨道交通线路负荷强度（万人次 / 公里·日）。

未来居民出行总量 Q

$$Q = m\tau$$

式中　　　τ——人口出行强度（次 / 人·日）

一般情况，居民出行强度相对比较稳定。

线网负荷强度 γ：线网负荷强度是指快速轨道线每日每公里平均承担的客运量，它是反映快速轨道线网运营效率和经济效益的一个重要标。

线网负荷与效益：从统计资料上看，香港、莫斯科的地铁有较好的经济效益，例如香港 1990 年每人公里车费收入为 0.5 元，每人公里经营开支（含折旧）为 0.34 元，盈利 0.16 元。

3）吸引范围几何分析法

吸引范围几何分析法是根据轨道交通线路或车站的合理吸引范围，在不考虑轨道交通运量并保证合理吸引范围覆盖整个城市用地的前提下，利用几何方法来确定轨道交通线网规模的方法。它是在分析选择合适的轨道线网结构形态和线间距的基础上，将城市规划区简化为较为规则的图形或者规则图形组合，然后以合理吸引范围来确定线间距，最后在图形上按线间距布线再计算线网规模。

$$L = S \cdot m（km）$$

其中　　　S——城市建成区面积（km^2），

m——线网密度（km/km^2）。

A：轨道交通车站的吸引范围

据统计，在市中心区，乘坐轨道交通的大多数乘客居住在距车站步行时间不大于 15 分钟的范围内。一般在车站停留时间为 3 ~ 5 分钟，步行速度为 4km/h。由此确定市中心区轨道交通车站吸引范围为 650 ~ 800m（可取 750m）。

在城市中心外围地区，步行去车站的距离每侧在 800 ~ 1000m 的范围内，除此之外骑自行车或乘公交车去车站换乘的距离不超过 2km，由此确定城市中心外围区轨道交通车站的吸引范围每侧为 2km。

B：轨道交通的线网密度

线网密度是衡量快速轨道交通有效性、方便性和可达性的一个重要指标。

线网密度是路网线路总长与城市用地面积之比。

均匀棋盘形路网条件下，轨道交通线网线间距为 1.5km 时，线网理论密度约为 1.33km/km²；线间距为 4km，线网理论密度为 0.25km/km²。

4）回归分析法

这种方法先找出影响城市轨道交通网络规模的主要因素（如人口、面积、国内生产总值、私人交通工具拥有率等），然后利用其他轨道交通系统发展比较成熟的城市的有关资料，对线网规模及各主要影响因素进行数据拟合，从中找出线网规模与各主要相关因素的函数关系式，然后根据各相关因素在规划年限的预测值，利用此函数关系式确定本城市到规划年限所需的线网规模。

$$L = b_0 \cdot P^{b_1} \cdot S^{b_2}$$

式中　　　L——城市轨道交通线路长度，km；

P——城市人口，万人；

S——城市面积，km²；

b_0，b_1，b_2——回归系数，如对世界 48 个城市轨道交通系统进行回归，其中：

b_0=1.839，b_1=0.64013，b_2=0.09966

以上方法分别体现了城市交通需求、城市人口规模和城市用地规模等主要因素对轨道线网规模的影响作用，应用时可用上式分别计算出应有的线网总长度，然后取其平均值或最大值，作为控制路网规划线路总长度的参考值。

（3）线网长度、线网密度规模指标计算方法的特点

服务水平法的优点是借鉴了其他城市的经验，计算简单，但是却存在类比依据不足，让人难以信服的缺陷。因为影响一个城市的轨道交通线网规模的因素很多，要借鉴其他城市的网络密度来进行类比分析，须得两个城市中影响网络规模的许多因素至少基本相同才具有可比性。但在现实中，很难找到两个在多方面都相近的城市。即使有，也很难说就可以拿来作为本城市设计网络规模的依据，因为被类比城市本身的网络规模就可能是不完善甚至是不合理的。因此，用这种方法很难得出一个令人信服的结果，只能作为参考。

交通需求分析法从交通需求满足供给的角度出发匡算线网规模，易于理解，但是计算数据需要进行推算。

吸引范围几何分析法的特点是根据城市用地规模和轨道交通服务水平来确定轨道交通线网规模，因此能够保证一定的服务水平，而且由于城市规模比交通流量容易控制，规划线网规模受不确定因素干扰少，可以用来确定规模范围。缺陷是没有考虑轨道交通运量的限制，而且假定将合理吸引范围覆盖整个城市用地也会导致规划线网规模偏大。

回归分析法有较强的理论根据，所得结果容易被大家所接受。但在具体应用中存在着难以寻找合适的拟合样本等问题。

总之，以上几种方法各有特点和一定的局限性，它们是对同一事物不同侧面的反映，

在实际工作中可共同使用，相互印证，重点是在把握所规划城市或地区的特点和发展趋势的基础上来对线网规模进行匡算。对各模型的差异性结果应经多方面定性分析及综合协调后加以判定。

（五）线网构架的类型

1. 路网线路间的基本关系分析

（1）路网按线路布置方式的划分

1）分离式路网。

2）联合式路网。

（2）路网线路之间的基本形态关系

1）线路之间无交叉。

2）线路之间交叉一次。

3）线路之间交叉两次及以上。

2. 路网形态结构的特征分析

（1）放射形线网

以城市中心区为核心，呈全方位或扇形放射发展。

至少以三条相互交叉的线路为基本骨架，逐渐扩展、加密。

中心区多点换乘。

放射形线网突出优点是：

方向可达性较高。

符合一般城市由中心区向边缘区土地利用强度递减的特点。

（2）设置环线的线网

环线主要有两个作用：一为加强中心区边缘各客流集散点的联系；二为截流外围区之间的客流，通过环线进行疏解，以减轻中心区的交通压力。

轨道交通网络中的环线与城市道路网中的环线，其作用有明显的差异。

在城市道路网络中，环线的作用在于分流过境交通，屏蔽中心区道路交通，虽然环线会造成车辆一定程度的绕行，但高速度可以抵消空间上的损失，因此环线对过境或跨区这样的交通出行有较大的吸引作用。

轨道交通环线的特点：轨道交通是方向固定的交通系统，受技术条件的限制，线路间的转换不能像汽车那样灵活，而是要通过换乘站的换乘来实现，而换乘的时间损耗是明显的。因此轨道交通环线的作用受到限制，尤其是交通屏蔽作用不如道路环明显。轨道交通环线的客流取决于沿线人口和就业数量，也就是环线自身串联的客流集散点的规模。

（3）棋盘式线网

优点：线网布线均匀，换乘节点能分散布置；线路顺直，工程易于实施。

缺点：该类型线网平行线路间的相互联系较差，其客流换乘需要通过第三线来完成。

据苏联有关研究，棋盘式线网的运输效率较放射线加环线线网低 18%。

轨道交通线网发展趋势：

目前世界上大城市轨道交通的发展思路大致可以概括为三种：

1）在原来的轨道交通线网基础上，开辟快车线。如巴黎，莫斯科等。

2）在原来线网的基础上，向外围延伸，线路逐渐延长。

3）轨道交通线网的规划是长远的，实施计划要分期、分段进行，保持工程实施和运营的连续性，以便尽快发挥效益。

轨道交通线网发展已经使轨道交通成为影响特大城市的结构与功能发展的重要因素，概括归纳如下：

1）轨道交通线网的系统形成，已成为整个城市客运交通的基础和骨架。

2）轨道交通线路的布局，已成为城市土地利用规划和交通规划的双重核心。

3）轨道交通车站分布，将成为吸引大量居民的中心，社会活动的中心和文化、商业聚集的中心，在城市规划结构中占有重要地位。

（六）线网规划方案的形成

1. 线网架构的基本要素

（1）主要交通走廊

主要交通走廊反映城市的主客流方向，对其识别有以下方法：

方法一：经验判断法——根据城市人口与岗位分布情况，设定影响范围，通过对线网覆盖率的判断来确定线路的走向。此法较为简单，只需将人口与岗位分摊到交通小区中并打印出相应的人口与岗位分布图，在此图上根据经验判断画出线路走向。这种方法目前使用较多，但仅考虑了人口密度的分布情况，忽视了人员出行行为的不同。因此在线网布设时可能与实际客流方向不完全吻合。

方法二：出行期望经路图法——规划年出行预测得到远期全人口、全方式 OD 矩阵；将远期 OD 矩阵按距离最短路分配到远期道路网上得到出行期望经路图；按出行期望经路图上的交通流量选线，产生初始线网。

方法三：两步聚类识别法——先通过动态聚类，将所有的交通流量对分类成 20 ～ 30 个聚类中心，而后通过模糊聚类法，以不同的截阵选择合适的分类，并进行聚类计算，最后可获得交通的主流向及流量并结合走廊布局原则及方法确定主要交通走廊。

方法四：期望线网法——这是由法国 SYSTRA 公司与上海规划设计院合作进行上海轨道交通规划时采纳的方法。此法借助于上海交通所开发的交通预测模型，也可称为蜘蛛网分配技术。这里的期望线有别于城市交通规划中通常使用的期望线，更多地考虑了小区之间的路径选择，期望线网可以清晰地表达交通分区较细情况下理想的交通分布状况。它是连接各交通小区的虚拟空间网络，在该网络上才采用全有全无分配法将公交 OD 矩阵进行分配，从而识别客流主流向确定交通走廊。

（2）主要客流集散点

主要客流集散点是在确定轨道交通线路骨架以后确定轨道交通线路具体走向的主要依据。客流集散点按照性质分为交通枢纽、商业服务行政中心、文教设施、体育设施、旅游景点和中小型工业区等。

（3）线网功能等级

不同运量等级的客运走廊需要确定中运量或是大运量的轨道交通系统，而且轨道交通在城市不同地区对城市发展与支持社会经济活动中发挥的功能也不同，轨道网络功能层次划分正是根据这一特点确定轨道线路的服务水平与等级。轨道线路功能层次可划分为市域快线、市区干线和市区辅助线。

市域快线：在市区与卫星城镇之间，为长距离出行提供快速的交通联系。

市区干线：在市区内部为中距离出行提供快速便捷的交通联系。

市区辅助线：作为市区干线的补充线，以保证整个轨道交通网络系统整体功能发挥。

2. 线网构架的一般思路

基本思路：

初始方案集生成—客流测试—方案评价—推荐线网方案的形成。

（1）面、点、线要素层次分析法

轨道交通线网构架的研究应采用定性和定量分析相结合、以定性分析为主的方法进行。所谓定性分析主要是指对城市背景的深入分析，对方案工程问题的比较论证，对远景各种边界条件的合理判断等。

所谓定量分析主要是指利用先进的预测模型，对远景交通需求分布进行预测。因此，这种规划方法也被形象地称为"规划师和模型师的有效结合"。这里的理论基础主要采自城市规划学和交通工程学中的相关理论。它既可避免主观臆断，又避免过于依赖模型而失去对模糊边界条件的合理把握，比较符合我国的实际情况。

"面""线""点"既是3个不同的类别，又是3个不同层次的研究要素：

1）"面"的分析即整体形态控制，拟定轨道交通线网基本构架。

2）"点"的分析即线网服务对象的甄选，城市大型客流集散点分析。

3）"线"的分析即交通走廊分析，线网内各线路可能的路径分析。

研究过程：

第一阶段：方案构思

根据线网规划范围与要求，分析城市结构形态与客流特征，进行"面""点""线"层次分析，通过现场勘探，广泛搜集资料，从宏观入手对线网方案进行初始研究，构思线网方案。这些方案除有各自的特点外，还有许多共性，成为线网构架方案研究的重要基础。

第二阶段：归纳提炼

对初始构思方案进行分类归纳后，又经内部筛选提炼，推出其中的部分方案，向各有关单位征求意见，并要求提出补充方案。结过"筛选—方案补充—再筛选"的提炼过程，形成基础方案。这次筛选中保留各种有较强个性的方案，合并共性方案，尽量全面听取各种思路和观点，形成代表不同政策倾向、不同线网构架特征和规模的方案。

第三阶段：方案预选

以基础方案为基础，以线网规划的技术政策和规划原则为指导，根据合理规模和基本构思要求，又进一步选择出几个典型的、不同线路走向和不同构架类型的方案，成为初步预选方案。

第四阶段：预选方案分析与交通测试

前几阶段的方案深化主要以定性分析为主，从这一阶段开始，需要通过定量分析对方案作进一步的论证，用交通模型进行测试，进入定性与定量分析相结合的系统分析阶段。

第五阶段：调整补充预选方案，并选出候选方案

通过分析和测试，预选方案均各自存在优点和不足之处，需要对其进行优化完善。在此基础上可以对方案进行补充。由于补充方案只是通过定性分析进行优化，其线网整体性能是否真正得到优化还是未知的。因此接下来对补充方案进行同等条件下的交通测试，进一步以定量分析论证，确认补充方案是优化方案，并推荐为候选方案。

第六阶段：推荐最终方案

在以上定性与定量分析基础上，又采用线网方案评价系统，对预选方案分组评价、排序，推选出优化方案。

（2）"以规划目标、原则、功能层次划分为前导，以枢纽为纲，线路为目进行编织"的方法

该方法也是定性分析与定量分析相结合，由中国城市规划设计院在《北京市城市轨道交通线网优化调整》中加以应用，注重轨道交通对城市发展和土地开发的作用，以交通枢纽为节点，以现有和潜在的客运走廊为骨干，综合考虑轨道交通线网的功能层次划分，最终建立以枢纽为核心，功能层次分明的轨道交通网络。

在这种方法中，尤其突出了枢纽类客运集散点的地位和作用，采用以枢纽为核心的"两两换乘"的设计方法实现线路之间的一次换乘，提高轨道交通线网的整体运输效益，通过在线网规划中，采取换乘枢纽整体布局来实现轨道交通线网与城市和其他交通系统的有效衔接，并将线网构建层次划分为外围层次和市区层次，由市域快线、市区干线、市区辅助线共同构筑网络状的城市快速轨道交通系统结构。其具体研究过程所划分阶段与"面、点、线要素层次分析法"的一致，所不同的是方案构思的依据侧重点不同。

（七）线网规划方案的评价

1. 交通系统评价方法概述

对规划获得的轨道交通路网规划方案集，决策者必须从中选择最优方案，做出决策。任何规划的决策最终都归结为方案评价，评价是对路网规划过程和结果的鉴定，评价的好

坏直接影响着决策的正确性。

2. 评价的基本原则和评价方法

（1）服从完善城市交通系统结构；

（2）考虑轨道网本身建设和运营的特性；

（3）对城市土地利用的影响；

（4）将可实施性计入在内；

（5）体现必要性论证的功能；

（6）注意后期的运营和建设；

（7）做发展的适应性分析。

城市轨道交通线网评价应选择符合其特点的评价方法。城市轨道交通规划决策的基本要素在于构建一个合理的准则体系，有足够可靠的信息（数据），选择适用的决策方法，并具有简捷明了的特征。如前所述，城市轨道交通规划方案评价是多属性评价过程，在实践过程中，多利用广泛使用的 AHP 法构建评价问题的递阶层次结构，通过专家咨询打分的方法确定权重，最后计算广义效用函数进行综合评判。

3. 预选方案的评价过程

（1）线网综合评价递阶层次结构构造

1）准则层的确立

确立准则层为四个要素：

B1：与城市发展的协调性

B2：对居民出行条件的改善作用

B3：运营效果

B4：建设实施性

2）指标的筛选原则

在确定了准则层后，对于指标的选取遵从实用性、非重叠性、可行性的原则。

3）专家咨询意见及指标体系的分析与调整

专家意见反馈：

在初步确立城市轨道交通线网规划方案评价指标体系的基础上，设计出专家调查材料（包括指标体系说明、评分表、意向调查及意见反馈），以信函方式向专家咨询。对专家咨询结果进行统计分析，基本满足要求时，可以不进行下一轮咨询。

指标值归一化处理。

权重及综合评价选优。

权重的确定：权重是指对于评价目标，评价系统或评价指标之间相对重要程度。权重的确定对方案比较评价的意义重大，所以需仔细分析、慎重进行。

综合评价选优：在计算出各评价指标分级指数和确定出系统及指标权重的基础上，以线性加权和法求出待评价各方案的综合效用值，选择具有最大效用值的方案为最优方案。

4. 候选方案的综合评述

经过以上过程，可以从预选方案中推选出 2 ~ 3 个（不宜过多）候选方案，对其进行综合的比较和评价，这部分评价以定性分析为主。

（1）线网结构

基本特征：该项主要比较线网特征与城市结构特点的符合程度。

线网的覆盖性和密度：线网在城市特定区域面积覆盖率应大于某一值。

对外延伸和接口条件：城市主要出入口应有轨道交通线路衔接。

（2）运营效果

承担的客运量。从轨道交通本身而言，其线路是否可行，实施后能否取得较高的运营效率和较好的经济效益，主要取决于线路未来客流量和线路负荷强度。

客流的直达性和均衡性。轨道交通线网的客流直达性可由线网客流的平均换乘系数反映，换乘系数越低，说明客流的直达性越高。线网客流的不均衡系数反映出线网各条线客流的均衡情况，不均衡系数越小，说明线路承担的客流越均衡，运营也就容易组织，运营效率也就更容易发挥，从另一个角度说，线网线路的选线就越合理。反之，运营组织就不太有利。

平均乘距和在乘时间。轨道交通线网的修建必然使城市交通的可达性提高，出行距离加长，从轨道交通本身而言，平均乘距和在乘时间的增长意味着轨道交通服务水平的提高和城市交通的改善。

（3）实施

1）近期线网的实施性。

形成与城市近期发展规模相适应的基本线网的条件是衡量整个线网方案的重要指标。近期线网的优劣可以从以下几个角度分析：与远期线网的实施是否存在矛盾；各条线路是否具备独立运营，并建成一段、运营一段的条件；各线之间是否具备良好的换乘关系；是否与城市建设发展的近期要求相适应。

2）工程难易度。

（4）社会效益

主要体现在提高旅客出行质量、对城市道路交通压力的缓解、对交通安全、交通环境保护的贡献等方面。

（5）战略发展

重点涉及与土地利用吻合程度、沿线土地开发价值以及发展适应性等方面。在城市的外围区，由于存在一些不可预见因素和城市建设过程的加快，土地利用的性质和规模都可能起变化，轨道交通线网在这些地区要保持一定的灵活性和适应性。

四、轨道交通工程可实施性规划

（一）车辆段及其他基地的选址与规模

1. 规划内容与要求

（1）车辆段及其他基地可统称为车场。它是轨道交通系统中承担车辆检修、停放、运用以及各种运营设备保养维修的重要基地。是线网规划中不可缺少的关键组成部分。车场一般规模较大，最小也要超过 10 公顷，在城市建成区范围内寻找适合车场要求的用地一般很困难，有时甚至要到城市边缘去寻找用地。因此，车场设置条件往往决定了整条线路的可行性。

（2）车场规划包括各车场的总体分布、作业分工、场址选择、规模估计，作为用地控制规划的依据。

2. 车场分类

（1）综合检修基地：综合检修基地主要包括车辆段、设备维修中心和材料设备库三部分，也可增设职工培训中心。

1）车辆段

承担车辆大修及本线车辆的段修（架修、定修、月修、临修）；

车辆日常技术检查、维修、清扫洗刷和停放；

车辆运用管理。

2）综合维修中心

承担全线空调机、通风机、电机、水泵、自动扶梯、自动售检票机、供电等机电设备的定期修理和维修保养；

承担通信、信号、防灾监控、电力监控、向导标志、管理用计算机等电子设备检修和维护；

承担车站建筑、隧道、轨道等土建工程的维修保养。

3）材料设备总库

承担轨道交通各种机电设备、备品备件、材料以及劳保用品的保管发放。

（2）车辆段：承担本线车辆的段修及清扫洗刷、停放和运用管理等。

（3）停车场：承担本线一部分车辆的技术检查、清扫洗刷、停放和运用管理。

3. 车场规划一般要求与基础条件

（1）一般要求

1）车场规划的重点是根据轨道交通规划线网进行车场选址，确定各段的合理分工及建设规模，达到控制建设用地的目的。

2）根据规范要求，每条线路宜设一个车辆段。当一条线的长度超过 20km 时，可设一个车辆段和一个停车场。在技术经济合理时，可两条线路共用一个车辆段。

3）车场应靠近正线，以利于缩短出入线长度，降低工程造价。

4）各车场线路应尽可能与地面铁路专用线相接，以便车辆及物资运输，部分车场不具备上述条件时，也可通过相邻线路过渡。

5）各车场任务和分工必须从全网统筹规划、合理布局、有序发展。试车线长度应根据场地条件和城市规划要求，在可能条件下，应尽量长一些。

6）全线网车辆的大修任务应集中统一安排，可选定在几个车辆段增设车辆大修任务，不单设大修厂。

7）培训中心可以灵活设置。

8）车场用地性质应符合城市总体规划，要求注意环境保护。

（2）规划基础条件

1）车辆检修技术标准

车辆检修技术标准对车辆检修场地规模影响很大，在规划阶段应为将来实施留有余地，因此在制定车辆检修技术标准时，应充分研究可能的各种标准，选取用地规模要求较大的作为规划标准。

2）车辆检修制式

目前各国地铁车辆检修采用两种制式，一种是厂修、段修分修制，另一种是厂修、段修合修制。

4. 车场选址的技术要点

一般每条轨道交通线设一个车辆段，若线路较长则增设停车场。

车辆段规划设计总体上主要分为三个部分：咽喉部分、线路部分及车库部分。

咽喉部分是车辆段的停车库、检修库与正线的连接地段，有出入段线和很多道岔，它直接影响整个轨道交通的正常运行。咽喉部分规划设计中既要注意保证行车安全、满足输送能力的需要，又要保证必要的平行作业，还要努力缩短咽喉区长度，尽量节省用地。

线路部分有各种不同用途的停车线、洗车线、牵出线、试运行线以及材料线等。

车库部分有停车库、定修库、架修库。停车库除了停放车辆外，还是日常检修保养的场所，所以设有检查坑。架修、定修库作定期修车用。各库之间应有便捷的联系。

车辆段选址的技术要点：

（1）车辆段、停车场的选址要选择地势平坦、地质良好、无大的水文地质影响的地域，用地应相对集中，一般为长方形，便于车辆段、停车场的布置。

（2）城市轨道交通线路一般都穿越市区，线路中部多为市中心地区，要征用车辆段那样的大规模用地很困难。因此，往往在郊外征用土地，采取在线路端部设置车辆段的方法。这种方式与线路起终点在郊外，线路中部穿过市中心的情况相配合，早上车辆由车辆段向市中心方向发车，晚上往郊外方向入车辆段，配车的损失时间减少。

（3）车辆段、停车场及本线路上的折返线三方面总的停车能力应大于本线远期的配属车辆总数。为便于列车进出，一条停车线存放的列车数不应超过 2 列。

（4）由于车辆段上除了列车停车库外，还有试车线、车辆检修设备、综合维修中心等，为充分利用这些设备，减少车辆段用地总量，应尽量将车辆段集中于一处设置。若分散布置，则所需用地面积将会增大。在技术经济合理，城市用地规划许可时，可以两条线路共用一个车辆段。当一条线的长度超过 20km 时，为减少列车空走距离，及时对车辆进行检查，可以在线路的另一端设一个停车场。

（5）车辆段和停车场应靠近正线，且位于容易铺设较顺直的出入段线路的位置，以利于缩短出入线长度，降低工程造价，改善使用条件。

（6）车辆段及停车场的选址要考虑防火灾、防水害的要求，周围应有雨、污水排放条件。

（7）各车辆段线路应尽可能与地面铁路专用线相接，以便车辆及物资运输，部分车辆段不具备上述条件时，也可通过相邻线路过渡。

（8）各车辆段和停车场的任务分工必须从全网着眼，统筹规划，合理布局，有序发展。试车线长度应根据场地条件和城市规划要求设定。

（9）整个路网车辆的大修任务应集中统一安排，并集中设一处职工培训中心。

（10）各综合检修基地及车辆段用地规模应按规划分工所承担的作业量，并考虑将来技术发展及适当留有余地进行规划。

（11）车辆段和停车场用地性质应符合城市总体规划及环境保护要求。

在车辆段中，要设置能够对全部保有车辆按列车编组进行停、放的停车线。因此，各停车线的有效长度应为（列车长度 +8m）或其 2 倍长。虽然这个条件非常苛刻，但是由于列车在运行间隔为 2min 或其以下的高密度行车状态下列车编组是不可能的，因此原则上要避免分开存车。各存车线线间距视车辆宽度而定，通常为 3.80m。

选址要考虑尽量减少拆迁、少占农田的要求，建成后尽量减少对周围居民生活的影响，尽量减少对地面交通的影响。同时，车辆段的选址要结合轨道交通系统的性质及运营特点。

对车辆段设置的要求：

（1）市区内的轨道交通系统

市区内的轨道交通、主要解决市区内部的交通问题，其目的是为加强市中心区域对周围区域的辐射及吸引力、其线路基本是郊区—中心城区—郊区，其沿线客流相对分布均衡，中心城区内客流较为集中。从运营效率来看，车辆段设在线路中部较好，早晨同时向线路两个方向发车，没有空车运营。

但是线路中部多为市中心地区、而车辆段规模很大。一般为 20~40km^2，要征用如此大规模的用地是相当困难的，若规划中没有预留，仅拆迁这一项就投资巨大。因此，一般在线路端部即郊区设置车辆段，这样早晨由车辆段向市中心方向发车，晚上往郊外方向入段，空车运营损失时间很少。若线路较长，可在线路另一端增设停车场、无论是从运营方面还是工程投资上都是较为理想的设置方式。

（2）城际间的轨道交通系统

对于城际间带有市郊铁路性质的轨道交通快速线、车辆段的设置却有所不同。因线路基本是从市区到卫星城，两端市区客流量大且高度集中、中间为郊区，客流量少且较分散，整条线路客流很不均衡，从运营效率来看，车辆段、停车场分设于两端较好，但线路两端恰好都在寸土寸金的中心城区，这样设置投资太大。当然，如条件允许、车辆段结合旧城改造进行综合开发，实现城市土地空间的合理利用、也不失为一种较好的设置方式。

5. 车场用地规模估测

车场规模的大小与其所承担的检修工作量（综合检修基地、车辆段、停车场）有密切关系，也与车场出入线和站场线路布置形式有关系。

（1）综合检修基地规模的确定

综合检修基地包括车辆大修段、机电设备维修中心和材料设备仓库三部分。

车辆大修段：关于车辆大修、架修设施的规模是按照它所承担的线路长度和列车运行参数，估算出配属的车辆数以及年大修、架修车辆数，用同类工程进行类比，确定车辆检修部分的占地面积。列车停放部分的占地面积是按照本线车辆检修作业分工，应分担的停放列车数进行估算的。

设备维修中心和材料仓库：机电设备维修中心和材料仓库的用地面积是根据它们所承担线路的长度和同类工程的平均用地指标进行估算的。

将上述三部分用地面积相加，即为综合检修基地的估算面积。

（3）车辆段规模的确定

车辆段架修、定修库及辅助设施的用地面积是按照所承担线路的长短及配属车辆数，用类比法确定。车辆段停车库的用地面积，是按照本线车辆段与停车场作业分工应分担的停放列车数进行估算的。将二者相加即为车辆段的估算面积。

（4）停车场规模的确定

停车场的规模除了车辆停放所需面积之外，还要考虑承担部分车辆的三月修、双周检和洗刷作业所需的面积。

（二）线路敷设方式规划

1. 城市轨道交通线路设计的特点

（1）线路难以改建，线路设计要作长期的考虑。

（2）线路允许的设计坡度较大。

（3）线路一般为双线，一般车站处只有 2 股道，通常每条线路设有 1 个车辆段和 1 个停车场。

（4）运距短，站点密，停车频繁，中等运营速度。

（5）车站长度较短。

2. 线路敷设方式规划的意义

轨道交通线路一般采用三种敷设方式，即地面、高架和地下。轨道交通线路采用不同的敷设方式，其用地规划控制条件将截然不同，而且对城市用地、环境以及轨道交通系统自身的工程代价产生重大的影响。

3. 线路敷设方式规划的要求

（1）线路敷设方式应根据城市总体规划的要求，结合城市现状以及工程地质、环境保护等条件，可选为地下线和地上线。

（2）线路敷设位置，应尽量选择在道路红线以内，以避免或减少对道路两侧建筑物的干扰。

（3）线路敷设方式在旧城市中心区建筑密度大的地区，应选择地下线；为了节省工程造价在其他地区应尽量选用地上线，但必须处理好对城市景观和周围环境的影响。

（4）地上线应选择道路红线较宽的街道敷设，其中高架线（包括过渡段）要求道路红线宽度一般不小于 50m（困难情况下，区间可降至 40m），地面线要求道路红线宽度为 60m。

（5）线路敷设方式还要从整个线网协调统一考虑，尤其是在线网上的交织（交叉）地段，要处理好两线间换乘或相互联络的问题。

（三）车站站位及主要换乘点规划

1. 车站站位规划

（1）有利于车站用地控制。

（2）有利于城市土地利用规划的调整和配合。

（3）有利于沿线大型建设项目的配合。

（4）有利于规划可实施性研究的进行。

（5）有利于其他交通方式衔接和客流发展倾向的引导。

考虑要点：

（1）为获得较好的客流吸引能力，车站应与既有或规划客流集散点、道路系统和其他交通方式枢纽靠近。

（2）与周边土地利用性质和发展意图匹配。

（3）满足运营在最短站间距、旅行速度、列车牵引特性等方面的要求。

（4）满足工程可实施方面的要求，如线路、土建、设备或施工组织等。

2. 站间距的确定

（1）从乘客总出行时间的角度优化站间距

（2）最优站间距的变化

（3）站间距对工程、运营及城市发展的影响车站的间距大小会对乘客出行时间、运营费、工程费以及车站在城市中的作用等多方面产生错综复杂的影响，应综合考虑，合理确定。

一般城市轨道交通的合理站间距范围在 0.8 ~ 1.6km 之间，城区用得小一些，郊区用得大一些，可在 2~3 以上。

车站的间距大小会对乘客出行时间、运营费、工程费以及车站在城市中的作用等多方面产生错综复杂的影响，应综合考虑，合理确定。

一般城市轨道交通的合理站间距范围在 0.8 ~ 1.6km 之间，城区用得小一些，郊区用得大一些，可在 2~3 以上。

在布设轨道交通车站时，除了考虑合理站间距的条件之外，还要考虑以下因素。

（1）站间距离要尽量均衡些；

（2）站位应设于汇集大量客流的重要场所附近，并能和其他交通方式方便换乘的地方；

（3）设站要考虑该地区的发展，与城市规划相协调；

（4）具体站位还要考虑施工条件、道路状况、交叉口等道路形态及地面交通情况。

3. 换乘点规划

（1）换乘点在线网中的作用

换乘点是线网构架中各条线路的交织点，是提供乘客转线换乘的重要地点，乘客通过换乘点的车站及其专用或兼用通道设施，实现两座车站之间人流沟通，达到换乘的目的。

换乘点的研究重点：

换乘点分布。

换乘方式的可能性分析。

（2）换乘方式的基本类型

换乘方式首先决定于两条线路的走向和相互交织形式。一般常见的有垂直交叉、斜交、平行交织等多种形式，但归纳到换乘方式，可分为：同站台换乘、结点换乘、站厅换乘、通道换乘、站外换乘等。

（3）换乘方式的选择

相关因素：

两条线的修建顺序。

两条线路交织形式和车站位置。

换乘客流量和客流组织方式。

线路和车站结构形式和施工方法。

周围地形条件、地质条件、规划的地面和地下空间开发要求等。

换乘方式的选择首先要定换乘点，再定线路与车站位置（包括车站形式），同时选择车站换乘方式，最终进行车站设计时，确定换乘结构形式。

（4）换乘点的分布原则

线网中任意两条线路应尽可能相交 1～2 次。

换乘结点应适当分散，避免过分集中在城市中某个狭小区域。

换乘结点最好为两线交叉，有利于分散换乘客流，合理控制换乘站规模，简化换乘站客流组织，降低工程施工难度，节省工程造价，有利于车站维持良好乘车秩序，组织高密度行车，有利于提高运行质量。

换乘结点应尽量避免 3 条以上线路交叉于一点，否则，一方面换乘客流干扰较大，另一方面工程难度较大。

换乘点应主要分布于城市重点区域，如中心区或外围特大型客流集散点。

（四）联络线规划

1. 联络线的作用

（1）车辆跨线运营。

（2）调转运营车辆。

（3）运营车辆送修。

（4）向新建线运送物料。

（5）线路之间车辆救援。

2. 联络线的布置形式

（1）双线联络线。

（2）单线联络线。

（3）渡线联络线。

3. 联络线数量分析

（1）联络线的最大数量。

（2）联络线的最小数量。

（3）联络线的数量选择。

4. 联络线设置的一般要求

（1）联络线是一种辅助线路，利用效率低，一般都按单线双向运行设计。

（2）为大修车辆运用设置的联络线，要尽可能设在最短路径的位置上，同时要考虑到工程实施的可能性。

（3）联络线的设置要考虑线网的修建顺序，使后建线路通过联络线从先建的线路上运送车辆和设备。

（4）联络线的布局，应从线网的整体性、灵活性和运营需要综合考虑，使之兼顾多种功能，发挥最大的经济效益。

（5）联络线的设置应根据工程条件并考虑和其他建设项目的关系，在确保联络线功能的同时，减少对其他项目的影响。

（6）联络线尽量在车站端部出岔，便于维修和管理。困难情况下也可在区间出岔，但应注意避免造成敌对进路。

（7）联络线的设置应考虑运营组织方式，要注意线路制式及限界的一致性。

5. 联络线的设计方法

（1）主通道增长法。

（2）建设成本优化法。

（五）线路建设顺序规划

1. 修建顺序规划的原则

（1）线网实施规划是一项长远规划，因此既要有预见性，又要有灵活性。近期年限（一般为10年）以前要突出可实施性，远期线网要适应远景的城市总体规划的发展，既有宏观的控制性，又留有相应调整的可能性。

（2）线网实施顺序必须与城市发展规划相结合，与土地开发，重点项目建设相结合，支持城市总体规划实施。

（3）制定实施顺序受三个根本因素制约：工程投入、交通效果、城市政策。

（4）线网实施规划必须有重点、有层次，先建核心层，再向外延伸，循序发展。

（5）线网实施规划应分步实施。实施规划的重点是近期，近期实施的线网规模应注重需求因素和综合实力分析。

（6）线网规划的实施顺序要讲实效，应考虑工程和运营的连续性、效益性，首先要支持现有线路的客流增长。

（7）线网中各条线路实施规划，必须同时考虑车场的配置、行车组织方案，以及所需的配套线路工程。

2. 近期的线网修建规模

（1）按客运需求分析。

（2）按线网覆盖密度分析。

（3）按投资可能性计算。

（六）线网运营规划

1. 运营规划的目的和内容

运营规划的目的是进一步对线网布局的合理性进行验证。

内容：

（1）各线运量等级划分。

（2）研究各线路的功能定位及运营组织方式。

（3）确定系统主要设备（如车辆制式）选型。

（4）论证并规划不同等级的运营方式及特殊运营模式。

2. 各线运量等级的划分

轨道交通运量等级：大运量、中运量。

3. 列车运营组织方式

（1）基本方式

全线独立运营方式。

分段延伸运营方式。

"Y"型线的运营方式。

（2）"Y"型线的运营方式

五、轨道交通系统线路设计

（一）线路总体设计

线路设计是在已经确定的城市轨道交通线网条件下，研究某一条或某一段线路的具体位置，确定相关细节，包括线路的路由方案、敷设方式以及站点选择等。

1. 线路的走向与路由

（1）所需资料。

（2）线路方向及路由选择。

1）线路方向及路由选择要考虑的主要因素

线路的作用：

客流分布与客流方向。

城市道路网分布状况。

隧道主体结构施工方法。

城市经济实力。

2）通过特大型客流集散点的路由选择。当特大型客流集散点离开线路直线方向或经由主路时，线路路由有下列方式可供选择。

路由绕向特大型客流集散点。

采用支路连接。

延长车站出入口通道，并设自动步道。

调整路网部分线路走向。

调整特大型客流集散点。

3）路由方案比选。路由对线路工程建设和城市发展影响重大，应多做路由方案比较。吸引客流条件、线路条件、施工条件、施工干扰、对城市的影响、工程造价、运营效益等，是路由方案比选的主要内容。

4）影响线路的走向与路由确定的因素

线路的性质、作用及地位。

客流集散点和主客流方向。

城市道路网及建设状况。

线路的敷设方式和技术条件。

与城市发展的近远期结合。

2. 线路敷设方式

地下线：一般选择在城市中心繁华地区，是对城市环境影响最小的一种线路敷设方式。

地面线：是造价最低的一种敷设方式，一般敷设在有条件的城市道路或郊区。

高架线：介于地面和地下之间的一种线路，既保持了专用道的形式，占地较少，又对城市交通干扰较小。

线路与地面建筑物之间的安全距离。

地下线与地面建筑物之间的安全距离。

高架线与建筑物之间的安全距离。

地面线与道路及建筑物之间最小安全距离。

线路位置方案比选：

线路条件比较：包括线路长度、曲线半径、转角等。对于小半径曲线，在拆迁数量、拆迁难度、工程造价增加不多的情况下，宜推荐较大半径的方案，若半径大于或等于400m，则不宜增加工程造价来换取大半径曲线。

房屋拆迁比较：包括拆迁房屋数量、质量、使用性质、拆迁难易等的比较。质量差的危旧房屋可以拆，住宅房易拆迁，办公房次之，工厂厂房难拆迁；学校、医院等单位，一般要邻近安置；商贸房异地搬迁，在市场经济的条件下，拆迁难度大。

管线拆迁比较：包括上下水管网、地下地上电力线（管）、地下地上通信电缆线（管）、煤气管、热力管等的数量、规格、费用及拆迁难度比较。大型管道改移费用高，下水管改移难度大。

改移道路及交通便道面积比较：包括施工时改移交通的临时道路面积及便桥，恢复被施工破坏的正式路面及桥梁等。

其他拆迁物比较：不属于上述拆迁内容的其他拆迁。

地铁主体结构施工方法比较：包括施工的难易度、安全度、工期、质量保证、市民生活的影响等方面的综合分析评价。

3. 车站的数量及其分布

（1）车站分布原则

应尽可能靠近大型客流集散点，为乘客提供方便的乘车条件；

在城市交通枢纽、地铁线路之间与其他轨道交会处设置车站，使之与道路网及公共交通网密切结合，为乘客创造良好的换乘条件；

应与城市建设密切结合，与旧城房屋改造和新区土地开发结合；

尽量避开地质不良地段，尽可能减少对周围环境的干扰；

兼顾各车站间距离的均匀性。

（2）影响车站分布的因素

大型客流集散点。

城市规模大小。

城区人口密度。

线路长度。

城市地貌及建筑物布局。

轨道交通路网及城市道路网状况。

对站间距离的要求。

（3）车站分布对市民出行时间的影响

车站数目的多少，直接影响市民乘地铁的出行时间。车站多，市民步行到站距离短，节省步行时间，可以增加短程乘客的吸引量；车站少，则恰恰相反，提高了交通速度，减少乘客在车内的时间，可以增加线路两端乘客的吸引量。市民出行对交通工具的选择，快捷省时条件排在第一位。如芝加哥市滨湖线的不同站间距比较，结果是大站距（1.6km）比小站距（0.8km）多吸引客流量3%。

（4）车站分布比选

由于车站造价高，车站数量对整个轨道交通的工程造价影响较大，在进行线路规划时，一般要做2～3个车站数量与分布方案的比选，比选时要分析乘客使用条件、运营条件、周围环境以及工程难度和造价等几个方面，通过全面、综合地评价，确定推荐方案。

（5）车站站位选择原则

方便乘客使用。

与城市道路网及公共交通网密切结合。

与旧城房屋改造和新区土地开发结合。

方便施工，减少拆迁，降低造价。

兼顾各车站间距离的均匀性。

（二）线路平、纵断面设计

线路平纵断面设计是在线路规划方案的基础上确定线路在城市空间中的详细位置，它一般分可行性研究、初步设计和施工设计等几个阶段。

1. 线路设计的技术资料

（1）城市规划类：城市总体规划、分区规划、城市轨道交通系统路网规划、客流预测、大型交通枢纽点规划、道路规划红线、规划管线、规划人防设施等。

（2）现状资料：现状地形图、工程地质及水文地质资料、水文气象资料、文物保护及建筑物资料、主要构筑物及基础资料、市政及人防设施资料等。

（3）工程前期研究资料：（预）可行性报告及批件、各级政府对工程的会议纪要、批示、规划部门的规划意见等。

（4）其他相关资料：车辆配备及车辆技术参数资料、既有线运营技术经济指标及客流统计资料、既有线主要技术标准等。

2. 主要设计原则

线路路径应以城市轨道交通路网规划为依据，调整要有充分理由。

新线长度一般不宜小于 10km，以保证运营效益。

线路敷设形式：在市中心区，宜采用地下线；在市中心区外围，且街道宽阔，宜首选地面和高架线。

轨道线路与其他线路相交，应采用立体交叉方式。

地下线平面位置和埋设深度应根据地面建筑物、地下管线和其他地下构筑物现状与规划、工程与水文地质条件、结构类型和施工方法以及运营要求等因素，经技术经济综合比较确定。

车站应布设在主要客流集散点和各种交通枢纽点上，尤其是轨道交通线网规划的换乘点。

经过市郊铁路车站时，应设站换乘；有条件时宜预留接轨联运条件。

3. 线路平面设计

在确定线路路由的情况下，对线路的平面位置、车站的站位以及全线的辅助线进行详细分析和计算，以最终确定线路的准确位置。

（1）线路的平面位置

1）地下线，有三种位置：

A 位：位于道路中心，对周围建筑物干扰较小，施工相对容易，是较为普遍的一种线路位置，但若采用明挖法，对道路交通干扰较大。

B 位：位于规划的慢车道和人行道下方，施工时能减少对城市交通的干扰和对机动车路面的破坏，但由于它靠建筑物较近，市政管线较多且线路不易顺直，需结合站位设置统一考虑。

C 位：位于道路规划红线以外，是在特殊情况下采用的一种线路位置，如线路上方建筑物较多，施工时需采用特殊的处理方法或带来较大的拆迁量。

2）高架线

高架线在城市中穿越时一般沿道路设置，一般应结合规划道路的横断面考虑，设于车行道分隔带上。

高架时有两种方案：线路位于道路中心的方案对道路景观较为有利，环境干扰也相对较小，是采用较多的一种线路形式。

线路位于快慢车分隔带上，对一侧建筑物干扰小，但对另一侧干扰大，适用于道路两侧环境要求不一样的地区。

3）地面线

通常用在沿铁路、河流或城市绿地带的线路上。

城市道路上设地面线一般有两种位置。

（2）车站位置

1）跨路口站位

这种站位便于各个方向的乘客进入车站，减少了路口人流与车流的交叉干扰，而且与地面公交线路有良好衔接。在有条件时应优先选用。

2）偏路口站位

这种站位偏路口一侧设置，施工时可减少对城市地面交通以及对地下管线的影响，高架时，较容易与城市景观相协调。不过，其缺点是路口客流较大时，容易使车站两端客流不均衡，影响车站的使用功能。一般在高架线或路口施工难度较大时采用。

3）位于道路红线以外站位

典型的有：设于火车站站前广场或站房下，以利客流换乘；与城市其他建筑同步实施，和新开发建筑物相结合；结合城市交通规划，建设城市综合交通枢纽等。

（3）辅助线类型及其设计

1）折返线和临时折返线

地铁规范规定："线路的每个终点站和区段运行的折返站，应设置折返线或渡线，它的折返能力应与该区段的通过能力相匹配。当两折返站相距过长时，宜在沿线每隔 3 ~ 5 个车站的站端加设渡线或车辆停放线。"

站前折返方式：指列车经由站前渡线折返。

优点：站前折返时，列车空走少，折返时间较短，乘客能同时上下车，可缩短停站时间，减少费用。

缺点：这种方式存在一定的进路交叉，对行车安全有一定威胁，客流量大时，可能会引起站台客流秩序的混乱。

站后折返方式：站后折返由站后尽端折返线折返，可避免进路交叉。此外，列车还可采用经站后环线折返的方法。

优点：站后折返避免了前述进路交叉，安全性能好；而且，站后列车进出站速度较高，有利于提高旅行速度。一般说来，站后尽端折返线折返是最常见的方式。

站后渡线方法则可为短交路提供方便；环形线折返设备可保证最大的通过能力，但施工量大，钢轨在曲线上的磨耗也大。

缺点：站后折返的不足是列车折返时间较长。

2）存车线

与折返线结合设置。

单独设置。

3）车场出入线

4. 线路纵断面设计

在纵断面设计中，主要是确定洞口以及过渡段的位置和形式。

（1）确定敷设方式和过渡段

轨道交通线路由地下过渡到地上，线路纵断面设计可采用以下步骤进行：

在道路中间开口。即在道路中间设置过渡段，可分为双线同时出洞和单线先后出洞两种形式。

在道路红线以外开口。

结合地形等环境条件开口。

（2）线路设计中的控制点分析

各种敷设方式分界点确定后，要对不同敷设方式地段进行控制高程点分析。控制点包括以下几种：

地下线结构顶板覆土厚度

当地下线位于城市道路下方时，要考虑路面铺装和管线要求，一般地，隧道结构顶板距地面为 2 ~ 3 米；

当地下线位于城市公园或绿地时，要考虑植被的最小厚度，一般草坪为 0.2 ~ 0.5 米，灌木为 0.5 ~ 1.0 米，乔木为 1.5 ~ 2.5 米；

当地下线位于经常水面下方时，要考虑隔水层厚度要求，一般为 1 米左右；

当地下线作为人防工程时，应考虑防空工程的最小覆土要求；

在寒冷地带应考虑保温层最小厚度要求。

地下管线及构筑物

在明挖车站遇地下管线时，应尽可能考虑改移，以减少覆土厚度，方便乘客出入。

地下隧道结构以明挖法通过地下管线或地下构筑物时，隧道与管道（构筑物）可不留土层，甚至两者共用结构。地下隧道以暗挖法通过地下构筑物、楼房基础时，两结构之间应保持必要的土层厚度，最小厚度应根据结构要求而定。

地质条件：当地下线路遇到不良地质条件时，主要是淤泥质粘土及流沙地层，应尽量考虑躲避，若躲避有困难时，应采取工程措施。

施工方法：地下线采用明挖法时，为减少土方开挖量，线路埋深应尽可能地浅；当采用暗挖法时，应选择较好地层，一般埋设深度较深。

排水站位置：地下线排水站一般设于线路纵断面的最低点。因此纵断面设计要考虑排水站的位置。

桥下净高：线路为高架线时，桥下净高最小值受通行的车船高度控制，应按相关铁路、道路、航运等有关规范执行。

防洪水位：地面线路基、地下线的各种地面出口部，应按 100 年一遇的洪水位设计。

（3）线路纵断面方案设计要点

坡段应尽可能长，以保证列车安全平稳地运行，提高乘客的舒适度；

尽量设计成节能坡道，即车站位于纵断面高处，区间位于低处，车站之间形成凹形坡，以便于列车运行时节省能源；

左右线坡道的设计应根据区间结构形式确定，当两线位于同一隧道时，左右线坡度应一致，在曲线地段，左线坡度进行调整，使曲线范围内同一法线断面上的左右线标高相同；当左右线分设单线隧道内，应使车站范围内左右线坡度及标高一致。

车站站台和道岔范围内不应设置竖曲线，竖曲线也不应与平面缓和曲线重叠；

相邻坡段坡度代数差不受限制。

（4）坡度计算及制图

坡度计算包括竖曲线要素计算和轨顶标高计算。

地铁规范规定，当两相邻坡道坡度代数差等于或大于 2‰ 时，应采用竖曲线连接，竖曲线采用圆曲线形式，其半径根据线路技术标准选定。

竖曲线要素计算应包括竖切线长度计算和竖曲线高程改正值计算。

线路轨顶标高的计算包括百米及公里标、控制加标、车站中心、道岔中心、线路最低点以及结构变形缝等处的标高计算。

纵断面图上应标注的内容：

（1）基础资料部分，包括：地面线及其跨越道路立交、河床底、航行水位、洪水位、铁路、高压线等标高；地下管线及建筑物基础标高、规划的道路、铁路、地下管道标高；地质纵断面及地下水位等。

（2）轨顶设计线以及相应的结构示意线。

（3）地面高程及设计线路变坡点、站中心高程的数据。

（4）各坡段的坡度、坡长。

（5）竖曲线要素及改正值。

（6）平曲线示意及要素。

（7）公里标、百米标及重要点里程等。

六、轨道交通车站设计

（一）车站总体设计

车站是轨道交通系统最重要的现代建筑类型，它们除了提供旅客上下车以外，还具有一系列功能：购物、聚会及作为城市景观。

1. 车站设计的原则与目标

（1）车站选址要满足城市规划、城市交通规划及轨道交通路网规划的要求，并综合考虑该地区的地下管线、工程地质、水文地质条件、地面建筑物的拆迁及改造的可能性等情况合理选定。

（2）车站总体设计要注意与周围环境的协调，如与城市景观、地面建筑规划相协调。

（3）车站的规模及布局设计要满足路网远期规划的要求。

（4）车站站位应尽可能地靠近人口密集区和商业区，最大限度地方便乘客出行。

（5）车站的设计应尽可能地与物业开发相结合，使土地的使用达到最经济。

（6）车站的设计应简洁明快大方、易于识别，并应体现现代交通建筑的特点，同时还应与周围的城市景观相协调。

（7）车站设计应能满足设计远期客流集散量和运营管理的需要，应具有良好的外部环境条件，最大限度地吸引乘客。

（8）车站应在满足使用功能的前提下，尽量缩小建筑空间，使其规模、投资达到最合理。

（9）车站公共区应按客流需要设置足够宽度的、直达地面的人行通道，出入口的布置应积极配合城市道路、周围建筑、公交的规划等因素综合考虑，通道和出入口不应有影响乘客紧急疏散的障碍物。车站设计要尽量兼顾过街人行通道的要求。

（10）贯彻以人为本的思想，车站需解决好通风、照明、卫生等问题，以提供乘客安全、快捷和舒适的乘降环境。在经济条件许可下，也应尽量从以人为本的出发点来考虑设计标准。

（11）车站考虑防灾设计，确保车站的安全性。

（12）车站设计要考虑其经济性。

2. 车站的分类与组成

（1）车站分类

按车站与地面相对位置分为地下车站、地面车站和高架车站；

按车站的运营性质可分为终点站、一般中间站、中间折返站和换乘站等；

按车站结构形式和施工方法分为明挖站、暗挖站等；

按车站站台形式分为岛式车站、侧式车站、一岛一侧、一岛两侧等车站形式。

按车站服务的对象及功能可以分为城市标志（landmark）站（作为城市的象征或著名建筑物）、与干线或机场等交通连接的换乘枢纽站（完成与机场或其他交通方式的接续运输过程）、市郊地区车站、农村地区车站等。

（2）车站的组成

大型轨道交通系统的车站一般由四部分组成：

1）车站大厅及广场，是乘客、游客和商人聚集的地方；

2）售票大厅，为乘客出售列车客票；

3）站台，直接供乘客乘降车使用；

4）旅客不能到达的地方，如车站办公室、仓库、维修设施及铁路股道等。

一般由车站主体、出入口及通道、通风道及风亭（地下）和其他附属建筑物组成。

车站主体是列车的停车点，它不仅要供乘客上下车、集散、候车，一般也是办理运营业务和运营设备设置的地方。

车站主体根据功能可分为两大部分：

1）乘客使用空间：又可分为非付费区和付费区。

非付费区的最小面积一般可以参照能容纳高峰小时 5min 内聚集的客流量的水平来推算。

对于一般的城市车站来说，通常非付费区的面积应略大于付费区。

2）车站用房：包括运营管理用房、设备用房和辅助用房。

运营管理用房：包括站长室、行车值班室、业务室、广播室、会议室和公安保卫室等。

设备用房：包括通风与空调房、变电所、控制室等。

辅助用房：包括卫生间、茶水间等。

车站用房应根据运营管理需要设置，在不同车站只配置必要房间，尽可能减少用房面积，以降低车站投资。

（3）车站的规模

在进行车站总体布局以前，要确定车站的规模。车站规模直接决定着车站的外形尺寸及整个车站的建筑面积等。轨道交通车站的规模主要是根据车站设计客流量（容量）确定的。一般可以参照日均乘降客流量和高峰小时客流乘降量来综合确定。

地铁车站规模主要根据车站远期预测客流以及所处位置确定，一般可分三级：

A 级：适用于客流量大、地处大型客流集散点以及地理位置十分重要的车站；

B 级：适用于客流量较大、地处市中心或较大居住区的车站；

C 级：适用于客流量较小、地处郊区的各站。

（4）车站的风格

车站是空间、光和结构三者协调的一门艺术。车站是由物质实体（如墙、门窗、柱、梁板和屋顶等）及其所包围的空间组成。空间是建筑的目的，实体是建筑的手段。

1）古典风格

一般使用木材、石料、砖等传统建筑材料；其特点是内外墙面、柱及屋顶等各部分都有复杂的装饰、彩画、雕刻。

古典风格可以创造一种富丽堂皇的宫廷建筑形式，适合在穿越具有历史保护价值的古建筑群内或附近建设的车站，显示车站建筑对历史的尊重。

2）现代风格

与古典风格对应，它一般采用钢、混凝土、玻璃、有机材料等建筑材料；其特点是墙面、柱、顶等部分的装饰简洁明快。现代风格忽视传统，追求技术运用的效果，如玻璃的透彻、混凝土的可塑性、钢的清秀，强调材料的质感、色彩、纹理，时代感强，适合现代快节奏社会中人们的审美情趣，且可采用现代技术施工，速度快，经济性好，是多数车站采用的风格。

3）民族风格

由于每个民族都有不同的文化特点和审美情趣，建筑领域内民族风格特色往往体现在形象方面。例如，汉族的建筑色彩较为热烈，西洋建筑则较注重本色；中国民族建筑以木质居多，形象轻盈剔透，西洋建筑以石料为多，常显得比较厚重；中国建筑多来自神话与传说，西洋建筑更多体现宗教，等等。

4）地方风格

主要考虑地理因素的变化。我国内陆地区多为少雨干旱地区，北方地区又有较多的风沙，这些导致建筑风格的变化。就我国而言，寒冷地区的建筑要厚重一些、封闭些；热带地区的建筑要轻巧、通透些，西北干旱地区可设计平顶建筑，而多雨地区则一般设计陡急的坡屋顶。

5）个人风格

在建筑设计活动中，设计者或称建筑师发挥着重要作用。实际上，建筑师本人就具有特定民族、地域、时代和文化背景，其作品不仅反映这些民族、时代的特点，还要反映由其本人的特定经历所决定的个性。这种个性就是建筑师的个人风格。

无论什么风格的车站建筑，均需符合形式美的规律，这种形式美就是多样统一。这种多样统一包括以下内涵：

主从与重点；

均衡与稳定；

对比与和谐；

韵律与节奏；

比例与尺度。

要注意车站设计的整体性。

3. 地下车站总平面布局

包括车站中心的位置（站位）、车站外轮廓的范围以及出入口风亭的确定等，它是车站设计的关键环节。

（1）车站平面布置原则

1）站厅层布置应分区明确，依据出入口的位置和数量、楼梯与扶梯的位置和数量、售检票系统的位置和数量以及换乘要求对客流进行合理的组织，避免和减少进出站客流的交叉，合理布置管理、设备用房，应满足各系统的工艺要求。

2）站台层布置需以车站上下行远期超高峰小时设计客流量来计算站台宽度，根据线路走向及换乘要求确定站台形式。根据车站需要布置设备或管理用房区。

3）车站出入口应设置于道路两边红线以外或城市广场周边，需具有标志性或可识别性，以利于吸引客流、方便乘客。有条件的出入口考虑地面人行过街的功能。出入口规模应满足远期预测客流量的通过能力，并考虑与其他交通的换乘和接驳大型公共建筑所引起的客流量。

4）车站主要服务设施应包括自动扶梯、电梯、售票机、检票机、空调通风设施等。

（2）车站总平面布局设计的步骤

1）分析影响因素，确定边界条件

影响车站站位和总平面布局的因素：

周围环境：现状道路及交通条件、公交及其他交通方式站点设置、文物古迹、自然条件等。

建筑物拆迁和管线改移条件。

施工方法：结合地质条件考虑。

客流来源及方向：根据主要客流来源和方向，考虑站位和出入口通道设置。

综合开发的条件：使车站与其他建筑物结合。

2）根据功能要求构思总体方案

以换乘为主要功能的车站。主要考虑乘客的换乘条件，以尽可能减少换乘距离为主要因素进行设计，并留有足够的换乘能力。

接驳大型客流集散点的车站。要考虑突发性客流特点，留有足够的乘客集散空间，并创造快捷的进出站条件。

有列车折返运行需要的车站。以列车在车站的运营能力为主，考虑车站配线设置以及由此带来的车站站位及平面布局的变化。

有与建筑物开发结合要求的车站。应考虑结构的统一性，并分清各种客流的流向，要使进出站客流有独立的通道，并尽量减少与其他客流的交叉干扰。

有其他特殊功能需要的车站。包括远期需进一步延伸的起点站、与其他交通系统的联运站等。

3）确定出入口、风亭数量和位置

《地铁设计规范》规定："车站出入口的数量，应根据客流需要与疏散要求设置，浅埋车站不宜少于四个出入口。当分期修建时，初期不得少于2个。小站的出入口数量可酌减，但不得少于2个。"

风亭的数量和采取的通风与空调方式有关，一般由环控专业确定。

4）绘制车站总平面布置图

根据设计阶段，图纸内容深度不同，它一般在1/500地形图上进行，主要包含以下内容：

站中心的详细位置，包括线路里程、坐标等；

车站主体的外轮廓尺寸，包括端点的线路里程、关键点的位置坐标等；

出入口、风亭通道的位置、长度、宽度；

出入口、风亭的详细位置、尺寸、坐标等；

车站线路及区间的连接关系；

车站周围地面建（构）筑物情况、地形条件等；

与车站有关的设施情况等。

4. 地下车站形式及其设计

（1）车站设计的主要标准

1）站台的长度及宽度

站台长度 L 为远期列车编组长度加上允许的停车不准确距离。

$$L=l \cdot n+4（m）$$

对于远期列车编组在 6 ~ 8 辆的轨道交通系统，站台长度一般在 130 ~ 180 米。

站台宽度

我国目前现行的规范和标准对站台宽度尚无统一计算方法。

2）车站大厅设置

站厅的面积主要由远期车站预测的客流量大小和车站的重要程度决定，目前还没有固定的计算方法，一般根据经验和类比分析确定。

3）检售票设置

售票可分为人工售票、半人工售票及自动售票三种。人工售票与半人工售票亭的尺度相同，半人工售票的方式为人工收费找零、机器出票，售票机将作为主要售票设备。

人工售票亭、自动售票机数量计算公式如下：

$$N_1=M_1K/m_1$$

式中　　　M_1——使用售票机的人数或上下行上车的客流总量（按高峰小时计）；

　　　　　K——超高峰系数，选用 1.2 ~ 1.4；

　　　　　m_1——人工售票每小时售票能力，取 1200 人 / 小时；

自动售票机每小时售票能力取 600 人 / 小时 / 台。

进出站检票口的数量必须根据高峰小时客流量来计算。

检票口计算公式：

$$N_2=M_2K/m_2$$

式中　　　M_2——高峰小时进站客流量（上下行）或出站客流量总量；

　　　　　K——超高峰小时系数，选用 1.2 ~ 1.4；

　　　　　m_2——检票机每台每小时检票能力，取 1200 人 / 小时 / 台。

4）楼梯及通道尺寸设置

自动梯和楼梯台数及宽度的计算，以出站客流乘自动梯向上到达站厅层考虑。

自动梯台数的计算：

$$NK/n_1 n$$

式中　　　N——预测下客量（上下行）（人／小时）；

K——超高峰系数，取 1.2 ~ 1.4；

n_1——每小时输送能力 8100 人／小时（自动梯性能为梯宽 lm，梯速为 0.5m/s，倾角为 30 度）

n——楼梯的利用率，选用 0.8。

楼梯和通道的尺寸一般要在满足防灾要求基础上，根据客流量计算确定，它可采用如下公式计算：

$$B=Q/N+M$$

式中　　　B——楼梯或通道宽度（米）

Q——远期每小时通过人数

N——楼梯和通道的通过能力（人／小时）

M——楼梯或通道附属物宽度

5）站台高度

站台按高度可分为低站台和高站台。

站台与车厢地板高度相同称为高站台，一般适用于流量较大、车站停车时间较短的场合。高站台对残疾人、老年人上下车也很有利。考虑到车辆满载时弹簧的挠度，高站台的设计高度一般低于车厢地板面 50 ~ 100mm。

6）轨道中心与站台边缘距离

根据车辆类型确定的建筑限界给定了从轨道中心到站台边缘的距离，实际设计时还要考虑 10mm 左右的施工误差。若轻轨车体宽度为 2.6m，则轨道中心线至站台边缘的距离可选定为 1.4m。

7）车站照明设施配置

整体照明是轨道交通车站照明的主要形式，它要考虑布置方式及照明灯具的形式，一般以长条形日光灯为主，具有较好的显色系数。也可组合其他形式的荧光灯和一些筒灯布置，灯具尽量以直接照明的方式布置，这样有利于提高光照效率和便于维修更换灯具。灯具的布置形式要和顶面用材形式有机结合，这样才能取得较好的光照艺术效果。

8）无障碍设计

一种是车站位于道路地面以下，出入口位于道路的两侧，残疾人乘坐的轮椅可挂在楼梯旁设置的轮椅升降台下至站厅层，然后再经设置于站厅的垂直升降梯下达到站台，另外也可以直接自地面设置垂直升降梯，经残疾人专用通道到达站厅，然后再经设置于站厅的垂直升降梯下达到站台。盲人设置有盲道自电梯门口铺设盲道通至车厢门口。

另一种形式是车站建于街坊内的地下，车站的垂直升降梯可直接升至地面，因此，在地面直接设有残疾人出入口，以方便残疾人的使用。

9）设备用房和管理用房

车站用房面积受组织管理体制，设备的技术水平等制约，变化较大。它一般根据工程的具体特点和要求，由各专业根据本专业的技术标准和设备选型情况，结合本站功能需要进行确定。

10）风亭、风道及其他附建物

风亭、风道的面积取决于当地气候条件、环控通风方式和车站客流量等因素，由环控专业计算确定。

11）车站防灾设计

A：车站紧急疏散

车站内所有人行楼梯、自动扶梯和出入口宽度总和应分别能满足远期高峰小时设计客流量在紧急情况下，6min内将一列车满载乘客和站台上候车乘客（上车设计客流）及工作人员疏散到安全地区。此时车站内所有自动扶梯、楼梯均作上行，其通过能力按正常情况下的90%计算。

垂直电梯不计入疏散能力内。车站设备用房区内的步行楼梯在紧急情况下也应作为乘客紧急疏散通道、并纳入紧急疏散能力的验算。车站通道、出入口处及附近区域，不得设置和堆放任何有碍客流疏散的设备及物品，以保证疏散的畅通性。

B：车站消防

车站内划分防火分区，中间公共区（售检票区或站台）为一个防火分区，设备用房区各为一个防火分区。有物业开发区的车站，物业开发区为独立的防火分区。每个防火分区内设两个独立的、可直达地面的疏散通道。所有的装修材料均按一级防火要求控制。

C：车站防洪（涝）

车站防洪（涝）设计按有关设防要求执行。地面站应考虑防洪要求。

12）车站装修

车站装修根据交通性建筑的特点，即以速度、秩序、安全、通畅、易识别性等为前提，力求简洁明快，体现交通建筑的特色。装修设计既要考虑全线车站的统一性，还要有各自的个性。所选择的装修设计手法、材料、机理、色彩力求与地面环境、车站规模以及站内环境相协调，同时改善地下封闭空间的沉闷和压抑感。

所运用的装修材料具有不燃、无毒、经济耐久及便于清洗的性能，在公共区人流集中或接触到的地方，同时具有足够的强度和抗冲击性。地面及楼梯装饰材料采用防滑、耐磨材料。

按需要在设备与管理用房及公共部分考虑采用具有吸音，防潮性能的装修材料。

（2）典型车站形式

1）地下岛式（侧式）双层（局部双层）车站

是国内最常用的一种车站形式。一般采用明挖法施工，必要时也可采用暗挖施工，它埋置深度一般不超过20米。

　　岛式车站空间利用率高，可以有效利用站台面积调剂客流，方便乘客使用，站厅及出入口也可灵活安排，与建筑物结合或满足不同乘客的需要。缺点是，车站规模一般较大，不易压缩。

　　侧式车站不如岛式车站站台利用率高，对乘客换方向乘车也造成不便，但由于站台设置在线路两侧，售检票区可以灵活地设置，车站两侧也可结合空间开发统一利用，设置单层车站的条件也优于岛式车站。

　　2）地下双洞（或三洞）岛式车站

　　这种车站一般采用暗挖法施工，根据地质条件确定车站的埋深，站厅一般根据周围环境条件，采用明挖法或结合地面建筑采用其他方法。这种车站一般在地质条件较好、地面不具备敞口明挖的地段采用，其优点是施工时可减少对地面环境的干扰，乘客使用也比较方便，缺点是施工难度相对较大。

　　5. 地下车站结构形式

　　（1）明挖法（盖挖法）施工的车站结构

　　明挖车站一般采用矩形框架结构，根据功能要求，可以设计成单层、双层、多层或单跨、双跨、多跨等形式。

　　明挖法施工的车站，施工方法简单、技术成熟、工期短、造价低、便于使用，但施工时对周围环境影响较大，适用于环境要求不太高的地段。

　　（2）盖挖法施工的车站结构

　　盖挖法施工的车站结构，从结构形式上看，与明挖法并无大的不同，它是通过打桩或连续墙支护侧壁，加顶盖恢复交通后在顶盖下开挖，灌注混凝土进行施工。

　　与明挖法比较，其特点是：在地面交通繁忙地区可以很快地恢复路面，尽可能小的影响交通，但其施工难度要大于明挖法。

　　（3）矿山法施工的车站结构

　　采用这种施工方法的车站一般位于岩石地层，在松软地层中，施工难度和土建造价要高于明挖法车站。

　　（4）盾构法施工的车站结构

　　传统的盾构车站可采用单圆盾构、单圆盾构与半盾构结合或单圆盾构与矿山法结合修建。近年来开发的"多圆盾构"等新型盾构，进一步丰富了盾构车站的形式。

　　盾构车站的结构形式可大致分为下面几种。

　　A：两圆形隧道组成的车站

　　与其他盾构车站相比，施工简单，工期短，造价低，适用于道路较窄，客流量较小的车站。

　　B：三拱塔柱式车站

　　车站由并列的三个圆形隧道组成，两侧为行车隧道，其内设置站台，中间为集散厅，用横向通道将三个隧道连成一体。与两圆形隧道组成的车站一样，一般在车站两端或车站中部，两隧道之间设斜隧道以供乘客进出站台。

C：立柱式车站

传统立柱型车站为三跨结构，先用单圆盾构开挖两旁隧道，然后施工站厅部分，将它们联成一体，乘客从车站两端的斜隧道进入站台。

6. 高架车站

高架车站主要是根据所在位置和设置的站房确定车站形式，它一般采用侧式站台形式，尽可能减少车站宽度，降低车站造价。

7. 地面车站

地面车站设计重点考虑乘客及行人穿越道路时的干扰以及安全问题。

地面车站一般分单层、双层或结合周围环境进行开发的多层车站，其形式主要根据功能要求和环境特点确定。

地面车站主要解决好乘客进出站流线，尽可能简捷，缩小站房面积，降低车站造价。

（二）换乘车站设计

1. 换乘站设计原则

（1）尽量缩短换乘距离，换乘路线要明确、简捷，尽量方便乘客；

（2）尽量减少换乘高差，降低换乘难度；

（3）换乘客流宜与进、出站客流分开，避免相互交叉干扰；

（4）换乘设施的设置应满足乘客换乘客流量的需要，且需留有扩、改建余地；

（5）应周密考虑换乘方式和换乘形式，合理确定换乘通道及预留口位置；

（6）换乘通道长度不宜超过100米，超过100米的换乘通道，宜设置自动步行道；

（7）应尽可能降低造价。

2. 换乘方式设计

根据乘客换乘的客流组织方式，可将车站换乘方式分为站台直接换乘、站厅换乘和通道换乘、站外换乘和组合换乘。

（1）站台直接换乘

站台直接换乘有两种方式

1）两条不同线路的站线分设在同一个站台的两侧，乘客可在同一站台由甲线换乘到乙线，即同站台换乘。这种换乘方式对乘客十分方便，是应该积极寻求的一种换乘方式。

2）乘客由一个车站的站台通过楼梯或自动扶梯直接换乘到另一个车站的站台，这种换乘方式要求换乘楼梯或自动扶梯应有足够的宽度，以免造成乘客堆积拥挤，发生安全事故。

站台直接换乘一般适用于两条线路平行交织，而且采用岛式站台的车站形式，乘客换乘时，由岛式站台的一侧下车，横过站台到另一侧上车，即完成了转线换乘，换乘极为方便。

同站台换乘的基本布局是双岛站台的结构形式，可以在同一平面上布置，也可以双层布置。但是，一个换乘站只能实现4个换乘方向（两条线交叉产生8个换乘方向）的同站台换乘条件，其余一半将使用其他换乘方式，或在另一换乘点去弥补。

采用同站台换乘方式要求两条线要有足够长的重合段，近期需要把预留线车站及区间交叉预留处理好，工程量大，线路交叉复杂，施工难度大，所以尽量在两条线建设期相近或同步建成的换乘点上采用。

站台直接换乘的换乘线路最短，没有换乘高度的损失，乘客换乘非常方便，如工程条件许可，应积极采用。

（2）站厅换乘

站厅换乘是指乘客由一个车站的站台通过楼梯或自动扶梯到达另一个车站的站厅或两站共用的站厅，再由这一站厅通到另一个车站的站台的换乘方式。

由于下车客流只朝一个方向流动，减少站台上人流交织，乘客行进速度快，在站台上的滞留时间减少，可避免站台拥挤，同时又可减少楼梯等升降设备的总数量，增加站台有效使用面积，有利于控制站台宽度规模。

站厅换乘有利于各条线路分期修建、分期建成。

一般用于相交车站的换乘，其换乘距离比站台直接换乘长，乘客在垂直方向上要往返行走，带来一定的高度损失。

因受岛式站台总宽度限制，一般适用于侧式站台间换乘，或与其他换乘方式组合应用，可以达到较佳效果。

（3）通道换乘

当两线交叉处的车站结构完全分开，车站站台相距有些距离或受地形条件限制不能直接设计通过站厅进行换乘时，可以考虑在两个车站之间设置单独的换乘通道来为乘客提供换乘途径。

通道换乘设计要注意上下楼的客流组织，更应避免双方向换乘客流与进出站客流的交叉紊乱。

通道换乘方式布置较为灵活，对两线交角及车站位置有较大适应性，预留工程少，甚至可以不预留。最有利于两条线工程分期实施，后期线路位置调节的灵活性大。

通道宽度按换乘客流量的需要设计。换乘条件取决于通道长度，一般不宜超过100米。

通道尽可能设在车站中部，避免和出入站乘客交叉。

（4）站外换乘

乘客在车站付费区以外进行换乘，没有专用换乘设施。

主要用于下列情况：

1）高架线与地下线之间的换乘，因条件所迫，不能采用付费区内换乘的方式；

2）两线交叉处无车站或两车站相距较远；

3）规划不周，已建线未作换乘预留，增建换乘设施十分困难。

站外换乘方式，在线网规划中应注意尽量避免。

（5）组合式换乘

在换乘方式的实际应用中，往往采用两种或几种换乘方式组合，以达到完善换乘条件，方便乘客使用，降低工程造价的目的。

3.换乘站形式设计

（1）换乘站形式

根据换乘车站平面位置，可将换乘车站形式分为以下几种：

1）一字形换乘

两个车站上下重叠设置构成"一"字形组合的换乘车站，一般采取站台直接换乘或站厅换乘。

2）L形换乘——积水潭

两个车站平面位置在端部相连构成"L"型，高差要满足线路立交的需要。这种车站一般在相交处设站厅进行换乘，也可根据客流情况，设通道进行换乘。

2）T形换乘——复兴门

两个车站上下相交，其中一个车站的端部与另一个车站的中部相连，在平面上构成"T"型，一般可采用站台或站厅换乘。

3）十字形换乘——西直门

两个车站在中部相立交，在平面上构成"十"字形，这种车站一般采用站台直接换乘或站厅加通道换乘。

4）工字形换乘

两个车站在同一水平面设置。以换乘通道和车站构成"工"字形，这种车站一般采用站厅换乘或站台到站台的通道换乘。

（2）换乘站设计

1）依据线路位置和客流方向，确定换乘关系

两条线之间的换乘关系一般取决于两条线路的走向和站位条件，在两条交叉的线路上一般采用"十"字形换乘、"T"型换乘或"L"型换乘。在两条平行的线路上，可选择"一"字形换乘或"工"字形换乘。

换乘站周围的客流来源和方向是在考虑换乘站关系时要重点考虑的因素，一般来说，"T"型、"L"型、"工"字形照顾的客流面比较大，可以使车站的客流吸引范围增大，但其客流换乘不如"十"字形和"一"字形。"十"字形和"一"字形换乘站可以提供很好的换乘条件，在换乘客流为主的车站应尽可能采用。

2）根据车站形式，设计客流流线

根据车站站台形式确定的换乘方式可分为："岛岛换乘""岛侧换乘"和"侧侧换乘"。

"岛岛换乘"：指两个岛式站台车站之间的换乘。由于在这种方式中两车站之间直接换乘的节点只有一个，换乘能力受到局限，所以一般需要辅以通道换乘来解决客流换乘问题。

"岛侧换乘"：指岛式站台车站与侧式站台车站之间的换乘。由于其比"岛岛换乘"增加了一个换乘节点，在一些换乘客流量比较小的车站可以设计为站台到站台直接换乘的方式。

"侧侧换乘"：指两个侧式站台车站之间的换乘，其换乘节点可增加到4个，为换乘客流创造了更方便的条件，可以根据站位和环境情况自如地处理客流的换乘。

换乘客流流线应与进出站客流分开，尽可能便捷顺畅。

3）根据预测客流量，计算换乘楼梯（通道）宽度

换乘客流一般属于集中的间断型客流，它是随着两条线列车的到发而形成的，因此，在一段时间内，其换乘客流量除取决于预测的小时客流量，还与两条线列车的运营间隔有关，在计算换乘楼梯（通道）宽度上，要重点考虑这一因素，为换乘客流提供足够的条件。

如换乘客流不需重新购票，一般不会形成集聚客流（即排队），但由于通道间的输送能力不同，如楼梯与通道交接处会形成客流集聚，应在此考虑一定的空间集散条件。

4）结合车站结构和施工条件，考虑远期预留

随着施工技术水平的进步，换乘车站的预留逐步从土建全部做成，过渡到只预留将来可能施工的条件，即从土建预留到条件预留。这样可大幅度降低初期工程造价，避免投资的浪费。

要做到条件预留，必须对近远期的车站方案和工程实施方案进行周密的考虑，尤其要考虑在远期实施换乘车站时，不能影响已运营车站的使用，并确保运营安全。

七、轨道交通枢纽规划

（一）轨道交通枢纽的界定与分类

当运输对象（旅客、货物）使用某种运输工具，沿特定路线运行到达枢纽站换乘时，该枢纽站能满足改用其他运输工具或使用其他路线运行。一般来说，两种以上运输方式或多条公交线路交汇的场所都可称之为枢纽站。

城市交通枢纽是指城市客、货流集散、转运的地方，可以分为城市客运枢纽和城市货运枢纽。城市客运枢纽是乘客集散、转换交通方式和线路的场所。客运交通枢纽的含义很广泛，干道交叉口，公共交通线路的端点站及有多条线路、不同交通方式的换乘地点，都可称为客运交通枢纽。合理规划、设计城市客运枢纽，是改善公交系统，解决出行换乘，提高公交服务和运营效率的重要环节。

轨道交通枢纽的特征就是客流与车流的特征：方式多层次、客流多方向、流量大而发散。

轨道交通枢纽同样也可以称为综合交通枢纽或客运交通枢纽等。

轨道交通枢纽是单一交通功能建筑或集交通功能和商业开发功能于一身的建筑综合体。轨道交通枢纽的交通功能主要体现为对客流的转移和疏散，轨道交通枢纽的商业开发功能则须根据具体的项目情况而定。

在对轨道交通枢纽功能进行定位时应首先确保交通功能的实现，而轨道交通功能的实现则依赖于对其各构成要素之间关系的深入分析和研究，与此同时也要把影响其功能实现的各种因素纳入研究的范围。

构成轨道交通枢纽功能的诸多因素之中有一些则是相互矛盾，甚至是相互对立的。对轨道交通枢纽进行合理的功能定位实际上就是对构成轨道交通枢纽的各要素之间关系的准确把握，是对矛盾两方面的协调。

轨道交通枢纽由于其自身交通功能的完善和发展势必带来周边区域交通状况的改善，便捷的交通与大量的客流使轨道交通枢纽及其周边区域具有巨大的商业价值，往往随着轨道交通枢纽的设置在其周边区域内必然形成高密度的商业区、办公区等。

作为轨道交通枢纽功能的两个方面，其交通功能和开发功能同样也是相互制约的。一个轨道交通枢纽的规模和形式限定了它所能承受的交通量。开发力度的加大必然影响到交通功能的发挥。两种功能之间是一种动态平衡的关系，但一个轨道交通枢纽往往达不到理想的平衡状态。

在设计轨道交通枢纽的时候，一定要将它同周边区域的城市规划、交通规划联系在一起，以一种发展的眼光去看待轨道交通枢纽。作为一个运转良好，功能完备的轨道交通枢纽其自身必然具备强大的适应能力和协调能力，这也是衡量一个轨道交通枢纽成败得失的关键。

轨道交通枢纽的主要功能就是对枢纽点的到、发客流，按不同的目的和方向，实现"换乘、停车、集散、引导"四项基本功能，核心的功能在于换乘。

（1）换乘——对于来自不同方向、路线、不同交通方式的乘客，需要转乘其他交通方式而发生的行为称谓换乘。因为这些乘客属于中转客流，需要经过换乘才能到达的最终目的。

（2）停车——对于来自不同方向、路线、不同的车辆，提供固定的停车位置和上下客位置。并以不同性质的车辆分区停放，配置合理的道路和场地。

（3）集散——对于到达或出发的乘客和车辆，实现聚集会合和疏散分流，提供客流和车流组织的相关措施，保证畅通、安全。

（4）引导——对外来客车引导、截流、集中管理，尽量不进市区；引导市内公交车辆与其接驳换乘、向多层次、一体化发展，吸引个体交通向公共交通转移，并提供方便。在总体上改善市内车辆的运营环境，提高居民出行质量。

（二）轨道交通枢纽的特点分析

轨道交通枢纽一般是由轨道交通、常规公交、换乘通道、站厅、停车场、服务设施六个子系统组成，各子系统作为轨道交通枢纽的有机组成部分，相互区别、相互联系、相互作用，为实现出行者换乘舒适、安全和换乘时间最短这一总体目标而服务。

轨道交通和常规公交是城市公共交通体系中最主要的交通方式；枢纽内换乘通道如同一座桥梁将不同交通方式连接起来，出行者可以利用换乘通道，从一线转入另一线，或从一种交通方式转向另一种交通方式，完成出行过程；站厅的合理布设是减少换乘时间的关键之一；

静态交通设施是吸引出行者由私人交通方式向公共交通方式转移，实现公交优先战略的重要手段；服务设施可以提高枢纽的开发强度，实现土地的综合利用，同时又可以使出行者在候车时间完成购物和商务等活动，从而减少单纯候车时间和出行次数。六个子系统相互制约相互协调，充分发挥各自的功能和优势，促使系统达到整体功能的优化。

（三）轨道交通枢纽规划的要素、原则及理念

1. 规划要素

做好轨道交通枢纽的规划，必须把握其人、车、路、场四项规划要素。

（1）人——是客流生成的基本要素，规划宗旨应"以人为本"，为乘客提供方便、捷达、高质量、高水平的服务。

（2）车——是车流生成的基本要素，包括各种车辆的载客能力、速度、舒适度等标准。

（3）路——是客流和车流组织的基本要素，包括其流动的路径，道路的通过能力等技术条件。

（4）场——是枢纽的场地和选址，是规模和环境的控制要素，包括建筑、景观和环境影响。

2. 规划原则

（1）网络化的原则

任何一座富有效率的轨道交通枢纽建筑都不是独立存在的，它的正常运转依靠周边的城市交通网络的支持。二者之间是相互制约的互动关系，这就要求在设计一座轨道交通枢纽的时候，应该对该区域的交通状况及发展有一个全面、系统的认识。在此基础之上才可能对轨道交通枢纽进行合理的功能定位。

否则，一切设计都将是不切实际的纸上谈兵，在轨道交通枢纽和城市道路的接口处往往会出现"瓶颈现象"，而某一点的矛盾将殃及整个轨道交通枢纽正常功能的发挥。由此可以看出，单独去搞好某一个建筑的单体设计其生命力是十分有限的。只有建立起一个系统的交通网络的概念才是搞好轨道交通枢纽设计的前提和基础。

（2）城市化的原则

轨道交通枢纽是解决城市交通问题的建筑，但在其发挥交通运输功能的同时，往往对城市的整体结构和城市空间的完整性及连续性产生一定的负面影响。在城市中尤其是人口密度较高的大都市中，必须在轨道交通枢纽（所有类似的交通建筑）的设计中引入城市设

计的观念。

不能让城市活动终止于建筑之外，而应该渗透于建筑之中。使轨道交通枢纽成为城市的一个有机的组成部分。要达到这样的目标，一个十分有效的办法就是充分利用地下空间。这样一方面减少了对城市用地的侵占，另一方面也保证了城市空间的连续和完整。这一点同样体现于一些西方发达国家城市建设的经验中。

（3）发展的原则

在信息交流高度发达的今天，再以一种静止的观点去看待建筑在城市空间中的作用，那只能是不切实际和缺乏说服力的。任何建筑都会随着实际需求的变化而变化自身的功能定位，轨道交通枢纽建筑尤其如此。

"交通"本身就是一个动态的概念，它是随着社会的发展而变化的。作为城市交通体系中一个有机的组成部分，一座轨道交通枢纽必须具备对这种变化的适应能力。同时，随着商业文化的冲击，轨道交通枢纽建筑也不可能是单纯的交通建筑，它必然是适应市场需求的集诸多城市内容于一身的综合体。

（4）环保的原则

这是一条所有建筑都应该遵循的原则，但对于轨道交通枢纽建筑来说尤为重要。因为在轨道交通枢纽之中容纳的不光是人，还有公交车、出租车、地铁等交通工具。这些交通工具所产生的噪音、震动、废气等对城市环境和建筑的空间质量有严重的负面影响，这些都是设计中需要重点解决的问题。

同时，轨道交通枢纽作为一种对城市发展有着重要影响的建筑形式，其环保的意义远不局限于一座建筑的范畴。只有建立起一套环保的交通体系才可能产生环保的轨道交通枢纽建筑。环保为人们带来的绝不仅仅是舒适的环境和完善的功能，它直接影响着人们对城市交通的认同和理解。

（5）人性化的原则

建筑的发展从始至终都贯穿着对人性的理解与思考。以上这些设计原则归根结底体现于"以人为本"的设计理念。因此人性化的设计原则是轨道交通枢纽设计的根本原则。

轨道交通枢纽是人使用的建筑，而非交通工具的建筑，建筑的空间也必须是人性化的空间。要把"以人为本"的设计理念落实于实践之中，就需要切实地分析和掌握人在轨道交通枢纽中的活动规律。并把它体现于轨道交通枢纽设计的各环节之中。

3. 以轨道交通线网构筑枢纽规划的基本思想

（1）遵循总体规划，把握轨道交通线网的枢纽骨架，做好总体布局

（2）强化管理概念，建立"动态＋静态＋管理"的综合规划思维，控制合理规模

（3）重点做好换乘的结构和功能规划，发挥枢纽的最佳效益

轨道交通枢纽的规划功能复杂，在规划中必须把握其换乘结构的核心问题——"层次清、路径顺和距离近"三项要领。

1）层次清——枢纽内各种交通系统按车辆制式和客流性质分区归类，如火车站、轨道交通、市内公交、长途汽车、出租车等的停车位应进行分区管理，并且人车分流，进出分流，使换乘结构层次清楚、流线分明。尤其是轨道交通车站与其他交通的换乘区域要立体化分层，干扰少，安全性好。

2）路径顺——每两种交通方式之间换乘的路线要顺捷，方向清楚，通视性好，视觉亲近。换乘通道的宽度应满足通行能力，并有导向标志，容易搜索目标；不同高程之间的换乘，应注意通道顺接合理，避免高程反复起落，必要时需设自动扶梯。

3）距离近——换乘的步行距离近，高差小，这是换乘中最直观的评价。

4. 轨道交通枢纽规划中的基本问题

（1）对专项交通规划的认识。

（2）枢纽规模确定问题。

（3）内部交通组织原则问题。

（4）区域交通组织和影响分析问题。

（5）需求控制的思想。

5. 轨道交通枢纽规划的技术路线

（1）背景研究。

（2）方法研究。

（3）交通需求预测。

（4）方案规划。

（5）方案评估。

（6）规划要点。

6. 轨道交通枢纽建筑的规划方法

（1）建筑布局

以常规公交与轨道交通衔接方式来划分布局模式，可以分为三种。

1）放射——集中布局模式

常规公交线网主要以轨道交通车站为中心呈树枝状向外辐射，两者线路重叠区间一般不超过轨道交通车站路段，并与车站邻接地区集中开发一块用地用作枢纽换乘站场，作为各条线路终到始发和客流集散的场所。这种模式由于始发线路多，常规公交线网运输能力大，乘客换乘方便且步行距离较短，行人线路组织相对简单，对周围道路交通影响较小，但换乘枢纽站场用地较大。适合于换乘客客流大或辐射吸引范围大的轨道交通车站。

2）途经——分散布局模式

常规公交线网由途经线路组成，换乘公交停靠站分散设置在轨道交通车站附近的道路上。该布局模式不需要设置用地规模较大的换乘枢纽站场，但线网运输能力较小，部分乘客换乘步行距离较长，行人线路组织相对复杂，换乘客流较大时对周围道路交通有一定的影响，适合于换乘客流较小的轨道交通车站。

3）综合布局模式

是上述两种布局模式的复合形式。线网由始发线路和途经线路共同组成，且集中布置一个换乘枢纽站和分散布置一些换乘停靠站。

（2）换乘组织

换乘是交通枢纽的核心问题.任何一座交通枢纽都不是独立存在的，它的存在依托于整个城市的交通网络系统，只有与城市的交通网络系统建立起紧密的联系，充分利用交通网络的优势去分散和疏解客流，才能保证交通枢纽自身的正常运转，因此，必须建立起一套便捷、有效的换乘体系，以便使交通枢纽内聚集的大量客流能够迅速地转移和疏散。

在有多种交通工具、功能较为复杂的交通枢纽里单靠某一种换乘形式是无法解决问题的。这就需要根据具体情况灵活的使用多种换乘形式来达成方便乘客换乘的目的。

换乘距离并不单纯是一个数字的概念，确定一座交通枢纽内不同交通工具之间的换乘距离需要对交通枢纽的各构成要素进行综合分析。从乘客角度来讲，换乘距离越短越好。但是，换乘距离的确定首先是受交通工具运行需求的制约。

其次，换乘距离过短，会造成客流在某一点上的瞬时大量堆积，反而会影响交通枢纽功能的正常运作。适当的拉长换乘距离实际上是增加了客流疏散的空间。由于的个体差异性使集中的客流通过换乘距离的拉长形成较为分散的客流，从而在一定程度上避免了人流拥堵现象的发生。

从交通工具的运行需求和交通枢纽的运营管理角度来讲，适当拉长乘客的换乘距离有一定的好处。但是过长的换乘距离会增加乘客的疲劳感，降低了换乘的便捷程度，直接影响到该种交通方式对乘客的吸引力。由此可以看出；换乘距离的确定需要在矛盾的两方面之间寻求一个平衡点。

换乘距离同换乘形式、建筑的空间形式、室内装饰等条件密切相关。不同的换乘形式、空间形式和室内装饰对乘客换乘时所产生的心理感受是不同的。单调、呆板的建筑空间容易使乘客产生疲劳感。而层次丰富，充满自然光线的空间则会削弱乘客的疲劳感。当客观条件决定换乘距离过长时可以通过建筑手段进行弥补。

（3）人流的引导方式

1）标志引导

2）通过建筑空间的限定性对人流进行引导

通过连接不同功能空间的通道引导人流。

通过楼梯、自动扶梯、电梯等垂直交通空间对人流进行引导。

通过共享空间来连接不同标高上的功能空间对客流进行引导。

3）通过标志物（如进出站闸机、检票亭等）限定空间对人流进行引导

4）其他方式

色彩、特定的空间造型飞具有标志性的装饰物、灯饰、广告等。

（4）地下空间的利用

现代化城市交通枢纽一般都采用立体布局形式，尤其是地铁方式的引入和中心区土地价值飞升，更加速了立体化进程。其中，地下空间开发利用是主要发展方向。一般来讲，由于地下空间建设工程难度很高，因此往往是在工程原则为前提下进行方案设计，这样容易造成地下建设交通功能的欠缺。

科学的地下空间开发建设方案应首先围绕以下内容进行：

1）针对站前地区特点，明确城市交通对地下空间开发建设的原则要求。

2）从交通需求研究成果入手，确定科学的地下空间开发规模。

3）规划不同层次的地下设施简略方案，使交通设施条件相对稳定，同时明确空间使用功能，为下一步详细规划和工程设计提供具体的规划要点，并提供相对稳定的空间保证。

4）对地下空间施工期间的交通组织进行有重点的研究。

5）从交通需求角度合理规划地下空间的开发建设顺序。

对地下空间开发应从以下三个方面考虑：

1）体系

地下空间开发的功能应符合地区土地利用性质。

地下空间开发的交通功能必须与地区的综合交通有机结合，是区域交通系统的有机组成部分，因此地下空间的交通定位要符合综合交通规划的要求。

地下空间开发应避免单一功能，向多功能方向发展，同时将交通功能放在十分重要的位置，使地下空间的交通既能自成体系，又与地面交通有机结合。

地下空间开发的规模决策必须优先考虑对城市交通产生的影响：即对交通需求产生的刺激和交通设施的供给能力的提高。

2）实施

既保证规划具有一定的超前性，又要研究效益和代价的平衡。

地下空间开发对交通的考虑应注重可持续发展，科学处理远景和近期的关系，规划方案要有足够的适应能力。原则上土建处理注重远景要求，设备配置注重逐步更新。

地下空间开发必须考虑实施和建设过程中的交通疏解措施，减少对城市的干扰。

根据多方面因素考虑地下建筑的施工方法，科学选择明挖、盖挖和暗挖工法。

3）功能

将不同功能的地下空间相对集中布置，尤其是注意避免其他功能对交通功能空间的干扰。

地下空间开发必须考虑配套停车空间，停车规模即要满足开发引起的停车位的增加，同时在经济技术充分论证的基础上，尽量弥补地上空间停车能力的缺口。

地下空间开发应考虑残疾人通行需求，进行无障碍设计。

地下空间开发的交通管理组织放在十分重要的位置，用现代化的方法和设施对交通进行指挥和监控。

4）安全与环境

地下空间开发必须考虑灾害状态下的交通疏散要求。

地下空间开发的交通空间必须注意环境处理，做到安全、卫生、舒适。

科学研究地下空间构筑物（如风亭、出入口）对城市地面环境的影响。

（5）轨道交通枢纽的商业规划

1）商业设施的设计原则

2）商业设施的设置方式

八、轨道交通与其他交通方式的衔接

（一）交通一体化

1. 交通一体化规划的概念与内涵

交通一体化（Integrated Transport）规划，就是通过对城市交通需求量发展的预测，为较长时期内城市的各项交通用地、交通设施、交通项目的建设与发展提供综合布局与统筹规划，并进行综合评价，交通一体化规划是城市总体规划的一部分。

一体化交通政策的重要目标就是使交通和社会能够可持续地发展。一般说来，出行数量的过快增长、轿车拥有数量的增加以及运输外部费用的发生都是不可持续的标志。英国学者1991年在研究伦敦、伯明翰、爱丁堡等城市的问题后指出：交通一体化就是一种通过对基础设施、既有设备的管理以及基础设施的价格等因素的协调来解决城市交通问题，从而达到提高运输体系的整体效益的方法。

建立完整高效的交通一体化运输，就是要研究包括私人小汽车、公共交通、自行车交通以及步行等方式在内的综合运输体系的整体效应，以建立良好的交通秩序。

英国学者1990年提出了通过整合来改善交通现状的方法，提出了发展以下四方面的一体化。

（1）各级管理部门权限的一体化；

（2）不同运输方式发展策略的一体化；

（3）基础设施、既有设备的管理以及基础设施的价格等因素发展策略的一体化；

（4）交通与土地利用的一体化。

2. 国外城市与市郊一体化交通发展现状

（1）交通一体化政策研究现状

20世纪60～70年代，英国大多数城市进行过土地利用研究。20世纪80年代中期，20多个城市提出要研究交通政策问题。这一问题的提出，是地方政府在考虑城市化过程所产生的问题时引起的。研究重点是怎样获得一个交通与土地利用政策的度量。

与20世纪70年代基于土地利用的交通政策相比，交通一体化规划的特点有：

1）重点提供未来交通政策要实现的目标；

2）在开始就做出财务目标的评价，并定义约束条件；

3）正确处理交通政策及土地利用参数；

4）利用模拟方法检验全部政策参数，识别参数之间的相互影响；

5）将战略重点放在使交通政策参数的综合潜力最大化方面；

6）将战略视为一个促进执行过程的框架，而非固定不变的蓝图；

7）运用综合模型输出和专家判断来进行多目标评价；

8）通过完善检验来处理不确定性；

9）在战略性轮廓规划模型中以速度作为研究的核心问题。

交通运输的政策实践分为五个阶段。

第一阶段：形成共识：交通数量的增长是不可持续的。

第二阶段：道路修建计划不能解决问题，即使大量投资，堵塞仍会存在；交通供给增长跟不上需求。

第三阶段：讨论轿车使用的限制策略：大幅度提高轿车出行费用，使供需匹配；对某些用户及某些运输方式实施优先发展策略。

第四阶段：公众的关注点集中于无限制交通移动所引起的环境后果；环境问题即使得到解决，潜在的交通拥挤问题依然存在。

第五阶段：普遍认识到改善环境与拥挤状况的唯一出路是少用私人轿车，进而减少旅行需求。

一般认为，欧洲已越过了第一、二阶段，即目前已经认识到道路建设不是解决环境和拥挤问题的可行解或期望解；目前处于第三、四阶段之间。同时，一些专家也开始研究第五阶段的问题，它们也是最难分析和最难寻找政治上和公众都能接受的战略的阶段。

政策的重要性：

1）交通政策要考虑的首要因素是减少出行长度，而非出行决策；出行长度影响着出行选择；

2）如果能够在比基础设施条件更广泛的范畴内寻找可能参数的话，交通政策的综合是可以实现的；

3）价格尺度在政策中十分重要，尤其是作为调节需求的尺度，实际上它是政策参数之一，有很广泛的效果；

4）开发道路—用户收费系统；

5）在对交通政策所有组成要素的评价方面达成共识；

6）在考虑不同口径的一致性的基础上提供财务信息，消除不恰当限制。

（2）一体化交通方针

美国客运市场中，铁路与巴士公共交通仅占2.5%，欧洲则达到14.0%。据预测，到2020年，欧盟的机动车还有可能增加50%，使千人车辆拥有量达到600辆以上；这个水平相当于美国20世纪80年代中期的水平。

欧洲专家们担心的是，欧洲的人口密度是美国的 4 倍。这正是欧洲大力倡议发展公共交通的背景所在。公共交通的地位说明了欧洲在构造城市与市郊一体化交通体系方面所取得的效果。以英国为例，过去 20 年中，英国平均出行距离从 20 世纪 70 年代初期的 7.5km 增加到了近 10km，而平均每人的出行次数则几乎未变。

目前大约有 7% 的轿车出行是在 1 英里以内，它们占轿车总走行公里数的不到 0.5%。若放宽到 5 英里，大约有 60% 是通过轿车方式出行，占总车公里的 17%。目前，欧洲国家许多机动车道的建设已被 TERN（Trans European Rail Network）的改造与扩展计划所取代，TERN 为人们提供了以 200km/h 速度旅行于各大城市的工具。例如，从伦敦到布鲁塞尔 400km 仅需要 2 小时 40 分钟。

欧洲的公共交通系统有以下几个特点：

1）网络密度高，覆盖面广。无论是由城市巴士与长途汽车组成的道路网络，还是城市间铁路与地区铁路组成的轨道交通网络，都有很好的可达性。

2）提供了形式多样的运输价格。例如，无论城市运输还是城市间运输，均提供了不同种类的非高峰期票价，旅客可以选择适当的票种和出行时间，最大程度地节约费用。

3）建立了整个地区的客票预售网络，售票点、旅行代理机构很多，极大地方便了乘客对公共交通的选择。

4）信息服务好。大多数车站均提供免费的时刻表，乘客也可以通过 Internet 网络、电话来查询和预订车票。

5）车次频率高。由于信息服务好，加上车辆班次频率适当，乘客在欧洲旅行感受不到难以忍受的等待和延误。运输公司通常可以根据预测或预定的客流量来调整班次及编组，最大限度地降低运输成本。

英国及其他西方发达国家交通调节与改善措施

基础设施：新建高速公路、改建高速公路、新建轻轨、新建公交车站、修建停车场、公交专用线、增加交通工具。

管理措施：交通控制、改善交叉口、单行线、巴士优先、自行车设施、人行道、事故处理措施、街道停车管理、公交车站管理、限制私有车、合乘私有车、提高服务频率、改进公交线路、车辆导航系统、乘客信息。

价格因素：停车费、过路费、燃油价格、尾气税、汽车税、调整费用结构。

土地利用：发展的密度、发展的最低限度、交通相关设施。

（3）我国可以借鉴的国外一体化交通政策

1）加强政府对交通的引导作用

对一个复杂的社会来说，政府有许多政策杠杆。在这些杠杆出台以前，确定社会发展的长期目标是至关重要的，这也是一体化交通政策的技术关键。政府在整个社会的发展中，根据不同时期的具体形势对政策进行修正和微调，将地区或国家导向预设的目标状态。

交通政策的作用要从"预测—提供"向"预测—预防"转换。

2）建立一体化的公交网络，促进土地的合理利用

改变传统的城市与市郊运输观念。传统的市郊运输是指城市近郊的运输，一般在几公里到十几公里范围。实际上，发达国家的市郊运输概念已经有了很大的延伸，伦敦、巴黎等城市数千公里的市郊运输网络实际上早已将传统意义上的城市间铁路网络计算在内了。在我国，随着近年来建设部地改市、县改市政策的执行，市郊运输需求有了较大发展，形成了不少需求量大的交通走廊。

关键要建立一体化的城市与城际客货运输网络。对任何不能一次抵达目的地的运输来说，最大限度地减少中转换乘时间是提高公共交通吸引力的关键。一体化交通网络对城市发展有着重要影响，目前的研究焦点集中在交通与土地利用的相互关系方面。在建立适当的卫星城镇以疏散市中心区人口、缓解中心区拥挤方面，建立居民小区间快速、大容量的交通通道起着关键作用。

要实现这一目标，有两方面的任务：一是在交通网络建设上统筹规划，建立可达性好、覆盖面广的物理网络，尤其是具有较好的环保性能的地区轨道交通网络；二是从技术组织上建立起高效、快速的运输能力网络，大幅度提高公共交通的吸引力。

3）加快车辆技术的研究与开发

我国的汽车工业水平亟待提高，研究和开发经济环保型的车辆任重道远。我国的经济环保型车辆要根据我国的人口、能源、土地和经济发展水平等因素综合确定。根据经合组织 OECD1995 年的测算，欧洲车辆的平均节能水平已经超过日本和美国，其重要原因之一是它更强调经济实用的环保型发展战略。值得指出的是，政府在改进车辆技术方面起着重要作用。

4）加强交通管理，协调道路机动车与非机动车的运营

非机动车运输是我国的一个特点，尤其是城市交通领域。与大多数欧洲国家相比，我国的非机动车运输规模大、不确定性强。在许多城市，非机动车和机动车间的冲突与干扰已成为我国交通堵塞的重要原因。因此，为提高道路运输效率，当务之急是加强交通管理，协调两者间的运营。

5）通过交通政策引导出行数量的减少

可持续交通政策的最高境界是减少交通出行数量规模。减少出行既是减少交通拥挤的手段，也是降低交通污染的有效办法。研究降低交通出行数量是一项复杂的任务，它关系到城市规划、土地利用政策，也关系到停车场规划与使用、私人车辆拥有与使用等政策；出行数量还关系到道路使用税、燃料税等价格因素。这里，建立一个社会仿真模型来定量地研究各项因素的相互关系是很有吸引力的。

6）大力发展公共交通

公共交通是一种大容量交通工具，发展公共交通的关键是要为公共交通营造市场。因此，在规划城市建设时，要重视小区规模的设计和对小区的集中开发，建立具有"公交价值"的交通通道；避免"天女散花"式的小区开发战略。城市规划要为公交营造市场。

7）建立以轨道交通为骨架的一体化城市快速交通网络

"速度"是交通出行所考虑的首选重要因素。要在大城市建立快速的城市与城市对外交通网络，提高整个城市网络的出行效率。经验表明：在大城市建立与道路运输体系具有较好隔离性的轨道交通系统为骨架的交通体系是发展方向。

（二）多方式衔接理论

1. 目标

（1）建立以轨道交通为骨干，地面公共汽车为主体，中小巴、出租车为补充，相互配合，共同发展的城市公共交通体系，以满足城市现代化运输需求。

（2）指导轨道交通站点周围土地规划，促进城市对外交通站场合理布局，支持城市空间发展和地区中心的形成，提供一个高效的公共交通运输网络。

（3）根据交通衔接点的交通量，规划为不同等级、不同规模的客运枢纽，发挥各种交通集聚效应，加强系统之间的有效衔接，以扩大轨道交通系统服务范围，提高公交整体运输能力，使公共交通出行比例稳步增长，确立公共交通在城市交通的主导地位。

（4）提供良好的换乘空间和设施，通过对站点城市规划综合设计，合理组织换乘客流和集散人流的空间转移，达到系统衔接的整体优化，主动创造就近换乘条件。

（5）不断优化城市内部公共交通线路和站点布置。

2. 一般要求

（1）城市铁路、港口、机场、长途客运站，汇集了多种交通方式，具有客流集中、换乘量大、流动性强、辐射面广等特点，易形成综合交通枢纽。轨道交通与常规公交应成为客运枢纽的主要运输方式，在公交枢纽站，要提供足够的站场用地和先进的设施，合理组织人流和车流，以达到空间立体化的有效衔接。

（2）长途客运站场应根据客流分布方向，原则上安排在城市发展区边缘出入口地带，结合公路干线网络和城市轨道交通线网，设置在轨道交通线首末站附近，并组织公交进行换乘，以实现区域与城市交通二级接驳，发挥系统各自功能。换乘中心应提供公交总站场地和设施，视客流集结规模，确定公交场站用地和线网布局及组织形式。换乘中心的设计应做到功能分区合理，转换空间紧凑，行人系统安全，交通组织流畅。

（3）轨道交通主要服务于城市组团、对外交通站场和大的交通吸引源之间密集的交通走廊，为城市空间活动提供了基础保障。常规公交是一个"开放性"系统，更多地考虑网络覆盖范围。两者只是一个体系中不同层次而已。公交线网设计应区分组团内部与对外联系客流服务对象，区内应提供一个较高服务水平的公交系统，而区外可提供两种运输模式——常规公交、轨道交通或快速公交，其中以常规公交与轨道交通的相互衔接为主导模式，公交线路设计应充分考虑旅客运送的空间转换需要。

3. 基本原则

轨道交通与其他交通方式衔接的原则应体现城市交通系统发展的整体性、协调性、便捷性、政策性和合理性，使各种交通方式能有机地结合在一起，既有分工，又有协作，充分发挥交通网络的运输能力，为城市的发展服务。

（1）将线路连接成线网的纽带，这对旅客的出行有主要的影响。因此衔接方式必须体现交通的便捷性和舒适性。

（2）应结合实际的工程地质条件、施工方法和各条线路的修建顺序，选择易于实施、经济可行的方案。

（3）应结合城市规划和城市环境，选择对城市干扰小的方案。

（4）应考虑到城市轨道交通和其他交通方式运营管理体制上的差异，选择双方均能接受的方案。

（5）应满足远期路网客流量的要求，满足远期发展规划的要求。

（三）与其他交通衔接设计

城市轨道交通线路与公交线网的关系应定位为主干与支流的关系，城市轨道交通以解决城市主要客流走廊、主要干道的中远距离客流为主，平均运距一般为 6 ~ 10 公里。轨道交通要发挥其大运量、快速，准时、舒适的系统特征。公共汽电车运能小，但机动灵活，是解决中、短途交通的主力。公共汽电车的配置主要考虑网络覆盖范围，为区内出行提供方便条件。

1. 与公交线网的衔接

（1）在轨道交通沿线取消大的重合段长的地面常规公共交通线路，改而将其设在轨道交通线服务半径以外的地区。

（2）将轨道交通线路两端的地面常规公共交通线路的终点尽可能地汇集在轨道交通终点，组成换乘站。

（3）改变地面常规公共交通线路，尽量做到与轨道交通车站交汇，以方便换乘。

（4）在局部客流大的轨道交通线的某一段上，保留一部分公共汽车线，起分流作用，但重叠长度不宜超过 4 公里。

（5）增设以轨道交通车站为起点的地面常规公交线路，以接运轨道交通乘客。

2. 与市郊铁路线的衔接

国内经验不多，国外一般有两种做法：

（1）市郊铁路深入市区，在市区内形成贯通线向外辐射。在市区内设若干站点与城市轨道交通衔接；

（2）利用原有铁路开行市郊列车，市郊列车一般不深入市区，起终点在市区边缘。在起终点车站上与城市轨道交通进行换乘衔接。

3. 与地面铁路车站的衔接

（1）在既有火车站站前广场地下单独建设城市轨道交通车站，利用出入口通道与铁路车站衔接。

（2）在地面或高架修建城市轨道交通车站，进行客流的统一组织规划。

（4）在新建和改建的火车站中，将城市轨道交通车站一同考虑，形成综合性交通建筑，方便乘客换乘。

4. 与公交车站的衔接

综合枢纽站：一般采用先进的设施和空间立体化衔接，合理组织人、车流分离，务使人流换乘便捷，车流进出顺畅，便于管理。

大型接驳站：指位于轨道交通首末站、地区中心及换乘量较大的车站的换乘点，在此布置的地面常规公共交通线路主要为某一个扇面方向的地区提供服务。

一般换乘站：为轨道交通车站与地面常规公共交通线路中间站的换乘点。一般多位于土地紧张的市区。在规划设计时，要充分考虑到轨道交通换乘量大的特点，将公交车站设置成港湾式停车站，并尽可能靠近轨道车站出入口。

5. 与私人交通的衔接

（1）与自行车的衔接

调查表明：自行车的换乘客流来源一般在距车站 500 ～ 2000 米的范围内，这样，在居民区和市区主要交叉口的车站均应设置考虑一定规模的停车场地。

北京地铁的一般做法是将出入口周围划出一片地作为停车场地，但随着城市建设的发展，市中心的用地越来越紧张，这种做法越来越难以实施，这样在规模较大的车站可考虑利用地下空间设置停车场。

（2）与私人小轿车的衔接

国外经验表明：在市区边缘轨道交通车站修建小汽车停车场，鼓励小汽车用户停车换乘进城，取得了一定效果。这类停车场一般与城市轨道交通有良好的衔接条件，因而被乘客所接受。因此，对于市郊范围内的轨道交通换乘车站，一般均设计或预留了较大面积的机动车停车场，在城区，由于停车场地十分有限，相应的停车费用也比较高。

（四）与其他交通衔接实例

当轨道交通线路在市区边缘或郊区时，由于地面交通量不大，为降低成本，可以考虑将轨道交通车站设置在地面，尤其是轻轨系统。地面轻轨车站有很多成功的例子，如新泽西的 Hudson-Bergen 轻轨系统、曼彻斯特的 Tramlink 等。

轨道交通线路同地面道路或其他交通方式有许多共享的方法。在实际设计中，要根据具体的地形条件与线路设计要求，因地制宜地设计具体的布局方案。

1. 伦敦

伦敦的一些重要铁路车站和地铁站几乎都建在一栋站舍内，而且出站就有公共汽车站或小汽车停车场，有 1/3 的地铁车站和小汽车停车场结合在一起，许多地铁车站设置在人流相当集中的大商店或办公楼底部，形成十分方便的换乘体系。这种体系既在城市中心或繁华地区为公共交通提供方便，又有效限制了私人小汽车进入市中心区，保证市郊居民即使在不使用小汽车的情况下，也能在 1 小时内到达市中心办公地。

2. 东京

东京地铁的换乘中心如：东京站、池袋站、新宿站等，往往是几条地铁与干线铁路、市郊铁路的换乘中心。同时还将公共汽车站、出租汽车站、地下停车场以及商店、银行、地下商业街等布置在同一建筑物内。或虽不在同一建筑物内，但用地下通道联络在一起，从而可以形成地下、地面和地上立体换乘中心。

每个地铁车站都有若干的进出口，少则十几个，多的达数十个之多。如新宿站是 8 条线路的大型换乘中心，地下一层是小田急各站停车线路，又通过站台的中央通道、北通道和高架南通道，用以联络车站东西两侧；地下二层是京王线；地下三层是丸之内地铁线；地下四层是 JR 新宿站；地下五层是京王新线，地铁都营新宿线；地上一层是小田急快车线、山手线、中央线；二层以上是京王百货店、小田急百货店、各种食品店、饭店、书店，等等。

3. 莫斯科

莫斯科现有的地铁换乘站（包括地铁与地铁及铁路之间的换乘）共计 35 个，其中地铁与铁路之间的换乘站 16 个。地铁与常规公交站的结合也很普遍，全市 600 多条地面公交线路能与地铁换乘的就有 500 多条。每个地铁站附近都集中了近 20 条公交线路。

环线地铁 12 座车站，其中 11 座是换乘站；环线地铁穿越花园环路 12 个广场和 17 条主干道，吸引了大批乘客，方便了郊区乘客的换乘，充分发挥了地铁的总体效应。同时，在修建地铁车站时，与地下人行过街地道相结合，不但缓解了地面车流与行人间的矛盾，而且使行人、乘客、过街乘客都非常方便，保证了交通安全。

对于相交的两条线路，两车站处于同一平面，莫斯科采用独特的设计，使两站站台并列布置，其间用人行天桥相连。两条线路上的列车同时在站台上通过时，每个站台上的列车来自两条线路，但方向相同；对换乘客流大的两条线路，布置在站台两侧，乘客在站台上即可换乘；对换乘客流小的两条线路，布置在站台外侧，通过天桥换乘，换乘时间不超过 1.5 分钟，非常方便。

九、轨道交通系统的安全防护设计

（一）安全防护设计的原则及技术要求

1. 防灾设计原则

（1）严格执行各种设计施工的规范和规程。

（2）预防为主。

（3）确保安全。

（4）系统设施的选择必须符合防灾要求。

（5）建立联防体系。

2. 技术要求

（1）防火技术要求。

（2）抗震设防技术要求。

（3）防水灾技术要求。

（4）杂散电流腐蚀防护的要点。

（5）其他防护要求。

（二）地震防护

1. 震灾的破坏形式

根据对阪神地震的调查，地铁车站和区间隧道的破坏形式为：中柱开裂、坍塌、顶板开裂、坍塌，以及侧墙开裂等。地铁轻轨线高架桥破坏的形式主要表现为支座锚固螺栓拔出剪断、活动支座脱落或者支座本身构造上的破坏等。

2. 抗震设计方法

（1）设计中应考虑的地震影响因素有以下几个方面：

地震时地基下层土和结构的变形；结构自重产生的惯性力；地震时的土压力；地震时的动水压力。

（2）设计方法

拟静力设计方法、反应谱理论、时程分析方法。

3. 抗震构造措施

（1）地基处理。

（2）结构构造措施。

（三）火灾防护

1. 地下工程火灾发生的特征和危害

（1）排烟困难，散热慢。

（2）高温高热全面燃烧。

（3）安全疏散困难。

（4）扑救困难、危害大。

2. 地铁工程火灾的防护对策

（1）规划布局合理。

（2）选择钢筋混凝土结构。

（3）合理选择装修材料。

（4）合理选择出入口位置和数量。

（5）防火分区划分及要求。

（6）联络通道的防火作用。

（7）钢结构的防火保护处理。

（8）地铁车站和隧道的机械通风及排烟。

（9）地铁火灾自动报警系统设置。

（10）灭火系统的选择。

（10）灾后处理的一般性办法。

3. 地铁火灾的监控、报警与消防

（1）火灾监控与报警

监控与报警系统的组成。

系统功能。

系统设备。

系统电源设备。

（2）消防系统

水消防系统、消防水源与进水方式、消火栓系统、水幕系统、闭式自动喷水灭火系统、化学灭火系统、喷洒系统、控制系统。

4. 地铁火灾救援

（1）突发火灾的应急人员疏散。

列车在行驶中着火、火灾发生在站台附近、火灾发生在隧道中央处、车站发生火灾。

（2）救援队伍的组织。

（四）水灾防护

1. 夏季暴雨在街道沉积，如没有足够的排涝设备，地面水位高，当地面水位高于地铁车站入口标高或风亭、排烟、排水孔标高时，就可能大量向车站回灌。沿海城市受到海潮汛影响，海水沿内陆河道回流，漫出防汛堤，也可能向地铁出入口回灌。

车站出入口及通风亭的门洞下沿应高出室外地面 150 ~ 450mm。必要时设临时防水淹措施，例如在洪汛期做好封堵进出口水流通道的材料和施工预案。在地铁车站、区间隧道设置足够的泵房设备，一旦进水时能及时外排，防止水淹地铁工程的设施。位于水域下的区间隧道两端应设电动、手动防淹门。

2.地铁工程防水材料

（1）防水卷材。

（2）防水涂料。

（3）结构自防水材料。

（4）嵌缝密封材料。

3.地铁车站防水

（1）离壁式衬套拱顶与侧墙防水技术。

（2）复合式衬砌防水技术。

（3）卷材防水技术。

（4）涂料防水。

（5）接缝防水。

4.防水设计

结构自防水设计

以高强度混凝土代替防水混凝土，混凝土施工质量问题应重视粗骨料的选择应优先采用掺外加剂的防水混凝土，重视粉煤灰掺合料的应用，结构上尽可能不留或少后浇缝适当增加墙体水平构造筋。

（五）杂散电流防护

1.产生杂散电流的原因及危害

采用走行轨回流的直流牵引供电系统中，接触网与牵引变电站的正母线连接，回流走行轨与负母线连接。牵引变电所输出的直流电经导电轨（第三轨）或架空线送入电动车组，流经电机电器后经走行轨回流，再经连接在走行轨上的导线回流到变电所负母线。

走行轨具有纵向电阻，因此从运行车辆至变电站负母线之间的回流走行轨上就产生电压降，车辆附近的走行轨电位相对高一些，形成轨道阳极区，就有正向漏泄电流流入大地。

因为地下埋设的钢筋、管道周围总有比较潮湿的电解质类物质，杂散电流在金属与电解质之间流动就加速了金属失去电子游离成金属离子，形成类似于电解过程的腐蚀现象，这就是金属的电腐蚀。

2.杂散电流腐蚀机理

电化学腐蚀的发生一般应具备以下四个缺一不可条件：

必须有阴极和阳极。

阴极和阳极之间必须有电位差。

阴极和阳极之间必须有金属的电流通道。

阴极和阳极必须浸在电解质中，该电解质中有流动的自由离子。

由杂散电流引起的腐蚀简称电蚀，有如下特点：

（1）腐蚀激烈；

（2）腐蚀集中于局部位置；

（3）当有防腐层时，往往集中于防腐层的缺陷部位。

3. 影响杂散电流大小的参数

（1）供电臂长度的影响。

（2）回流走行轨纵向电阻的影响。

（3）回流走行轨对地的过渡电阻的影响。

（4）机车负荷大小的影响。

（5）排流网纵向电阻的影响。

（6）是否排流的影响。

4. 杂散电流测定

测量管片内部电气连通和引出点电气连通质量的最直接的方法是测定管片连接点的电阻值。

5. 杂散电流防护专业要求

（1）按防迷流专业提出的要求，将管片钢筋焊接连通成等电位体。

（2）接触网、排水管、消防水管、轨旁电话、扬声器等固定设备，均采用打膨胀螺栓解决，螺栓的尺寸按各工种要求而定。

（3）在预留螺栓孔中设置遇水膨胀密封垫圈，既有利于防水，又不至于影响金属垫片与预埋件的接触，保证防止杂散电流的传播。

（4）所有衬砌管片连接件、外露件，均需要镀锌处理，防止连接件、预埋件的锈蚀，并且所有连接件、预埋件及钢筋必须可靠电焊连接，以防止杂散电流侵蚀。

（5）结构表面应做防水防腐涂层。

（6）消防管道防迷流。

6. 杂散电流的控制

（1）减小回流轨的电阻。

（2）增加泄漏路径对地电阻。

（3）增加大地和地下金属结构之间的电阻。

（4）增加地下金属结构的电阻。

（六）其他防护

1. 施工诱发环境灾害的防护

（1）环境土工公害问题

市区地铁车站施工、地铁区间隧道施工、高架桥施工。

（2）建筑物及管线的保护方法

2. 战争破坏防护

地铁作为城市客运交通的动脉，重要的城市市政设施，既是战时敌人袭击的目标，也是战时我方防御的重点。地铁工程的车站和区间隧道一般都埋置在岩土介质中，加上自身用钢筋混凝土支护衬砌，本身具有对爆炸冲击破坏的防御能力。地铁工程具有通风、给排水、通信、讯号、自动报警和防灾的系统，如果与城市民防系统连通，经过改进，可以很好地为战争时防空袭服务。

第三节　城市轨道交通运营

一、概述

1. 基本情况

我国轨道交通从无到有已经经历了三十多年的历史了，但我国城市轨道的发展缺乏一定的稳定性，所以存在各种各样的问题。虽然已有轨道交通建设的历史为城市轨道交通建设积累了一定的经验，但是，由于历史和体制的影响使我国城市轨道交通的建设和运营遗留了很多有待进一步研究的难题。

（1）以往的研究多注重于技术，很少涉及运营管理

在轨道交通发展的初期，我们比较注重研究轨道交通系统的各种技术可行方案，而忽视了建后运营的研究。现阶段建设资金的短缺促使人们开始研究多元化投资的可行性。但此方式的缺点是把轨道交通进行条块分割，没有把城市轨道交通作为一个系统工程来研究。因此有必要，把轨道交通从投资建设和建后运营进行总体考虑，以轨道交通的整体效益为核心对轨道交通进行科学研究。

（2）城市轨道交通快速发展与建设管理体制改革的要求

从世界各国轨道交通的发展特点来看，一方面轨道交通属于"公共物品"其提供者是政府，另一方面轨道交通的特点是投资大、周期长、收益低，没有政府的财政支持轨道交通难以生存与发展，因此轨道交通的建设和发展必然要以政府为主体，但是，随着政府财政压力的增加，政府在轨道交通的投入逐渐下降，存在着轨道交通后续建设资金不足的问题。

我国有轨道交通的城市有北京、上海、广州和天津，在建的有南京、成都、重庆等，还有十几个城市都在规划之中。我国已有的轨道交通的城市同样存在着轨道交通后续建设资金不足的问题。新建轨道交通面临着初始投资巨大，政府财政难以负担，而要使未来轨道交通成为我国城市公交的主导，我国还须大力发展轨道交通，这就产生了轨道交通发展的需求与建设资金不足矛盾。

（3）轨道交通运营模式改革的要求

从世界各国轨道交通运营的经验来看，轨道交通的运营成本很大，而客运量难以得到满足，导致轨道交通运营年年亏损，政府每年必须拿出大笔的资金来补助轨道交通运营企业，这使得各国政府的财政压力日益增加。从世界各国轨道交通运营管理体制改革的趋势来分析，轨道交通将由原来的"福利性"转向"经营性"，这样有利于吸引私人投资者参与到轨道交通的运营中来。

2. 研究意义

（1）给相关政府部门提供参考

城市轨道交通投资巨大、周期长基础设施建设，从世界城市轨道交通的发展来看，它主要体现的是社会效益而非经济效益。目前，政府财政压力的巨大，单靠政府的财力是远远不能满足我国城市轨道交通的建设任务，必须依靠国际资本和国内民间资本。未来城市轨道交通建设的参与者可以分为两部分—政府和私人。

（2）为城市轨道交通建设提出建设模式

城市轨道交通建设涉及土建、信号、车辆、控制系统等一系列复杂的专业技术，同时还涉及征地拆迁，建设资金的来源、建设管理、运营管理以及行业管理等多个方面和部门，如果没有一个合理的建设组织形式，城市轨道交通建设将会陷入盲目，其运行也会因此而混乱，甚至导致轨道交通建设项目的失败。

（3）为城市轨道交通运营模式提出建设性意见

轨道交通的运营模式和建设模式是密不可分的，有什么样的建设模式就决定了有什么样的运营模式。传统的城市轨道交通都是政府自建自管的管理体制，而随着投资的多元化，私人投资者追求经济利益驱使要求城市轨道交通的运营更具有效率，因而城市轨道交通运营模式也需要一些改革。纵观轨道交通的发展，随着轨道交通建设模式的变化，轨道交通的运营方式也逐渐发生着变化—从传统自建自营、单一经营方式向建管分离、多元化经营转变。

二、国外城市城轨交通运营管理状况

1. 运营管理模式

城市轨道交通是指位于城市之内的以电力为驱动的有轨公共交通运输系统，它的班次频密且独立于其他交通体系，目前国际城市轨道交通有地铁、轻轨、市郊铁路、有轨电车以及悬浮列车等多种类型。从城市轨道交通的所有权与经营权关系上来看，其运营管理模式可分为国有国营模式，公私合营模式，国有民营模式，民有民营模式，私有国营模式等。

英国伦敦的国铁和地铁是通勤运输的主要工具其中市郊铁路由国铁管理，其管理体制是国有国营性质，地铁和公共汽车由地方运输公司经营。

法国巴黎轨道交通包括地铁、地区快速铁路和市郊铁路，其中快速铁路由运输公司和国铁共同管理，市郊铁路属于国铁，其管理体制既有国有国营，也有国铁与地方共同理。

美国纽约公共交通由地铁、通勤铁路和公共汽车组成，地铁由城市运输管理局经营管理，市郊铁路由长岛铁路公司和北方铁路公司管理，其管理体制属地方国有、地方经营性质。

日本东京公共交通以地铁、国铁（后改为民营铁路）的市郊和城市铁路、私铁组成的快速铁路网为公交骨干，市郊铁路现归东日本铁路客运公司管辖。

德国的汉堡及其周边地区，快速轨道交通网由城市快速铁路、市郊铁路、地铁和 AKN 铁路组成，市郊铁路与地铁、公共汽车、轮船由汉堡交通联营公司共同管理，市郊铁路的修建由城市和铁路共同负责，经营由联邦铁路负责。

2.运营状况

世界各国城市轨道交通的运营管理的实践表明，绝大部分城市和线路都显现出了营业亏损，需政府支持，予以财政补贴。由于轨道交通建设投资大，建设周期长，运营成本高，很难做到运营盈利并回收投资。目前在世界的各大城市轨道交通中，除了香港能做到投资回收，首尔地铁的盈利能弥补投资，圣地亚哥和马尼拉接近做到，新加坡和莫斯科可以收支平衡运营外，绝大多数城市的地铁很难用自己提供的运营利润来养活自己。随着运营成本的提高，许多地方甚至永远也达不到偿还投资。

作为轨道交通，运输成本很容易被计算出来，而其社会效益却不能用财务数字来表示。这是因为，如果世界上没有公共交通系统的话，许多城市，尤其是大城市将会在物质上和经济上完全自身窒息，城市正常功能将不能实现，因此，发展城市轨道交通和不断地对其进行政府支持和财务补贴已成为不可避免的事实。

三、我国城市轨道交通运营管理现状

1.广州模式——体化模式

广州地铁由广州市政府投资，并委托广州市地下铁道总公司（简称广州地铁）全权负责建设、运营、资源开发等职能。广州地铁对建设事业部、运营事业部、资源开发事业部实行一体化经营管理，在保证运营的前提下，不断控制成本，增加收入，即"开源节流"。

"开源"，即体现在运营收入和资源开发业务收入上，广州地铁借鉴香港地铁以业养铁的模式，对地铁附属资源进行了大力开发，坚持以房地产业务为首，同时加强广告、通讯、商贸等核心业务的开发经营二由此带动了地铁沿线经济，而高密度的土地利用反过来又为地铁提供了充足的客流，增加了票务收入，使运营与资源开发形成良性循环。

"节流"，其一在建设方面，与地铁一号线相比，二号线实现了 70% 机电设备国产化率，大大减少了进口设备的高费用支出，并且积极采用新工艺、新技术降低地铁线路造价；其二，在初期购置方面，广州地铁公司在满足运营条件的前提下，采用全面预警，物资采购比质比价程序，设立最低或零库存定额，建设供货商数据库等一系列成本控制方法；其三，在运营设备运用上，三号线采用的移动闭塞信号系统大大提升了三号线的运营效率，降低运营费用。四号线采用线性电机，使车辆转弯半径减小，大大缩减车辆用综合维修基地的用地面积，使投资成本得以控制。

除此之外，广州地铁在建设方面提供施工配合，对相关商业等各类社会资源进行整合，实现资源开发最大经济效益，广州地铁在 2001 年通过地铁票务收入和地铁资源的综合利用，实现可弥补运营亏损的经营利润 6100 余万元，抵减运营亏损后（不计折旧，房产税和土地使用税）的税前盈余 2400 多万元。

2. 上海模式—专业化

2000 年 4 月 28 日，上海轨道交通将"投资，建设，运营，监管"的四分开体制正式启动，在纵向四分开的同时实行横向适度竞争原则。

上海地铁的投融资业务由"申通集团"负责。申通集团主要通过政府注资、沿线开发、多元投资、发行地方债券、利用外国政府贷款、国际金融组织贷款及国内银行贷款等方式解决资金筹措。

上海地铁的建设业务由上海地铁建设有限公司、久创建设管理有限公司、港铁建设管理有限公司（香港地铁下属建设公司）以及中国铁道建设总公司等通过投标方式获得。

上海地铁的运营业务由上海地铁运营有限公司与上海现代轨道交通股份有限公司通过投标方式获得地铁某号线的运营管理权。由于实行横向竞争，2001 年，上海申通集团成功对上海凌桥股份有限公司进行股权收购，将其改名为申通地铁，成功将上海地铁一号线从上海地铁运营有限公司中剥离出来注入申通地铁。

上海地铁的监管业务由城市交通管理局及下属的轨道交通管理处起草轨道交通有关规范、条例，对地铁建设、运营进行监督管理。

上海模式优点为：专业化运作，加快建设步伐；有利于解决融资以及形成建设、运营的专业化市场及引入竞争机制，实现了内部分工和相互监督，有利于提高服务质量和管理效率。缺点为：出资人无法对建设资金实行有效管理；建设与运营衔接比较困难；投资方偏重于控制投资和压缩成本，不能为建设提供良好的资金条件。

3. 香港模式—PPP 模式

香港地铁作为世界上先进的地铁系统之一，归功于其所采用的 PPP 运营模式。香港地铁的投资、建设及经营均由香港地铁有限公司承担，香港政府只投入了不足三分之一的资金，其余资金通过各种融资渠道获得，如股票、债券、贷款和融资租赁等。

香港地铁公司是特区政府控股的一家公用事业企业，2000 年 10 月香港地铁实行部分私有化，在港交所上市，77%的股份由特区政府持有，其余23%为公众持股，股票融资高达94亿港元，并向投资者承诺在未来20年内，特区政府持股比例逐渐减少到50%。同时，一直以来对公办企业实行严格监管的香港特区政府，对香港地铁有着一套行之有效的监管机制。

香港地铁1979年投入营运，1991年开始达到年度盈亏平衡，1996年后收回投资，在2000年实现纯利润40多亿港元，并于当年上市，率先打破地铁不能盈利的神话，成为世界上屈指可数的盈利地铁之一。

我国城市轨道交通作为基础设施，多采用国有国营模式（香港的PPP模式除外），但从投融资、建设、运营、监管这四项业务的管理方式上可分为一体化模式和专业化模式。

结合国内外城市轨道交通运营模式特点可以得出，由于各城市的宏观政策、经济状况、人口特点存在差异，各城市的轨道交通运营模式不尽相同，我国在借鉴各城市的轨道交通运营模式时，因将城市特点和借鉴城市特点形成对比，根据政府财政状况、市场化程度、客流量大小和民间资本等因素，综合评估各运营模式的优劣。

第四节　城市轨道交通安全管理

一、城市轨道交通安全

1. 运营的安全性

运营的安全性是指在整个城市轨道交通系统的运营过程当中，要避免乘客以及员工要不受到伤害，设备不遭到破坏的能力。

2. 运营的可靠性

运营可靠性是指其轨道交通系统要保证乘客准时准点的到达目的地点的能力，也就是要保证乘客安全准点的到达，可靠性当中也含有安全性。

3. 保障安全的措施

要想保障轨道交通的安全，那么就必须要做到以下几点：

①要健全轨道交通的法律法规体系和安全管理体系。要建立一个制度，责任，设施，岗位职责，人员配置，资金的投入和使用等一系列严密的管理体系，这样城市轨道交通的管理工作使之有法可依。

②要做好轨道交通场所的安保防范工作。

③做好城市轨道交通重点的单位，重要部门的安全防范工作。

④健全和落实确保城市轨道安全的各项技术措施。

⑤要研究制定好轨道交通突发事件的响应预案并且要在实地进行演练。

二、城市轨道交通安全管理的特点

其特点主要体现在以下几个方面:

1. 安全工作影响面广

城市轨道交通系统都是在地下,地面,高架等复杂的运行条件下进行的,外界自然环境,社会环境以及城市轨道系统内部环境等多方面的因素对其运行安全的干扰和影响较大。城市轨道交通系统是由多个部门组成的一个大系统,每个部门的最终目标:安全运营,所以部门之间必须要协同运作,只有这样才能避免不必要的事故,保证系统的安全运营。不然任何一个环节出现问题都会影响到行车安全。

2. 运营复杂

要将旅客安全的送达目的地,城市轨道交通必须要经过多个部门程序和人员。在整个运输过程当中,安全工作涉及整个环节中的每一个人和工序,所以在整个运输系统当中一定要遵守规章制度,避免事故的发生。

3. 受自然环境的影响

比如说下雨,刮风,下雪,雾天等都会影响到驾驶员瞭望信号和观察线路的情况;寒冷季节会造成设备的冻坏,影响安全。

4. 交通线网覆盖面积大

如果轨道安全知识的宣传不到位,人们对轨道安全知识知之甚少,那么就会造成乘客携带违规物品上车,提高了轨道运输系统的危险程度等。

5. 技术性强

城市轨道交通系统是多个学科研究制造出来的现代化交通工具,其技术性非常强,各种设备的操作人员必须要经过严格的技能考试和不断的实践考察,合格之后才能够上岗,这样才能保证轨道交通的运输安全。

6. 受时间影响

城市轨道交通系统的运营是动态的,时间因素对行车安全影响大。轨道交通的行车密度大,列车运行时间间隔短,所以要要求运营相关的工作人员要密切的注意时间因素,才能确保运营的安全。

三、城市轨道交通系统的安全性框架

城市轨道交通系统有许多保障安全运营的技术和管理措施。如上海地铁运营有限公司管辖的轨道交通系统,技术层面上采用了大量的监视与控制系统及各种维修(维护)措施;管理层面有分级安全管理组织、安全管理制度、运营质量管理体系、设备维护管理系统、管理信息系统、应急预案等机制。这些技术和管理措施以及对它们的研究工作应该按照系统工程的原则建立一个统一的体系。本文针对城市轨道交通系统的结构与运转特点,构建了城市轨道交通系统安全性工程框架。

1. 安全技术体系

安全技术体系包含了各种安全保障或事故预防的技术措施，一般在线路设计建造时实现，也可在既有线改造时实施，主要有设备（设施）的固有可靠性提高、冗余、监控、检测、维护、维修、保护等技术措施；按专业可分为车辆、线路、通号、供电、客运等的安全技术措施；按区域可分为控制中心、列车运行、车站、隧道、桥梁、变电站、车辆段、通号基地等的安全技术措施。

2. 安全管理体系

安全管理体系包含了安全管理组织结构、各种安全活动计划、安全制度等内容。本书根据城市轨道交通系统管理组织结构的现状，提出了轨道交通系统安全性与可靠性管理组织的结构框架。图中的安全组织结构为三级安全组织管理体制：公司决策层有分管安全性与可靠性的负责人；中间管理层有专门负责安全性与可靠性的职能部门；各专业分公司操作层有专职安全性与可靠性的责任小组。职能部门负责安全性与可靠性管理制度的制订及实施情况监督、安全性与可靠性信息管理系统的管理、安全性与可靠性分析评估及预警系统的管理等工作。责任小组负责事故与故障信息的录入、相关制度执行情况监督等工作。通过安全性与可靠性综合信息平台实现安全性与可靠性的动态管理。

3. 事故应急体系

事故应急体系由应急技术与应急管理（应急预案）组成，主要有应急救援、应急运营、应急装备、事故处理等方面的内容。由于事故应急的重要性以及必须具备快速响应和联动调度的机制，所以列为单独的一个体系。

4. 安全性分析和评估体系

在安全性研究的所有内容中，最基本的是安全性分析和安全性评估。对于城市轨道交通系统，安全性研究体系主要有五个方面的内容：安全技术研究；安全管理研究；事故应急机制及预案研究；事故调查分析；系统安全性分析与评价。安全性研究的核心是发现、分析和评价系统中存在的不安全因素，研究和开发各种针对高危险状态的监控系统、检测技术、事故预防和应急措施，制定防止不安全因素转化为事故发生和事故发生后减少损失的安全管理规章制度，以及对这些规章制度的实施、检查及评价等。

四、影响城市轨道交通运营安全的主要因素

1. 城市轨道交通的技术设备

技术设备的日常管理和维护直接影响着系统的运营安全和可靠性。城市轨道交通系统包含了以下主要设备：线路及车站、车辆及车辆段、通信信号、供电、环控设施、售检票以及防灾监控报警设备等。只有各项技术设备协同可靠工作，才能保证列车安全高效地完成运输任务。城市轨道交通系统一般采用了高可靠性的元件、设备和软件，而且构成的系

统具有"故障导向安全"的特征，使整个系统具有应对设备故障及突发事件的高度安全性。城市轨道交通的线路长度、站间距离相对较短，列车种类单一，因此为了保持列车运行秩序稳定，列车运行控制系统在一定范围内可以自动调整列车的运行状态。城市轨道交通车站一般不设置配线，列车在车站正线上办理客运作业，如果一列车出现故障，将直接影响到后续列车的正常运营。因此，整个轨道交通系统的设备维护和管理是十分关键的。

2011 年 9 月 22 日 11 时 55 分，西单站带班值班站长在站台巡视时发现西单站站台 3 号电梯故障，有异响，立即停梯，关闭电梯上下围栏，并挂故障牌；同时报机电人员维修，写报修记录。12 时 00 分机电第二项目部电梯维修中心主任唐某某、维修员南某某接到西单站客运人员报修电话，于 12 时 20 分到达西单站。机电维修人员到达现场后，根据车站工作人员的描述，对地铁故障情况进行检查，发现在电梯头部疏齿板处有 3 个小螺钉，进行了清除处理，开启扶梯试运转，看到扶梯运转正常，便向车站工作人员报告修复完成。此时机电工作人员在未打开该电梯上方护栏门的情况下，打开了该电梯下方的护栏门，且该电梯处于运行状态。恰好有列车进站，乘客乘坐 3 号扶梯，由于该扶梯上头部护栏门未完全打开，形成拥堵，发生乘客挤伤。

这起事故对于城市轨道交通系统中设备的可靠性和安全性提出了质疑。首先因为地铁上方的头部护栏门没有打开，从而造成乘客拥堵，挤伤，引发了小规模的乘客混乱；其次机电维修人员对扶梯故障处理后，没有按照电梯维修规定进行全面运转检查，也没有按照电梯运行规定与客运人员进行交接；同时也反映出机电公司在人员管理、安全教育方面存在缺失以及维修规章制度执行不到位等问题。

在这样一起事故过后，城市轨道交通的安全性与可靠性再一次被推在了风口浪尖。不管是维修部门还是运营部门对事故都有着不可推卸的责任。笔者认为以下几点是急需改善或施行的：

①加强全体员工教育培训力度，尤其对相关规章制度的掌握和执行落实；

②加强运营分公司与设备分公司故障处理应急演练，优化并做好应急处置工作，提高现场应急处置水平；

③立即对各线扶梯进出口护栏进行全面检查，统计汇总单向门位置数量，制定双向开启方案后，全面进行整改。

2. 城市轨道交通网络的运输能力

城市轨道交通系统的网络运输能力体现了运输效率。提高网络的运输能力，可以最大限度地满足乘客出行要求，安全高效地完成输送任务。网络的运输能力主要影响轨道交通运行系统的可靠性，列车一旦发生延误不仅会影响到自身线路的正常运行，而且会影响到网络中其他列车的正常运行。正是因为地铁运行延误具有传播性，在发生列车运行延误时，列车到达晚点或者取消车次都会降低线路与车站等设备的通过能力，限制系统设备能力的充分利用。特别是在客流高峰时段的运行延误，将导致更大的能力损失，严重影响城市轨道交通系统的运营稳定性和可靠性。因此，提高网络的运输能力减少列车的运行延误对提高系统运行的可靠性是很重要的。

3. 城市轨道交通运营组织方案

城市轨道交通应为乘客提供满意的出行服务良好的运营组织是这种供给的前提和保证。在一定的网络结构和设备条件下，采用的运营方案应针对客流变化的情况，有利于提高网络系统的整体运输能力，适应客流需求，增加运营效益和运营可靠性满足乘客在出行安全、舒适、准时等方面的要求。

4. 突发事件

除了系统本身可能影响城市轨道交通系统运营安全和可靠性的因素外，自然灾害、恐怖袭击、人为破坏等突发事件也是影响运营和可靠性的关键因素。这些突发事件的发生，将会造成重大的人身伤亡、财产损失以及运营中断，产生轨道交通运营的安全问题。所以必须建立健全的社会应急体系，加强应急管理工作。突发事件发生前的预防是突发事件管理的重点，预防是突发事件管理中最简便、成本最低的方法。各监测部门应健全监测、预测工作，及时收集各种信息，并对这些信息进行分析、辨别，有效觉察潜伏的危机，对危机的后果事先加以估计和准备，预先制定科学而周密的危机应变计划，建立一套规范、全面的危机管理预警体系，明确各政府部门的责任，对危机采取果断措施，为危机处理赢得主动，从而预防和减少自然灾害、事故灾难、公共卫生和社会安全事件及其造成的损失，保障国家安全、人民群众生命财产安全，维护社会稳定发展。

五、提高城市轨道交通运营安全的途径

1. 加强人员培训和系统设备的日常维护

城市轨道交通系统是一个包含土建、车辆、供电设备、通信讯号、运营管理等多学科、多专业、多工种的复杂大系统。系统的安全与可靠性贯穿了从工程的前期决策、设计、施工到运营管理等各个阶段的全过程。对每个有不同岗位要求的工作人员而言，高质量地完成本岗位的工作要求，是保证轨道交通系统安全高效运营的关键，因此，必须加强工作人员的职业素质和道德培养。

城市轨道交通运营所依赖的交通设施，虽然采用了较高的可靠性标准，列车运行控制软硬件系统也采用了冗余设计来增强系统工作的可靠性，但在长期复杂多变的外界因素干扰下，仍然难以保证运营设施与设备不产生功能失效，因而系统实际运营过程中发生随机故障在所难免。为了降低故障发生率，就需要对系统的各种设施设备做好日常的维护和管理，发现问题及早解决，最大限度地消除发生故障的隐患，从而保证轨道交通系统安全高效的运行。

2. 提高轨道交通系统的技术装备水平

为了保证轨道交通系统中各种设备的正常运行，减少故障、事故和突发事件的发生，

应尽可能地利用最先进的技术装备和高科技手段。如采用高技术支持的信息管理、应急处置系统等来确保各种事件发生时的信息传输通畅以及应对措施的有效实施；采用列车运行智能化调度系统，减少因人工疏忽所引发的各种故障或事故；采用线网综合运营协调系统，保证网络中各车辆的高效、安全、可靠运行。

3. 应急预案的制定和演练

通过安全设计、操作、维护、检查等措施，可以预防事故、降低风险，但达不到绝对的安全。因此需制定在发生轨道交通事故后所采取的紧急措施和应急处置预案，充分利用一切可能的力量，在事故发生后迅速控制事故发展并尽快排除事故，保护乘客和员工的人身安全，将事故对人员、设施和环境造成的损失降低至最低程度。应急预案是应急救援系统的重要组成部分。针对各种不同的紧急情况制定有效的应急预案，不仅可以指导各类人员的日常培训和演习，保证各种应急资源处于良好的准备状态，而且还可以指导应急救援行动按计划有序地进行，防止因行动组织不力或现场救援工作混乱而延误事故救援，降低人员伤亡和财产损失。在预案演练时，可以与公安、消防、医院、公交等系统的相关部门实行联合演习，增加演练的实战性，更好地掌握演练技巧。

第六章 城市步行和自行车交通规划设计

第一节 发展简史

城市步行交通在城市交通系统中的地位是随着社会经济的发展、交通工具的改进而变化的。步行是一种古老而广泛使用的交通方式，车马交通的出现第一次使步行者受到了威胁，机动车的到来更是加重了这种威胁程度，机械化交通很快体现了快速、方便、运距长的优势并开始侵入行人拥挤的街道，世界上几乎所有的城市都面临着利益与灾难的共存。各国的政府人员、规划师、建筑师和交通工程师们对步行者的安全保障问题都做了很大的努力，较为典型的有英国、德国和美国，从雷德伯恩（Radburn）模式、布恰南（Buchanan）报告到安宁交通（TrafficCalming）政策，以及最近有关共享理论的研究，采取了一系列保护行人和居民免受机动车干扰，改善城市步行环境的政策和措施。

一、马车时代的城市步行交通

道路和街道主要是根据陆上交通的需要而发展的。城市产生初期，人们很少有代步工具，城市道路只是一个简单实用的步行系统。16世纪不同形式的马车在欧洲开始发展，18世纪后半叶开始普及，但马车主要为贵族服务并多用于远途，城市建成区内步行仍是人们出游、工作和参与社会活动最常见的交通方式。这个时期人车矛盾并不突出，只有少数解决步行与车行交通之间冲突的例子：如罗马街道的拥挤致使恺撒规定日出和日落之间禁止大车和马车入城；庞贝城的集会广场只允许步行者使用，并且通向广场的街道都设计为尽端路。这段时期也逐渐出现了早期交通分离的尝试，19世纪中叶城市街道开始提供人行铺道以分离行人和车轮交通，继而是出现了环境舒适的可遮阳避雨的廊街，公园的路网系统中也开始根据不同的交通模式分离道路。

1. 人行道（pavement）和廊街（arcade）的发展

人行铺道最早出现在罗马时期，英国在1666年伦敦大火后，新建的街道上开始提供人行道，18世纪中叶法国和德国一些较好的街道上人行道也逐渐普及。

18世纪，有遮蔽的市场通道首次在法国建成，后来逐渐出现在许多欧洲的大城市中。廊街是拥挤的城市区域分离行人和车轮交通的第一次规划尝试，在市场中的通道上部用屋顶覆盖，形成连续的有顶步行空间，主要建于城市中心，多用于线状或十字交叉的购物区，连接各类商店。最初人们只是想在现有的商业街道上空加上顶篷，以遮蔽风雨，但玻璃顶廊的运用，却使人们意外地发现古老的市街因此而变得明亮轻快，并富于生气。这使商业廊街在 19 世纪的欧洲风靡一时，许多著名的廊街都建于 1820 年和 1880 年之间，最有影响力的是 1867 年米兰市的拱廊商业街，占地 4200 平方米，长 195 米，精心设计的采光顶篷和色彩各异的大理石花纹地面造就了优美的步行空间，熙熙攘攘的商业和步行活动长盛不衰。19 世纪随着新的建筑规则的出现，廊街逐渐演变为玻璃拱廊和中庭结合的室内步行商业建筑。

2. 交通分离概念的雏形——一种保护公园特征的措施

雷德伯恩模式——20 世纪居住区人车分离的概念，最早源于景观建筑师的道路设计。19 世纪中叶，迫于公众对公共开放空间和公共步行道的强烈呼吁，英国设计了一批新的公园。德国在国家社会主义时期也兴起了轰轰烈烈的开放空间运动，部分公园建成和开放甚至要早于英国，规模较大的有帕克斯顿（Joseph Paxton）设计的伯根汉德（Birkenhead）公园，完成于 1845 年。帕克斯顿根据不同的交通模式分离道路，公园中包括一条马车道和两条完全独立的步行道。30 多年后欧姆斯坦德（Fredrich Law Olmsted）和卡尔法特（Calvert Vaux）设计了纽约的中央公园，与帕克斯顿采用了类似的系统，为每种交通方式都设计了一套完全独立的道路网络，交叉处设置天桥，并设计了预期纳入大都市车行道系统和公园系统的穿过道路和林园路。芒福德（Mumford）认为雷德伯恩住宅区规划受到了中央公园道路设计的影响。

二、19 世纪末 20 世纪初英国、德国和美国的街道规划以及雷德伯恩人车分离模式

1. 德国、英国和美国的街道规划

19 世纪末 20 世纪初，随着机动化交通的出现，道路使用中的弱势群体（行人和骑车者）和机动车之间出现失衡，原有的城市肌理遭到破坏。为了避免产生工业化初期破坏城市的消极开发，出现了城市需要规划和控制的概念，城市规划作为一项市政任务也包括了道路规划问题，德国、英国和美国的街道规划各有重点。德国的城市规划传统开始于街道规划。19 世纪末，工程师和规划师开始了发展等级街道控制交通的努力。鲍梅斯特（Reinhard Baumeister）和许朋（Hermann Joseph Stübben）的观点是这种街道规划思想的典型，提出根据交通流进行街道分级。他们认为一个好的街道网络应该包括为各种交通服务的主要街道和适应居住交通的辅助街道，反对将曲线街道作为现代街道规划的规则，反对教条式地复制历史街区布局。然而这种观点不久就遭到了塞特（Camillo Sitte）的挑战，塞特主张保护历史城市，不赞成城市满足现代交通的需求，与鲍梅斯特和许朋相反，塞特的街道是曲线的、狭窄的，包括小的街景和交叉口，塞特的影响持续到了 20 世纪 30 年代，这种观点在小汽车拥有率较低和公共交通比较发达的情形下较为适用。与城市规划一样，英国的

街道规划开始于对人们健康状况的关注，宽阔的街道能保证光照和通风。一方面开发商和地产拥有者按自身需要规划街道，地方政府无权干涉街道布局，只能执行一些关于街道宽度的规定，因此生活街道交通压力重，识别性差，单调而缺乏吸引力。另一方面英国工业城市的规划师和建筑师发展了一种新的街道布局模式，即根据艺术原则设计街道。这些尝试影响了帕克（Barry Parker）和恩温（RaymondUnwin），在一些田园城市及其郊区得到了广泛应用。恩温吸纳了许朋的许多观点，赞成分离不同的交通模式，建议减少特定的居住区街道和城市中心街道的车轮交通和机动交通，以保护行人和居民免受机动车的干扰。

美国在街道规划方面与英国和德国较大的区别，主要是美国的机动化程度较高，对小汽车使用的促进高于公共交通，交通规划师主要是一些技术专家，一味追求对交通需求增长的满足，不能也无暇顾及机动化可能对城市结构所产生的影响。方格网的街道布局、过度发展的小汽车不可避免地给城市区域带来了环境和财政压力，并引发了道路安全问题，这使许多开发者意识到改变街道布局的重要性，这种趋势后来走向了雷德伯恩的开发建设。

2. 美国的雷德伯恩人车分离模式

为了减轻城市的拥挤程度，控制城市增长，美国区域规划的概念获得了发展。1923年成立的美国区域规划协会（RPAA），预见到了小汽车对城市开发模式的影响，他们欢迎各种灵活的交通方式，但也看到了机动车给大城市带来的负面影响，特别是对居住区道路安全造成的威胁。受英国和德国田园城市及其郊区的影响，结合美国的生活方式和与日俱增的小汽车拥有量，1928年，PRAA开发了新泽西州的雷德伯恩社区（Radburn inFairlawn，New Jersey），第一次在居住区中设置独立的机动交通网络和行人（自行车）交通网络，创造了一个人车平面分离的交通模式。雷德伯恩设计中提出了邻里单元的社会学概念，认为住宅应围绕学校、游戏场地以及其他社区设施布置。另外还进行了严格的道路分级，以避免不必要的交通穿越，包括直接通向建筑物的服务性道路、围绕住宅区的次级集散道路、主要的联系不同邻里街区的通过道路和提供城市间的交通联系的高速公路或公园路。每户居民的住宅一面连接车行道（支路或尽端路），另一面连接人行系统，当步行道不得不穿越车行道时采用高架或地道。

但雷德伯恩的开发后来因住宅价格较高的原因并不成功，只建成了一部分，而且因干道网密度较低、街区面积过大，导致步行距离过长，雷德伯恩模式并没有在美国普及。而欧洲许多城市具有前工业社会形成的紧凑的城市结构，人口居住密度较高，雷德伯恩模式在许多城市中得到了广泛运用。雷德伯恩模式体现了一种新的设计形式，为居住规划和基于分级交通体系的邻里单元布局提供了新的原型，被认为是适应机动化时代发展规划的重要一步。

三、二战以后德国和英国道路交通政策中有关步行问题的考虑和英国的布恰南报告

1. 战后德国和英国的道路交通政策中有关步行问题的考虑

二战以后，德国大部分城市进行了重建，小汽车被看成是战后经济振兴的最重要的动力。为了给机动车创造更多的运行空间，20世纪50年代中期德国恢复了大量的道路建设。完全的机动化使城市中心面临巨大的挑战，德国采取了促进机动化交通同时发展公共交通的政策，同时也逐渐开始了步行化的发展，但因遭到交通工程师和零售商的反对，步行区大多规模较小。

与德国相比，英国则更加关注对交通的限制，虽然英国也建议进行大规模的道路建设，但主要是为了居住区和城市中心免受过境交通的干扰。1943年城乡规划部出现，英国的城市规划进入了全盛期，城市规划以大量的土地使用规划和道路交通规划为特征。随着小汽车拥有率和机动车速度的增加，交通专家日益受交通事故困扰，如何改善道路安全和交通流的增长问题成为道路交通政策的重要方面。曲普（Alker Tripp）提倡交通道路的分级，建议采取更严格的交通控制措施，以保护特定区域免受机动车的干扰，保护行人和骑车者的安全。他提出了功能街区（precinct）的概念，即以次干路为界限界定不同形式的区域，如商业区、居住区、工作区和历史建筑保护区等，与雷德伯恩的邻里（neighborhood）有某种程度的相似，虽然曲普的功能街区在尺度上要小一些。后来以的布恰南为首的工作组借用了功能街区的想法并将其重新定义为环境功能区，曲普可以被认为在道路网络综合概念中发展现代交通安宁观点的第一人，但这种交通安宁建立在大量的道路建设基础上。

英国在新城和新住宅区开发中普遍运用了邻里单元概念和雷德伯恩道路布局模式，新城的购物中心和许多城市的再开发计划中也开始尝试步行化，包括商业街的步行化、步行街廊和高架步行道等，但因执行困难大规模步行化付诸实施的较少。

2. 英国的布恰南报告

20世纪50年代后期，英国致力于高速公路的建设并建成了大量干道，但城市区域的交通问题仍然没能得到解决。1960年代早期，交通运输部部长马尔坡斯（Ernest Marples），委任布恰南（ColinBuchanan）研究城市的交通问题。布恰南不仅是一位道路工程师，同时还是建筑师和规划师，丰富的专业内涵使他能预见到机动化对城市环境的影响。他强调汽车时代步行环境的重要性，认为人车分离是对步行者的一种解放。他曾写道："步行者在城市中应享有充分的自由，能够随意地漫步、休息、购物和交流，沉浸于场景、建筑和历史所营造的气氛中，他们应该得到最大程度的尊重。"布恰南报告是以布恰南教授为首的小组在1963年对交通运输大臣提出的报告书，正式题名为《城市交通》。报告揭示了整个城市的交通问题，包括环境标准问题、机动车可达性问题和财政资源的可利用性问题，第一次提出大规模的道路建设可能会对城市结构的影响，第一次将城市环境和小汽车的可达性相结合。报告还吸纳了曲普的"功能街区"概念并发展为"环境功能区"，

功能区的外部由交通通道围合，内部是一个连续的功能空间环境，环境功能区有不同的特征，交通应视不同功能而定（居住区、商业区和工业区）。它第一次指出道路建设和使用安排不仅要考虑承担交通流大小，更要判断道路与城市环境的协调，提出了道路的环境容量的概念。也就是说，对任何街道网均要规定一种环境标准（噪声、废气、不安全程度和不方便程度等方面），按此标准，确定容许通过的交通量，以解决提高道路交通通行能力和提高城市环境品质之间的矛盾。

报告在英国引起了巨大的反响和争议，布恰南认为机动车是一种有效的交通手段，但他指出，如果不采取限制措施或城市不进行重建，原有的城市环境就会受到影响。这种观点后来被误解为赞成大规模的道路建设，保证城市区域小汽车的最大使用，所以在当时的历史条件下，布恰南的思想在英国并未能付诸实施，在其他一些国家如德国产生了巨大的影响。

四、1960 年代以后城市步行区的发展和交通安宁政策以及街区共享理论研究

1. 城市步行区的发展

自 20 世纪 60 年代以来，自由经济时期所获得的价值和目标不断受到质疑，大规模的道路建设、小汽车无限制的发展引发了一系列的城市问题。城市中心区丧失了昔日的经济、社会和环境特色，一方面机动车和行人互相抢道，步行者使机动车速降低，而机动车又威胁着步行者的安全；同时郊区购物中心的发展吸引了许多过去在市中心购物的顾客，致使中心区的商业功能逐渐衰落。为了应付这一挑战，改善城市生活条件，创造城市活力，西方国家相继实施内城复兴计划，城市中大规模步行化的推进被看成是创造更为人性化城市的重要一步。许多城市经历了商业中心从市区到郊区再返回市区的变化过程，布局形态上从商业干道发展到全封闭或半封闭的步行街，从自发形成的商业街坊发展到多功能的岛式步行商业街，从单一平面的商业购物环境发展到地上地下空间综合利用的立体化巨型商业综合体，从地面步行区发展到二层平面系统的步行天桥商业和地下商业街。步行化在改善交通状况、城市更新方面提供了有效的手段，减少了各类交通的冲突，刺激了商业的发展，提高了城市的环境艺术质量，德国在这方面走在了前列。

德国步行区建设初期，步行区的开辟仅仅限于城市主要商业街的步行化，将一条街道改为步行街禁止车辆通行是出于对中世纪形成的城市中心区道路狭窄、交通混乱而采取的相应政策，因限制交通提高了步行区的商业吸引力。1970 年初期，日益增长的环境意识和城市中心区历史价值的重新发现，以及市民价值观的变化加速了步行区的建设，这时的步行区规模较大，对环境效益考虑得更多，不仅提高了商业吸引力，也增加了环境和社会吸引力，但步行区并没有消除机动交通，而只是将它们转移到了附近的居住区内。20 世纪 80 年代初期，交通规划尝试了一些新方法，试图以各类交通的合理平衡来改变优先考

虑机动车交通的设计方法，从城市道路网的合理分布上解决城市交通问题。商业街重新组织使步行者获得了明显的优先权，街道对机动车实行选择性开放（车种、车速和时间），步行区周围的居住区也通过交通限制措施改善了环境质量，自行车交通也因其自身的优点为大多数市民所接受，各类交通在步行区中都能和谐地相处。

北美国家城市的步行区建设受西欧的影响，并结合自身特点，大多数城市中心区以立体分离作为步行街区发展的主要规划原则，如美国明尼阿波利斯市和加拿大卡尔加里市的天桥步行街区系统，加拿大多伦多市和蒙特利尔市的地下步行街区系统。明尼阿波利斯市是美国步行街区系统最为完善的城市，封闭的天桥系统（sky-bridge system）跨越街道连接各大型建筑物，连续的天桥系统序列由于不同尺度、功能各异的公共建筑的嵌入而变得丰富多彩，不仅缓解了交通，繁荣了经济，还提供了新型的城市公共空间。加拿大卡尔加里市则是以中心市区"+15"电梯步行系统而为人们所熟知，即拥有距地面15英尺以上发展起来的过街天桥系统，目前卡尔加里"+15"系统共有41座过街天桥，是世界上最大的高架步行区系统。这种立体分离的步行街区布局模式一方面符合北美传统的室内大商场商业活动方式，另一方面也非常适应当地的气候条件，因此得到广泛运用。

2. 交通安宁政策

交通安宁的概念来自20世纪70年代德国大量步行区的建设，并受绿党的影响，提出要加强环境问题的研究，采取一种新型的交通和速度管理方法，创立一个更为人性化的城市环境。

追根溯源，交通安宁理论上的确定来自1963年英国的布恰南报告，在居住区中进行交通安宁的实践则来自荷兰的庭院道路。为减少车对人的干扰，将道路设计成尽端式或将道路两端设计成缩口状，以限制外部交通通过，或者将车道设计成折线形或蛇形，迫使车辆减速，保证步行者的安全。后来又在居住区内部道路改造运动中发展了更加细致的设计原则，主要是限制道路直线段的长度和宽度来降低行车速度。如设置减速路拱、路边种树，设置路边停车等，总的观念是避免传统街道的人行道与车行道的分离，相反将它们融入一块板路面以产生居住院落的视觉印象，并通过绿化、座椅等强化这种感觉，车速降至行人步行速度，迫使汽车驾驶人员注意步行者。根据设计者的研究，居住区内部人车共存的道路应保证车速不超过20公里/小时，高峰小时汽车流量不超过250辆。后来因造价太昂贵，出现了简化的设计方法，即不触及传统的道路平面设计，通过设置限速路拱、瓶颈、抬高交叉口等降低机动车速。自1980年代起，考虑到实施交通安宁费用过高、时间过长，不少城市政府采取了一些选择性试验，降低机动车交通速度但并不减少交通量，如设置限速交通标志牌，必要时辅以一定的交通管理措施，取得了一定的效果。另外交通安宁的概念又从庭院式道路扩展到区域范围，因而使事故率大大减少，交通噪声空气污染减少，机动车的车速降低，从而提高了城市的生活质量。交通安宁是一种规划和交通政策，有广泛的规划、交通和环境政策目标：减少建成区交通事故的严重性和数量，加强道路的安全性；

减少空气和噪声污染；归还步行和骑车空间和其他非交通活动空间；加强步行者、骑车者和其他非交通活动参与者的安全性；改善环境，促进地方经济发展等。从狭义角度看，交通安宁可理解为在某些城市区采取措施将机动车速度限制为 30 公里／小时；从广义角度交通安宁可理解成一种综合的交通政策，包括在建成区降低速度以及对步行、自行车和公共交通的鼓励，根据建成环境的需要对机动车采取不同措施进行限制，如道路收费或禁止停车等。然而安宁交通并不是反对小汽车，而是对步行者的一种解放，对公共交通和自行车交通的一种呼吁。把安宁交通纯粹当成一种道路工程措施是一种错误理解，仅仅将一些居住区街道设计成庭院道路的做法也不可取。这种形式的交通安宁将减少进行设置的街道的机动车数量或机动车平均速度，但交通会被重新分配到其他的街道，加重了其他街道的交通压力。

3. 共享理论

大规模步行化的推进缓解了城市交通压力，改善了城市环境，但也不可避免地带来了一些负面影响。首先步行化并没有消除机动交通，而只是将它们转移到了其他地区，道路面积率因此而明显增加；其次纯步行化影响了地区的可达性，削弱了商业，尤其是与机动车交通联系紧密的商业的吸引力；另外，由于欧美国家人口密度较低，机动车和步行道的完全分离致使汽车道安全性下降，而步行道也因此减少了活动的多样性，影响了城市活力。基于上述原因，并受交通安宁概念的启发，1980 年代以来，人们开始了共享理论的研究。街道共享是西方汽车社会方兴未艾的一种交通规划和设计的新课题，步行与机动车辆之争发生了质的变化，人和车辆平等共存的概念逐渐取代人车分离的概念。人们试图寻求一种合理的规划设计管理措施，为所有的道路使用者改善道路环境，使街道中步行者和机动车能够平等共存，各类交通能够和谐相处，减少步行者、骑车者和机动车之间的冲突并增强沿街商业的经济效益，即意味着恢复目前受交通支配的道路的人类尺度而无需将交通限制到不能接受的水平。这方面的研究包括道路交通、沿街活动的规划设计管理和道路环境的设计管理等方面，具体涉及街道的物理特征、沿街活动、步行活动、交通功能、机动车速度、交通安全、停车管理、街道景观、街道质量和社会经济环境等内容，一方面从规划上进行研究，从区域范围、从城市道路网的合理分布上解决交通与沿街活动的混合问题，维持各类交通的合理平衡，另外还包括一些具体设计控制措施的研究，如改变街道的物理特征、设置减速路拱、路边种树，设置路边停车、渠化交通、实施单向交通等，以增强道路安全、支持沿街活动和改善道路环境。由于欧美国家的居住人口密度较低，研究者认为，限制交通的人车共存形式比人车分离更有利于增加居民交往，提高街区公共空间活力。

第二节　基本规定

（一）城市步行和自行车交通系统规划设计应遵循安全性原则。

1.应优先保障步行和自行车交通使用者在城市交通系统中的安全性，在满足安全性的前提下统筹考虑连续性、方便性、舒适性等要求。

2.应保障步行和自行车交通通行空间，不得通过挤占步行道、自行车道方式拓宽机动车道，杜绝安全隐患。

3.步行和自行车道应通过各种措施与机动车道隔离，不应将绿化带等物理隔离设施改造为护栏或画线隔离，不得在人行道及自行车道上施划机车停车泊位。

4.在过街设施、道路照明、市政管线、街道界面等的设计和维护中应考虑步行和自行车交通使用者的安全，降低交通事故或受犯罪侵害的风险。

（二）城市步行和自行车交通系统规划设计应遵循连续性原则。

1.应根据不同等级的城市道路布局与两侧用地功能，结合滨水、公园、绿地空间，形成由城市道路两侧步行道、自行车道与步行专用路、自行车专用路构成的步行和自行车交通网络，保证行人和自行车通行的连续、通畅。

2.在步行和自行车交通网络与铁路、河流、快速路等相交时，应通过工程及管理措施保障步行和自行车交通安全、连续通行。

3.应研究探索步行和自行车交通穿越公园、小区以及大院的可行措施，增强网络密度，提高连通性。

4.在设计道路交叉口和过街设施时，应特别注意人行道和自行车道的连续性，避免出现断点。

（三）城市步行和自行车交通系统规划设计应遵循方便性原则。

1.在既有城区改造、新区建设、轨道交通、环境综合整治等重大项目实施过程中，应充分考虑步行和自行车交通系统设施布局，并可贯通周边公园、大型居住区内部路网，作为城市路网补充，形成步行和自行车交通系统的便捷路径，完善步行和自行车微循环系统。

2.鼓励结合城市水体、山体、绿地、大型商业购物区和文体活动区，建设步行和自行车专用道路或禁车的步行街（区）。在城市滨水空间和公园绿地中应设置步行专用路和自行车专用路，方便居民休闲、健身和出行。

3.步行和自行车网络布局应与城市公共空间节点、公共交通车站等吸引点紧密衔接，步行网络应与目的地直接连通，自行车停车设施应尽可能靠近目的地设置，以提高效率和方便使用。

4.应特别注意步行和自行车系统的无障碍设计，以方便老人、儿童及残障人士出行。

（四）城市步行和自行车交通系统规划设计应遵循舒适性原则。

1. 在道路新建、改造和其他相关建设项目过程中，应保证步行和自行车通行空间和环境品质，保障系统舒适性，增强吸引力。

2. 除满足基本通行需求外，应结合不同城市分区特点，结合周围建筑景观，建设完善的林荫绿化、照明排水、街道家具、易于识别的标志及无障碍等配套设施，尽量提供遮阳遮雨设施，提高舒适程度和服务水平。

3. 应与城市景观、绿地、旅游系统相结合，将步行道和自行车道与城市景观廊道、绿色生态廊道、休闲旅游热线合并设置，尽可能串联城市重要景观节点和公共开敞空间，提升整体环境品质。

4. 在兼顾经济实用的前提下，应考虑地面铺装、植物配植、照明、标识及城市家具的美观性，力求体现当地环境特色，彰显地方文化特质。

（五）城市步行和自行车交通系统规划设计还应注意以下问题：

1. 应着重处理好步行和自行车交通系统与公共交通系统的衔接，优化换乘环境，密切车站与目的地的联系，形成贯通一体的出行链，拓展公共交通覆盖范围，增强公共交通的吸引力。

2. 市政设施、管线应结合绿化带、设施带布置，并考虑与周边环境的适应和协调，不得影响行人和自行车通行。

3. 公共服务设施应结合沿线区域的需求进行设置，并考虑与周边建筑已有服务设施整合，避免重复，不得影响行人通行的安全与顺畅。

4. 核心商业区、活动聚集区、广场等行人流量较大的区域，应适当提高步行和自行车交通设施标准，满足行人通行和休憩要求。

（六）城市绿道系统规划设计应符合以下规定，并参照各地相关规范标准：

1. 城市绿道应结合城市水体、山体布置，并尽可能延伸到城市中心，与城市公园、绿地、公共空间相互贯通，连线成网，丰富和补充自行车交通系统，为步行和自行车出行和休闲提供良好的空间环境。

2. 城市绿道除休憩健身功能外，在中心城区应同时考虑交通功能，如设置最短路径的自行车道，并与城市道路相连通，使城市绿道系统与城市步行和自行车交通系统有效衔接。

3. 城市绿道应在铺装、街道家具、绿化景观、指示标识等方面满足步行和自行车交通的需求。

4. 城市绿道中涉及步行和自行车交通的内容，应参照本导则中步行专用路和自行车专用路相关条款。

（七）山地城市及《建筑气候区划标准》（GB50178-93）中的严寒地区城市，自行车交通系统的规划建设标准可适当调整，鼓励通过设计创新克服不利环境因素。

（八）本导则中的自行车系指普通人力自行车，电动自行车的规划设计也可参照使用。电动自行车在非机动车道内行驶时，应按人力自行车速度行驶，最高速度不得超过15公里／小时。应加强对电动自行车的管理，引导居民合理使用符合国家标准的电动自行车。

第三节　步行网络规划

一、一般规定

1. 步行网络由各类步行道路和过街设施构成，步行道路可分为步行道、步行专用路两类。

2. 步行道指沿城市道路两侧布置的步行通道。

3. 步行专用路主要包括如下类型道路或通道空间：

（1）空间上独立于城市道路的步行专用通道，如公园、广场、景区内的步行通道，滨海、滨河、环山的步行专用通道和专供步行通行的绿道。

（2）建筑物及其他城市设施间相连接的立体步行系统。

（3）通过管理手段、铺装差异等措施禁止（或分时段禁止）除步行外的交通方式通行的各类通道，如商业步行街，历史文化步行街等。

（4）横断面或坡降设置上不具备机动车通行条件，但步行可以通行的各类通道，如横断面较窄的胡同、街坊路、小区路等。

（5）其他形式的步行专用通道。

4. 公园、景区内的步行专用通道为城市步行专用路的重要组成部分，应向社会开放。如现阶段确需封闭管理的，应预留远期开放的可能性。

5. 步行网络规划中应明确步行交通应承担的功能，明确步行分区及步行道路分级。

6. 山地城市应充分利用山地地形，布设独立于城市道路网络的便捷的步道网络，如山城步道、步行隧道或立体步行系统等，并加强标识引导。

二、步行分区

1. 步行分区主要目的是体现城市不同区域之间的步行交通特征差异，确定相应的发展策略和政策，提出差异化的规划设计要求。

2. 步行分区方法应结合步行系统规划发展目标，重点考虑步行交通聚集程度、地区功能定位、公共服务设施分布、交通设施条件等因素确定。各城市可根据具体情况确定分区类别与原则。

3. 步行分区一般可划分为三类：

（1）步行Ⅰ类区：步行活动密集程度高，须赋予步行交通方式最高优先权的区域。应覆盖但不限于：人流密集的城市中心区；大型公共设施周边（如大型医院、剧场、展馆）；主要交通枢纽（如火车站、轨道车站、公共交通枢纽）；城市核心功能区（如核心商业区、中心商务区和政务区）；市民活动聚集区（如滨海、滨河、公园、广场）等。

（2）步行II类区：步行活动密集程度较高，步行优先兼顾其他交通方式的区域。应覆盖但不限于：人流较为密集的城市副中心；中等规模公共设施周边（如中小型医院、社区服务设施）；城市一般功能区（如一般性商业区、政务区、大型居住区）等。

（3）步行III类区：步行活动聚集程度较弱，满足步行交通需求，给予步行交通基本保障的区域。主要覆盖上两类区域以外的地区。

4.步行I类区应单独进行专项步行交通设计，建设高品质步行设施和环境，并通过有效的交通管制措施，合理地组织机动车交通和停车设施，鼓励设置行人专用区，创造步行优先的街区。

5.步行I类区内大型商业、办公、公共服务设施集中的区域可根据实际需要，建立高效连通和多功能化的立体步行系统，将地面步行道、行人过街设施和公共交通、公共开放空间、建筑公共活动空间等设施有机连接，形成系统化的步行网络。

6.步行I类区应采取严格的交通管制措施，积极实行交通稳静化，主干路以下道路机动车应限速行驶，主、次干路严禁路边停车。

7.步行II、III类区域应重点协调步行与其他方式的关系，保障步行的基本路权，以及安全、连续、方便的基本要求，在人行道宽度、步行网络密度、过街设施间距与形式等方面体现不同分区的差异性。

三、步行道路分级

1.步行道路分级主要目的是明确不同类型步行道路的功能和作用，体现步行道路级别与传统城市道路级别之间的差异性和关联性，并提出差别化的规划设计要求。

2.步行道路级别主要由其在城市步行系统中的作用和定位决定，考虑现状及预测的步行交通特征、所在步行分区、城市道路等级、周边建筑和环境、城市公共生活品质等要素综合确定。

3.沿城市道路两侧布置的步行道，可分为三级：

（1）一级步行道：人流量很大，街道界面活跃度较高，是步行网络的重要构成部分。

主要分布在城市中心区、重要公共设施周边、主要交通枢纽、城市核心功能区、市民活动聚集区等地区的生活性主干路，人流量较大的次干路，断面条件较好、人流活动密集的支路，以及沿线土地使用强度较高的快速路辅路。

（2）二级步行道：人流量较大，街道界面较为友好，是步行网络的主要组成部分。主要分布在城市副中心、中等规模公共设施周边、城市一般功能区（如一般性商业区、政务区、大型居住区）等地区的次干路和支路。

（3）三级步行道：以步行直接通过为主，街道界面活跃度较低，人流量较小，步行活动成分多为简单穿越，与两侧建筑联系不大，是步行网络的延伸和补充。

主要分布在以交通性为主，沿线土地使用强度较低的快速路辅路、主干路，以及城市外围地区、工业区等人流活动较少的各类道路。

4. 步行道路的隔离方式应综合考虑步行道路是否专用，道路横断面宽度，机动车车速与流量、两侧建筑环境等要素，并符合以下规定：

（1）步行专用路应采取有效的管理措施禁止机动车进入，允许自行车通行的应采取隔离措施。

（2）步行道应和相邻的机动车或自行车道物理隔离，可采取绿化带隔离、设施带隔离、高差隔离等。

（3）应避免步行道与自行车道共板设置，以保障行人安全。

5. 步行专用路的宽度应根据步行流量、承担功能、两侧用地性质等因素综合确定。

6. 在城市道路横断面设计时，应按照《城市道路工程设计规范》（CJJ37-2012）的规定，将路侧带划分为人行道和绿化带、设施带，并明确给出各部分宽度。

四、过街设施布局

1. 过街设施包括交叉口平面过街、路段平面过街和立体过街。一般情况下应优先采用平面过街方式。

2. 居住、商业等步行密集地区的过街设施间距不应大于 250m，步行活动较少地区的过街设施间距不宜大于 400m。

3. 重点公共设施出入口与周边过街设施间距宜满足下列要求4：

（1）过街设施距公交站及轨道站出入口不宜大于 30m，最大不应大于 50m；

（2）学校、幼儿园、医院、养老院等门前应设置人行过街设施，过街设施距单位门口距离不宜大于 30m，不应大于 80m；

（3）过街设施距居住区、大型商业设施公共活动中心的出入口不宜大于 50m，不应大于 100m。

4. 跨越城市快速路主路时应设置立体过街设施，以下情况可优先采用立体过街方式，并应与周边建筑出入口整合考虑：

（1）高密度人流集散点附近且机动车流量较大区域，如大型多层商业建筑、轨道车站、快速公交（BRT）车站、交通枢纽、大型文体场馆、学校等周边地区；

（2）曾经发生重特大道路交通事故的地点，且在分析事故成因基础上认为确有必要设置立体过街的。

五、立体步行系统

1. 立体步行系统指将平面步行系统与空中步行系统、地下步行系统进行网络化整合，把各类步行交通组织到地上、地面和地下三个不同平面中，实现建筑之间、建筑与轨道车站之间以及与道路空间内部便捷联系的步行系统。

2. 设置立体步行系统时，应同时保证地面步行和自行车空间的连续性，并结合人行天桥、人行地道等设施，有效衔接立体与地面步行空间。

3. 空中步行系统应与地上轨道交通车站，以及建筑的商业娱乐、观光休憩、入口广场和共享平台等功能空间结合设置。

4. 地下步行系统应与地下轨道交通车站、地下停车库、地下人防设施等紧密衔接，共享通道和出入口。

5. 设置立体步行系统时，应建立投资、建设、运营、维护的协调保障机制，确保立体步行系统安全、连续、整洁、有序运行。

第四节　步行空间设计

一、步行道横断面

1. 步行道横断面设计应结合城市区位、功能定位和路侧用地属性，兼顾行人通行和停留需求。应妥善协调步行道与自行车道、路侧停车的关系。

2. 步行道横断面可划分为人行道、绿化带或设施带，以及建筑前区。各分区应保证连续，避免分区间发生重叠或冲突 5。

（1）除不设辅路的快速路外，城市各等级道路应设置人行道。

（2）设施带或绿化带的宽度不得小于 0.5m，有行道树的不得小于 1.5m。

（3）当行道树池上铺设有与人行道共面的透水材料时，行道树设施带的 1/2 宽度可计入人行道宽度。

（4）改建路段若受实际条件限制，步行道宽度可适当调整，但不得小于原有宽度。应优先保证人行道宽度及连续性。

3. 步行专用路

（1）步行专用路应保持适宜的街道空间尺度，道路空间宽度与道路空间两侧围合物（建筑或绿化）高度的比值宜为 1∶1 ～ 1∶1.57。

（2）步行街的设计应符合下列规定：

1）步行街的规模应适应各重要吸引点的合理步行距离，步行街长度不宜超过 800m。

2）步行街的宽度可采用 10m ～ 15m，其间可配置小型广场，步行道路和广场的面积，可按每平方米容纳 0.8 人 ～ 1.0 人计算。

3）步行街与两侧道路的距离不宜大于 200m，步行街进出口距公共交通停靠站的距离不宜大于 60m。

4）步行街附近应有一定规模的自行车停车场，且自行车停车场距步行街进出口的距离不宜大于 50m。

5）步行街应满足消防车、救护车、送货车和清扫车等的通行要求。

4.除城市快速路主路以外，一般情况下应优先采用平面过街方式，视过街行人与道路机动车流量大小，可分别采用信号灯管制或行人优先的人行横道过街。

（1）交叉口平面过街和路段平面过街应保持路面平整连续、无障碍物，遇高差应缓坡处理。

（2）应尽量遵循行人过街期望的最短路线布置人行横道等设施。人行横道线较宽时，应设置阻车桩防止机动车进入或借道行驶，以保护行人安全。

（3）具有两条及以上车道的道路，机动车停止线距离人行横道线不宜小于 3m，以提升外侧机动车道视野、减少交通信号交替时可能导致的行人与机动车冲突。

（4）对于行人过街需求较高的交叉口平面过街以及城市生活性道路上的路段平面过街，可采用彩色人行横道、不同路面材质的人行横道或抬高人行横道（抬高交叉口）来区分和提示过街区域。

（5）应尽量减少或妥善解决交叉口渠化或拓宽给行人过街造成的不便。确需对交叉口渠化或拓宽时，一条进口车道宽度可取 2.8m ～ 3.0m，不宜大于 3.25m。

（6）在设置机动车右转安全岛时，应采取机动车减速、标志标线等提示措施减弱过街行人和右转机动车的冲突，保障行人过街安全。

（7）当人行横道长度大于 16m 时（不包括非机动车道），应在分隔带或道路中心线附近的人行横道处设置行人过街安全岛，安全岛宽度不应小于 2.0m，困难情况下不应小于 1.5m。

（8）行人过街绿灯信号相位间隔不宜超过 70 秒 10，不得大于 120 秒。鼓励行人过街与机动车右转的信号相位分离设置，并实行行人过街信号优先。

（9）立体过街应设置适合自行车推行及为残障人群使用的坡道，有条件的应安装电梯、自动扶梯。宜与周边建筑、公交车站、轨道车站出入口以及地下空间整合设置，形成连续、贯通的步行系统。

（10）环岛的交通组织应优先保障行人过街的安全，环岛各相连道路入口处应设置人行横道，行人过街需求较大的应设置行人过街信号灯，并与机动车信号灯相协调。

5. 交叉口转角空间

（1）无自行车道的交叉口转角路缘石转弯半径不宜大于 10m，有自行车道的路缘石转弯半径可采用 5m11，采取较小路缘石转弯半径的交叉口应配套设置必要的限速标识或其他交通稳静化措施。

（2）交叉口转角路缘石应缓坡处理，坡面宽度大于 2.0m 时应设置阻车桩，防止机动车进入，保护行人安全。

（3）交叉口转角空间设置交通设施、绿化和街道家具时不应影响行人通行和机动车视距。视距三角形限界内，不得布设任何高出道路平面标高 1.0m 且影响驾驶员视线的物体。

二、步行环境设计

（一）路面铺装

1. 步行路面铺装应平整，并保证排水坡度。高差变化时应采用缓坡处理，不应采用台阶踏步形式。

2. 铺装应采用透水性、防滑、舒适、耐久、经济的材料。

3. 在步行道起止点、转折处、分岔处等行人决策点，可变换路面铺装的材质、色彩或铺排方式，以示区分。

（二）街道家具

1. 街道家具泛指在步行道内为各类使用需求而设置的设施。应舒适、耐久、实用、易于维护。宜统一风格、有识别性，并与周边建筑和环境相协调。

2. 街道家具应布置在设施带、绿化带或建筑前区内，避免占用人行道或阻碍通行。市政及其附属设施宜结合绿化带设置，并采取安全防护措施。

3. 座椅、遮蔽设施和公共艺术是提升步行环境品质的重要元素，其设计符合以下规定：

（1）座椅应结合公交站点、公共建筑出入口、绿道等人流量较大的路段和场所布置，宜使用木材为主，设置靠背和扶手，并通过设计或材料达到透水、宜干的效果。

（2）遮蔽设施包括建筑挑檐、独立构筑物和骑楼等。鼓励在重点步行片区内形成连续、有效、美观的遮蔽设施系统，以遮阴为主要功能的宜结合乔木绿化一体化设置。

（3）公共艺术应与周边环境的空间尺度相协调。鼓励公共艺术与街道家具一体化设计，提升街道或区域的特色。

4. 照明是保证步行环境安全的重要元素，路灯的间距和照度应保证夜间安全，并避免光污染。安全问题突出的重点区域应加强照明。宜采用节能灯具，并使用暖色调光源。

（三）绿化

1. 绿化是步行系统重要的组成部分，可采用乔木、灌木、地被植物相结合，竖向宜与道路排水设计相协调，实现雨水的资源化利用。

2. 应优先采用乔木绿化，发挥其遮阴功能，并与座椅、自行车停车设施等街道家具结合设置，方便人们等候、停留和活动。

3. 行道树绿化宜采用平树池形式，即树池缘石与人行道的地面铺装平齐，可上置盖板，方便行人借用通行。

4. 当城市生活性道路的绿化带采用灌木绿化或草坪绿化时，不应长距离连续设置，避免对行人灵活穿越造成阻隔。

5. 应优先选用适宜本地、生长快、树冠分散、高度适宜、无毒无害的绿化植物。不得滥用名贵树种。避免选择根系过于发达的树种，以免损害市政设施。

6. 被人行横道或道路出入口断开的分车绿带端部，苗木设置高度应在 0.9m 以下，控制长度范围应满足停车视距要求，保证行人和车辆的视线通透。

（四）指示标识

1. 指示标识应为行人和骑车人提供连续、有效、充足的指路服务信息，宜通过与其他街道家具的整合设计构建统一、完整系统。

2. 指示标识应设置在行人决策点的醒目位置。城市的主要吸引点、公交和轨道车站应设置区域引导图和指示牌。指示牌指引信息的高度不宜大于 2.5m。

3. 非路面喷涂的指示标识应设置在设施带内，条件不足的可设置在绿化带内，以避免妨碍行人和自行车通行。

4. 鼓励指示标识的信息智能化，以满足指示路况、停车空位、交通事故、交通管控和天气等信息的时效性要求。

（五）街道界面

1. 建筑贴线率是指建筑贴近建筑界面控制线建设的比例。宜通过底层建筑界面控制线和建筑贴线率进行街道界面控制，以加强街道、广场等公共空间的整体性和沿街界面的丰富性和活跃程度。

2. 对于步行重点片区和生活性道路，底层建筑界面控制线退让红线距离不宜大于10m，建筑贴线率不宜小于 70%。

3. 建筑前区内宜布置街道家具和绿化遮阴，不应设置机动车停车位。

4. 沿街建筑底层宜作为商业、文化、娱乐等用途使用，并采用小尺度、通透和开敞的设计形式，以提升街道活力。一般应避免设置大面积、连续的围墙或栅栏。

5. 对于长期施工造成的消极街道界面，宜对围挡进行美化和人性化设计。

三、自行车网络规划

（一）一般规定

1. 自行车网络由各类自行车道路构成，可分为自行车道和自行车专用路两类。

2. 自行车道指沿城市道路两侧布置的自行车道。

3. 自行车专用路主要包括以下类型道路或通道空间：

（1）公园、广场、景区内的自行车通道，滨海、滨水、环山的自行车专用通道和自行车绿道等；

（2）通过管理手段、铺装差异等措施禁止（或分时段禁止）除自行车和步行之外的交通方式通行的各类道路，允许自行车通行的步行街（区）等；

（3）不具备机动车通行条件、但自行车可以通行的各类通道，如较窄的胡同、街坊路、小区路等。

（4）其他形式的自行车专用通道。

4. 自行车网络规划应明确自行车交通应承担的功能，明确自行车交通分区及自行车道路分级。

（二）自行车交通分区

1. 自行车交通分区主要目的是体现城市不同区域的自行车交通特征差异，明确不同分区的自行车交通发展政策，根据分区内自行车交通出行特征的不同，提出差异化的规划设计要求。

2. 自行车交通分区方法应结合城市自行车系统的发展定位，重点考虑现状和规划的土地使用情况、城市空间布局、大型公共设施分布、地形地貌、天气气候等要素，各城市可根据具体情况确定分区类别与原则。

3. 自行车交通分区一般可划分为三类：

（1）自行车 I 类区：优先考虑自行车出行的区域，自行车道路网络密度高，自行车系统设施完善。应覆盖但不限于：城市中心区、重要公共设施周边、主要交通枢纽、城市核心商业区和政务区，以及滨海、滨水、公园、广场等市民聚集区等。

（2）自行车 II 类区：兼顾自行车和机动车出行的区域，自行车道路网络密度较高，配置一定自行车专用设施。应覆盖但不限于：城市副中心、中等规模公共设施周边、城市一般性商业区和政务区，以及大型居住区。

（3）自行车 III 类区：对自行车出行予以基本保障的区域。主要包括上两类自行车交通分区以外的地区。

4. 不同自行车交通分区的自行车道路网络密度和平均间距应满足表 6-1 的规定 16。对于城市建成区，自行车道路密度偏低的分区宜加强自行车专用路建设。

表 6-1

自行车交通分区	自行车道路密度	自行车道路平均间距
I 类区	12 ~ 18km/km² 其中自行车专用路的密度不低于2km/km²	110 ~ 170m 其中自行车专用路的间距不大于1km
II 类区	8 ~ 12km/km²	170 ~ 250m
III 类区	5 ~ 8km/km²	250 ~ 400m

（三）自行车道路分级

1. 自行车道路分级的主要目的是明确不同道路的自行车功能和作用，体现自行车道路级别与传统城市道路级别之间的差异性和关联性，并提出差异化的规划设计要求。

2. 自行车道级别主要由其在城市自行车交通系统中的作用和定位决定。考虑现状及预测的自行车交通特征、所在自行车交通分区、城市道路等级、周边建筑和环境等要素综合确定。

3. 沿城市道路两侧布置的自行车道，可分为三级：

（1）一级自行车道：以满足城市相邻功能组团间或组团内部较长距离的通勤联络功能为主，自行车流量很大，同时承担通勤联络、到发集散、服务周边等多种复合型功能，是自行车网络的骨干通道。主要分布在城市相邻功能组团之间和组团内部通行条件较好，市民通勤联络的主要通道上，以生活性主干路、两侧开发强度较高的快速路辅路、和自行车流量较大的次干路为主。

（2）二级自行车道：以服务两侧用地建筑为主，自行车流量较大，自行车交通行为以周边地块的到发集散为主，与两侧建筑联系紧密，但中长距离通过性自行车交通比例较小，是自行车网络的重要组成部分。主要分布在城市主（副）中心区、各类公共设施周边、交通枢纽、大中型居住区、市民活动聚集区等地区的次干路以及支路。

（3）三级自行车道：功能以直接通过为主，自行车流量较小，以通过性的自行车交通为主，与两侧建筑联系不大，是自行车网络的延伸和补充。主要分布在两侧开发强度不高的快速路辅路、交通性主干路，以及城市外围地区、工业区等人流活动较少的地区的各类道路。

4. 自行车道的宽度和隔离方式应综合考虑自行车道等级及其所在自行车交通分区，且符合表6-2规定17。一般情况下，I类区的各级自行车道宽度取上限值，II类区取中间值，III类区取下限值。

表6-2

自行车道等级	自行车道宽度	隔离方式
自行车专用路	单向通行不宜小于3.5，双向通行不宜小于4.5	应严格物理隔离，并采取有效的管理措施禁止机动车进入和停放
一级	3.5 ~ 6.0	应采用物理隔离
二级	3.0 ~ 5.0	应采用物理隔离
三级	2.5 ~ 3.5	主干路、次干路应采用物理隔离，支路宜采用非连续物理隔离

（四）自行车停车设施布局

1. 自行车停车设施包括建筑物配建自行车停车场、路侧自行车停车场和路外自行车停车场。建筑物配建自行车停车场是自行车停车设施的主体。

2. 应明确规定建筑物自行车停车配建指标，新建住宅小区和建筑面积2万平方米以上的公共建筑必须配建永久性自行车停车场（库），并与建筑物同步规划、同步建设、同步投入使用。

3. 路侧自行车停车场应按照小规模、高密度的原则进行设置，服务半径不宜大于50m。

4. 轨道车站、交通枢纽、名胜古迹和公园、广场等周边应设置路外自行车停车场，服务半径不宜大于100m，以方便自行车驻车换乘或抵达。

5. 对于建筑工程在地块内设置公共自行车停车场的，可适当折减建筑物自行车停车配建指标。

四、自行车空间与环境设计

（一）自行车道宽度

1. 除快速路主路外，城市各等级城市道路应设置自行车道。应综合考虑城市道路等级和自行车道功能分级，设定自行车道宽度。新建道路的自行车道宽度应符合表 6-3 中数值。

表 6-3

自行车道等级 城市道路等级	一级	二级	三级
快速路（辅路）	3.5～4.5	3.0～3.5	2.5～3.0
主干路	4.0～6.0	3.5～5.0	2.5～3.5
次干路	4.0～5.5	3.5～4.5	2.5～3.5
支路	3.5～5.0	3.0～3.5	2.5～3.0
自行车专用路	≥3.5（单向），≥4.5（双向）		

2. 改建路段受实际条件限制时，自行车道宽度可在表 8.1.1 的基础上适当调整，但不得小于原有自行车道宽度。

（二）自行车道隔离形式

1. 城市主、次干路和快速路辅路的自行车道，应采用机非物理隔离。城市支路上的自行车道，可采用非连续式物理隔离。

（1）机非物理隔离形式包括绿化带、设施带和隔离栏，条件允许时应采用绿化带或设施带。

（2）城市支路采用非连续式物理隔离时，间隔距离不宜过大，既方便行人和自行车灵活过街，又防止机动车驶入自行车道。

（3）非物理隔离形式包括自行车道彩色铺装、彩色喷涂和画线，确需采用时应有明确的自行车引导标志。

2. 自行车道与步行道应分开隔离设置，自行车道应设置于车行道两侧，保证行人安全。

3. 在宽度大于 3m 的自行车道入口处，应设置阻车桩，以阻止机动车驶入自行车道。阻车桩宜选用反光材料，确保安全醒目。

4. 当上下游路段自行车道的隔离形式不一致时，应注意路口处的衔接引导，方便骑车人快速识别、规范行为。

5. 当受条件限制时，可在交叉口附近路段局部设置机非物理隔离，保证交叉口自行车通行安全与秩序。

（三）自行车过街带

1. 自行车过街带应尽量遵循骑车人过街期望的最短路线布置。

2. 自行车过街带宜采用彩色铺装或喷涂，并设置醒目的自行车引导标志。

3. 鼓励自行车过街与机动车右转信号相位分离设置，并对自行车过街信号实行优先。

4. 鼓励将交叉口处的自行车停止线靠近交叉口设置；自行车有单独信号控制且实施信号优先的，可将自行车停止线布置在机动车停止线之前。

五、自行车停车设施设计

（一）设施选址

1. 自行车停车设施的布局原则和要求参见 7.4。自行车停车设施的选址应设置在便捷醒目的地点，并尽可能接近目的地。

2. 建筑物配建停车场应在建筑物的人行出入口就近设置。

3. 轨道车站、交通枢纽等应在各出入口分别设置路外自行车停车场，距离不应大于30m。

4. 路侧自行车停车场应在设施带或绿化带划定专门用地设置，不得占用人行道，防止阻碍行人通行。空间不足的，可采用斜向停车方式，节省停车空间。

（二）设置规模

1. 对于新建居住区和公共建筑的自行车停车场，其规模须严格遵照本地规划技术管理规定等相关配建指标设定。

2. 单层自行车停车场的用地面积为自行车停放面积加上必要的通行空间。单位自行车的停车用地面积（含通行空间）宜取 1.5 ~ 2.2m²/车。

3. 轨道车站、重要交通枢纽、城市大型综合体等设施周边的换乘自行车场地，平面设置时，其用地指标应考虑设施的预测高峰时段客流人次20，客流使用自行车的目标分担率和自行车的单位停车用地面积综合测算。立体停车场的用地面积可相应折减。

4. 对于建成区自行车公共停车场，其规模应根据所服务的建筑或区域的日平均高峰吸引车次，平均停放时间及不均衡系数确定。

（三）设置形式

1. 结合自行车停车设施的设施带、绿化带或建筑前区宽度取2.0m ~ 2.5m。斜向放置的，可为 1.5m。

2. 自行车停车场宜采取地面形式。因场地限制确需设置立体停车设施时，设施不宜超过两层。

3. 自行车停车场应有清晰、明确的停车场标识，引导骑车者正确停放，减少乱停乱放对行人和机动车的影响。

4. 自行车停车场设置应遵循安全、方便和节地的原则，提供舒适的停车环境，突出人性化服务，其设计应符合以下规定：

（1）自行车停车场出入口不宜少于 2 个，出入口宽度宜为 2.5m ～ 3.5m；

（2）人行道自行车停放亭（点）应当与行人通道、车辆出入口及相邻设施保持必要的安全距离；

（3）应选用节约空间、坚固美观、不易导致车辆损坏的自行车存车支架；

（4）应有充分的照明条件，有条件的应设置雨棚；

（5）鼓励在附近增设车辆维修点等便民设施。

六、公共自行车系统

（一）一般规定

1. 公共自行车系统主要服务于中短距离通勤、公共交通出行最后一公里及休闲、旅游、健身等功能。

2. 公共自行车系统是一种公共服务，是城市公共交通系统的重要补充，在规划、建设、运营、定价上应充分考虑其公益性的属性。

（二）系统组成

1. 公共自行车系统是一种自行车共享机制，应具备使用方便、使用成本低、面向大众、公益性的特点。系统组成包括车辆、使用凭证 / 介质、租赁点、维修点 / 中心、管理站和客户服务终端、调度车辆、调度控制中心等。

2. 公共自行车车辆的外观、结构和材质等应采取个性化设计，便于运营、管理和维护。

3. 公共自行车系统的使用凭证或介质宜采用信息集成程度高的 IC 卡等电子媒介，宜采用与公交卡、银行卡、手机电子钱包等兼容的付费系统。

4. 公共自行车租赁点应配备车辆止锁装置、自助服务终端、必要的电源、照明、通信设备以及信息服务设施。宜加装安全监控设备，并就近设置饮水、售卖亭等设施。

5. 为保证系统的正常运营和效率，应配备实时监控调度系统、调度控制中心、调度车辆和流动维修人员，并设置维修点。调度车辆应采用清洁能源汽车。

6. 调度控制中心应开辟规模适度的专用场所，提供设备和办公人员所需的空间。系统规模较大时，宜划拨专门用地建设设备、办公用房和调度车辆的停放场地。

（三）租赁点布局

1. 租赁点应遵循安全高效、可见性好、可达性高、成片成网、规模适度、疏密有致、景观协调的原则布设。

2. 租赁点宜采用分区、分类的布设思路。以公共交通站点、大型公共建筑等主要人流集散点为核心，依据节点的辐射半径逐层推进、深入出行终端进行布设。

3. 综合考虑公共自行车租车人理想的步行距离及所服务腹地的人口密度等因素，租赁点间距宜为 200 ～ 500m，平均间距推荐取 300m；服务半径为 100 ～ 250m，平均服务半径推荐取 150m；租赁点密度为 4 ～ 25 个 / 平方公里，平均密度推荐取 11 个 / 平方公里。

4. 公共自行车租赁点应在居住小区、公共建筑、轨道车站等服务对象的出入口就近布置，距离不宜超过 30m；有多个出入口时，宜在各出入口分别布置。

5. 租赁点宜根据所服务区域人流的集散方向，在单点较大规模集中布置，或者在相近的多点小规模分散布置；条件允许时，宜优先采用近距离分散布置模式。

6. 在保证人行道不小于所给定的下限值时，可以利用步行道空间设置公共自行车停车位。

（四）设置规模

1. 在具备详细的出行起讫点（OD）调查数据的情况下，宜综合考虑交通小区的出发量和到达量估算布点规模。在没有出行数据的情况下，可以根据服务半径内的建筑量、建筑性质和自行车使用情况综合确定。宜先开展小规模测试，再分步扩大布设规模。

2. 一般情况下，每个租赁点的存车位数量应适当大于自行车的数量，建议公共自行车的数量为存车位数量的 60% ～ 80%。对大规模集中布置的租赁点可结合空间条件就近设置与存车位分离的、用于车辆临时集中存放的场所。

3. 单个租赁点的规模应结合所处地段的需求调研和经验判断综合确定，并保留一定弹性空间。

（五）设置形式

1. 租赁点可分为固定式和移动式。运营初期需求规模难以确定时，可采用移动式租赁点，方便后续根据实际情况灵活调整。

2. 租赁点自行车的存放方式可分为直列式或斜列式。直列式存车位的间距一般不小于 60cm；斜列式存车位的间距可适当缩小。

3. 规模较大的租赁点宜设置人工服务站，提供会员办理和取消、付费、退费、结算、问询、实时故障处理等服务。

七、步行和自行车与公共交通的结合

（一）规划设计原则

1. 轨道车站和公交换乘枢纽周边 600m 范围是步行直接吸引区，应保障步行的优先通行，采取各种措施满足乘客直达站点需求，重点在出入口布局、过街设施、自行车接驳设施、标识系统等方面进行优化设计。

2. 一般公交场站和站点应结合类型等级、周边用地特征，因地制宜采用有效措施，实现步行、自行车和公交系统便捷衔接，重点在过街设施、自行车接驳设施、通道与站台宽度、标识系统等方面进行优化设计。

3. 公共交通场站配建的步行和自行车设施应与周边道路及临近的居住区、商业区、集散广场、游憩集会广场等设施紧密衔接，构成一个完整的步行和自行车系统。公共交通枢纽处的人行天桥、人行地道宜与两侧建筑物或地下空间直接衔接。

4. 公共交通系统的步行设施应有利乘客集散，并应与其他交通换乘方便，各公共交通方式换乘距离应符合相关标准规定。

（二）出入口及过街设施

1. 轨道车站应增加出入口数量。出入口应与车站周边的主要建筑物等客流吸引点直接联系，与人行天桥、人行地道等立体过街设施结合设置，并应满足进出站客流和应急情况下快速疏散的需要。

2. 快速公交车站和路中式常规公交车站应优先考虑在交叉口设站，利用交叉口平面行人过街设施，结合交通信号控制，解决车站乘客过街需求。当采用平面过街不能保证乘客过街安全时，可设置立体过街设施衔接车站与道路两侧步行系统。

3. 为公交站设置的平面过街设施应和路段过街设施统一规划设计，位置间距与具体设计应满足相应设置的要求。设置平面过街设施应同时考虑服务道路两侧的公交站，并设置相应的标志标线，如下图所示。如公交站客流量较大，宜加设信号控制。

4. 公交车站立体过街设施应与周边建筑结合设置，其宽度根据客流量确定。立体过街设施出入口不宜占用人行道通行空间，特殊困难处，人行道通行空间至少应保留 1.5m 宽度，并在出入口留预留人流集散空间。设置立体过街设施时应同时设置相关隔离设施避免乘客横穿机动车道。

5. 路侧式常规公交车站和快速公交车站与自行车道相邻时，应设置人行横道，方便行人进出车站，并采用背后绕行的方式设置自行车道；受条件限制不能设置绕行的，应在外侧机动车道施划自行车优先标志。

（三）通道及站台宽度

1. 轨道车站步行通道、人行楼梯的宽度应与通行能力互相匹配，宜根据预测的通行量计算，并应符合相关设计规定。

2. 快速公交车站应根据车站类型确定最小宽度，路中式快速公交车站最小宽度不小于 5m，路侧式快速公交车站最小宽度不小于 3m。

3. 常规公交车站站台宽度不宜小于 2.5m，当条件受限时，站台宽度不应小于 2.0m，高度宜为 0.15m ~ 0.2m。

（四）标识系统

1. 公共交通设施的标识系统是步行和自行车标识系统的一部分，主要可分为导向标识、安全标志、位置标志和无障碍标志等。标识设置应适合行人观察，易于识别，具体要求应规定。

2. 导向标识包括站外导向标识和站内导向标志。导向标识设置应符合以下规定：

（1）站外导向标识主要作用为指示车站位置和距离。各类公共交通设施周边均应设置站外导向标志，轨道交通/快速公交系统站外导向标志应包括箭头和轨道交通/快速公交车站位置标志；宜包括线路名称及线路标志色和车站名称。标志宜设置在人流密集的地点如建筑物出入口、商业设施附近、道路交叉口等附近。

（2）轨道车站周边的站外导向标识设置范围为500m左右，在车站周边200m范围内导向标志应设夜间照明设施。快速公交车站为300m左右，常规公交车站为200m左右。在此范围内的站外导向标识应连续设置，并在车站出入口醒目位置设置车站位置标志。

（3）轨道交通和快速公交系统站内应设置站内导向标志。进站导向标志应设置在乘客通往站台通行区域的相应位置；出站导向标志应设置在站台通往出入口通行区域的相应位置。当通行行程大于30m时，可重复设置。

3. 安全标志用于表达特定安全信息，包括禁止标志、警告标志、提示标志和消防安全标志。安全标志的图形符号、标志形状、颜色和设置要求应符合相关标准规定。

4. 位置标志用于标明服务设施或服务功能所在位置，包括车站位置标志、客运服务设施位置标志、站台站名位置标志。位置标志应符合以下规定：

（1）车站位置标志应设置在车站出入口的醒目位置；

（2）客运服务设施位置标志应设置在自动售票机、自动查询机、自动充值机、卫生间、乘客服务中心、升降机、警务室、公共电话等服务设施的上方或附近位置；

（3）站台站名标志应根据站台形式和结构设置在站台的上方、侧墙、站柱等位置。

5. 无障碍标志用于为轮椅使用者、视觉障碍者提供导向、位置、综合信息服务。包括无障碍设施导向标志、无障碍设施位置标志和视觉障碍者标志。无障碍标志设置应符合以下规定：

（1）无障碍设施导向标志应设置在通往无障碍设施的通行区域的相应位置；

（2）无障碍设施位置标志应设置在无障碍设施的上方等相应位置；

（3）车站出入口至站台候车处应连续铺设用于引导视觉障碍者步行的盲道；合理设置行进盲道和提升盲道。同类公共交通设施的视觉障碍者专用标志的位置应尽可能一致，以便于视觉障碍者掌握设置规则，便于发现和使用此标志。

八、步行和自行车与机动车交通的协调

（一）规划设计原则

1. 步行和自行车交通应与机动车交通合理分离，降低人车之间相互干扰，实现各自网络化运行，确保安全有序。同时，应对步行和自行车交通网络和机动车交通网络进行合理

衔接，满足不同出行方式之间转换的需求。

2. 城市道路应明确步行和自行车交通与机动车交通的优先级，重视机动车道辅路、交叉口、路侧停车、地块及建筑物机动车出入口等人车冲突区的交通组织，并积极探索交通稳静化措施的本地化应用。

（二）与机动车道的协调

1. 辅路上的自行车道应与机动车道实施物理隔离，全线隔离确有困难时，应在靠近交叉口的辅路路段实行机非物理隔离。

2. 道路空间不足时，应优先保证人行道和自行车道宽度以及机非物理隔离。可在保证道路横断面各分区最小宽度以及道路绿地率要求的前提下采取弹性设计，并依照下列次序缩减：

（1）中央隔离带及机动车道；

（2）绿化带；

（3）建筑前区；

（4）公交站台或出租车等候点处的设施带；

（5）公交站台以外的设施带。

3. 对于现有步行和自行车空间不足的道路，鼓励通过道路改造削减机动车停车位、缩减机动车道或减小交叉口路缘石转弯半径，以优先保障步行和自行车交通系统空间。

（三）与机动车停车的协调

1. 严禁机动车停车侵占步行和自行车交通系统空间，特别是人行道、自行车道和建筑前区。

2. 在公共停车设施严重缺乏地区、不得不设置路侧停车泊位时，道路横断面宜按照车行道、停车带、机非隔离带、自行车道的顺序依次布置。

3. 在单幅路道路的车行道上设置路内停车，应视道路通行条件、车行道宽度等，对路内停车泊位与自行车道进行协调设计。可设置分时段性停车泊位，通过泊位标识规定自行车流量高峰时段禁止停车，其他时段允许停车。

4. 对于辅路设置路侧停车泊位或旧城等停车泊位不足且道路资源受限的，可将停车带结合机非隔离带布置。

5. 当自行车停车设施不足时，可将机动车路侧停车泊位改造为自行车停车区域。

（四）与机动车出入口的协调

1. 机动车出入口处应保持人行道路面水平连续，并为机动车设置起坡过街带，并注意排涝措施的配套。

2. 机动车出入口处的人行道应沿机动车行驶轨迹外侧设置阻车桩。

（五）稳静化措施

1. 在城市核心商业区和政务区、居住区、高等院校的内部，以及医院、中小学等公共建筑的出入口处，应探索采用稳静化措施，以降低机动车车速，限制车流，减少交通事故，保证行人安全。

2. 应因地制宜选择稳静化措施，如减速带、减速拱、槽化岛、行车道收窄、路口收窄、抬高人行横道、道路中心线偏移、共享街道等。

3. 稳静化措施应配合相应的标识和照明设施，保证良好的昼夜可视性。

九、其他要求

（一）无障碍设计

1. 步行和自行车交通系统的设计应满足《无障碍设计规范》（GB50763-2012）的要求。

2. 在坡道和梯道两侧必须设置连贯的扶手。重点区域应设无障碍双层扶手。

3. 人行道路面的盲道铺装应尽量平顺，避免不必要的转折。

4. 交叉口和建筑出入口处的人行道应设置缘石坡道，并有盲道提示设施。

5. 要求满足轮椅通行需求的人行天桥及地道宜设置坡道，坡道的坡度不应大于1：12，当设置坡道有困难时，应设置无障碍电梯。

6. 轨道车站和快速公交车站设置直梯用于运送乘客时，应满足坐轮椅者和盲人使用。无障碍电梯地面入口平台与站外广场地面若有高差时，应设置轮椅坡道。

7. 公共交通系统的步行设施应符合无障碍交通的要求。公共交通枢纽出入口宜设无障碍入口和盲文触摸信息牌，可设置声音提示等信息装置；从周边步行设施至公交站台候车处应连续铺设用于引导视觉障碍者步行的盲道；应合理设置行进盲道和提示盲道。

（二）步行助动设施

1. 位于机场、火车站、汽车站、码头等客流集中地区的轨道车站，宜设置垂直电梯。当出入口的提升高度大于12m，应设置垂直电梯。

2. 轨道车站出入口的提升高度超过6m时，应设上行自动扶梯；超过12m时应考虑上、下均设自动扶梯。站厅与站台间应设上行自动扶梯，高差超过6m时，上、下行均应设自动扶梯。

3. 轨道车站两台相对布置的自动扶梯工作点间距不得小于16m；自动扶梯与人行楼梯相对布置时，自动扶梯工作点至楼梯第一级踏步的间距不得小于12m。当两台自动扶梯平行设置时，应设置备用自动扶梯或楼梯，其楼梯宽度不宜小于1.8m。

4. 重点步行片区、大型交通枢纽站内宜设置自动步道，以辅助步行、提高舒适度和便捷度。

5. 山地城市人流量和高差均较大的路段，可设置单侧自动扶梯。人流量特别大的，宜设置双向电梯。

（三）运营维护

1. 行人和骑车者对于通行条件的敏感程度要高于机动车，因此步行和自行车设施的维护标准应高于机动车道。应制定运营维护机制、责任分工表以及相关技术导则和标准，并在日常工作中保持部门协调。

2. 应对步行道和自行车道开展日常检视维护，以保障日常和特殊天气条件下的出行安全。检视维护应包括：路面毁损、道路侵权行为、毁损的市政和排水设施、街道家具、交通信号和标志标线、护栏与安全岛、人行天桥和人行地道、专用路桥梁及隧道、绿植管理、自行车停车设施等。

3. 应及时清扫步行道和自行车道上的泥沙、石子、掉落树枝和杂物，以保障步行和骑行环境的安全、舒适。在冰雪天气，应优先进行冰雪清除。

4. 应保障和维护排涝设施，避免内涝和井盖丢失等对行人和自行车出行的危害。

5. 在大型展事、赛事等特殊时期，应在行人决策点设置醒目的临时信号、标志及人工引导，并与安保计划协调实施。

6. 当步行和自行车设施受道路施工或周边地块施工的影响时，应优先保证行人和自行车的安全通行。当确需取消原有人行道或自行车道时，应提供绕道及相应指示标志，并采取清洁、防滑、设置护栏等安全措施。施工结束后，应及时对步行和自行车设施进行全面恢复。

第七章 城市公共交通规划设计

城市公共交通在城市及其郊区范围内，为方便公众出行，用客运工具进行的旅客运输。是城市交通的重要组成部分。城市公共交通对城市政治经济、文化教育、科学技术等方面的发展影响极大，也是城市建设的一个重要方面。

第一节 概 述

一、发展概况

1819 年巴黎市街出现了为公众租乘服务的公共马车，这是建立城市公共交通的里程碑。1870 年伦敦出现了轨道马车。世界上第一条以蒸汽为动力的地下铁道于 1863 年在伦敦建成通车。近百余年来，工业发展为城市提供的交通工具和技术装备不断更新，加速了城市公共交通现代化的进程，性能落后的交通工具逐渐被淘汰。公共马车和轨道马车先后被有轨电车、无轨电车和公共汽车取代。以蒸汽为动力的地下铁道被电气化地下铁道代替。此后，公共汽车在城市公共交通结构中逐步发展成为主体。20 世纪 50 年代，有轨电车在一些国家中发展缓慢，在美国和日本的一些城市中甚至拆除停驶。但是由于有轨电车仍具有一定的优点和使用价值，因此在中国及欧洲一些国家，仍适当地保留它在城市公共交通中的地位。第二次世界大战以后，比利时和联邦德国先后对旧式有轨电车逐步地进行了技术改造，使它变成速度快、载量大、安全舒适的快速有轨电车。60 年代以来，大城市的交通量迅速上升，地面交通矛盾日益严重，从而促进了地下铁道的建设和发展。80 年代初期，世界上约有 60 个城市建有地下铁道或快速有轨电车线路，营业线路总长度共 3280 公里，其中地下线路总长度为 2080 公里。年客运量约 150 亿人次。

80 年代初期，在有些国家的大城市中，已建成由多种交通工具综合配套，地面、地下和高架线路多层结构，干线交通与支线交通相互衔接，比较完善的城市公共交通体系。

自 1949 年以来，中国城市公共交通事业发展迅速。客运量平均年增长率约为 8%。1983 年客运量已经超过 200 亿人次。为了发展城市公共交通，中国于 70 年代后期在几个主要城市设立了公共交通研究单位，从事城市公共交通方针政策、技术方案和发展规划等方面的研究。

对城市公共交通的研究工作，早已引起人们的重视和兴趣。1885 年在布鲁塞尔成立了国际轨道运输联合会，1939 年改称国际公共运输联合会（UITP），专门从事公共交通事业中的技术、经济、管理等方面的研究，定期交流经验。到 80 年代初，它已拥有近 60 个会员国。

二、结构特点

世界各国城市公共交通事业的发展进程，受本国经济和科学技术水平的影响，差异较大，而且由于城市所在的地理环境和政治经济地位不同，城市公共交通结构也各具特色。在城市公共交通结构中一般主要包括公共汽车、无轨电车、有轨电车、快速有轨电车、地下铁道和出租汽车等客运营业系统。随着城市的发展，铁路市郊旅客运输亦成为重要组成部分。此外，在一些有河湖流经的城市，公共交通系统中还包括有轮渡。在山区城市中，索道和缆车的运输也有所发展。磁悬浮客运交通以及无人驾驶的出租客车系统正处于试用阶段。

中小城市中一般以公共汽车、有轨电车、无轨电车等为主要客运工具，其特点是灵活机动，成本相对较低，一般是城市公共交通的主题。

快速大运量公交通系统、包括地铁、轻轨、高速铁路，该系统可以快速地运载大批量乘客，出现在我国一些特大城市，例如上海、北京、广州、武汉等。它运量大，速度快，可靠性高，并可促进城市土地开发及商业经济带的形成，但造价很高，一般作为城市公共交通的骨架。

辅助公共交通系统包括出租汽车、三轮车、摩托车、自行车，以满足乘客不同的出行要求，在城市公共交通中起着辅助和补充的作用。

特殊公共交通系统包括轮渡、缆车等、该类共交通受到地理条件的约束，一般在特殊条件下使用。

在现代大城市中，快速有轨电车、地下铁道等系统逐渐发展成为城市交通的骨干。公共交通工具有载量大，运送效率高，能源消耗低，相对污染小和运输成本低等优点。在交通干线上这些优点尤其明显。在中国的一些城市中，有些机关团体的自备客车参与了本单位职工上下班的接送运输，它在客观上已经成为城市公共交通中的一支辅助力量。

三、类型

1. 公共自行车

我国最早实行公共自行车的城市是杭州，杭州融鼎科技在 2008 年 5 月 1 日，率先运行公共自行车租赁系统，将自行车纳入公共交通领域，意图让慢行交通与公共交通"无缝对接"，破解交通末端"最后一公里"难题。

2. 公共汽车

城市公共交通系统中的主要交通工具。在一般的道路条件下，可以四通八达。小型公共汽车可在狭窄街区中开辟营业线路，乘用极为方便。发展公共汽车客运交通，设施简易，投资少，见效快。公共汽车在行驶中与其他车辆混行，互相避让和紧急制动是难免的，因此，安全性和舒适性较差。它的其他缺点是能源消耗量大，噪声高并有废气污染。

3. 无轨电车

从架空触线上获取电能驱动行驶。由于电能可以从煤、重油、水力、天然气、核能、地热等多种能源转换而来，因此，在石油资源不足的国家和地区，以无轨电车为主要公共交通工具有明显的优点。无轨电车的客运能力和公共汽车属同一等级。无轨电车加速性能好，噪声小，而且没有废气污染，乘用时比较舒适。无轨电车通常不能离开架空触线行驶，机动性比公共汽车差。在开辟新线路时，要建设变配电系统和线网设施，因此建设费用较高，投资见效慢，而且架空触线影响市容。无轨电车通常无专用车道，在行驶中亦难免避让和紧急制动。为了提高无轨电车的机动性，一种双能源的无轨电车已经问世。它在通过十字路口或不容许架设架空触线的路段时，可改用内燃机或使用本车自带的蓄电池组供电驱动行驶。双能源无轨电车的集电杆，可由驾驶员操作脱离或自动捕捉架空触线。

4. 有轨电车

在轻便轨道上行驶。它的优点是能源消耗低，结构简单，坚固耐用。其客运能力略高于无轨电车。旧式有轨电车噪声高，振动大，舒适性较差，轨道需要经常维护，在一定程度上影响交通。在开辟新线路时，它比无轨电车的线路投资大，工期长，投资见效慢。

5. 快速有轨电车

与其他车辆隔离运行，多在地面轨道上行驶。在经过交叉路口时，多采用立体交叉方式。在繁华市区它也可转入地下运行，也可以在高架线路上通过，建设费用低于地下铁道。快速有轨电车利用可控硅斩波调速，设有再生制动装置，可以节约能源；装有空气悬挂装置和弹性车轮等，在长轨铁道上行驶，可降低噪声，提高乘坐舒适性。它具有良好的加速性能，运行速度高，行驶平稳、安全、可靠，运行准点程度可达秒级精度。快速有轨电车以单车或车组方式运行，客运能力高，是城市公共交通干线上较理想的客运工具。

6. 地下铁道

大部分线路铺设在地面以下，运行中几乎不受外界环境变化的影响，而且有一定的抗战争和抗地震破坏的能力。它以车组方式运行，载量大，正点率高，安全舒适。在多条地下铁道的立体交叉点上，设有楼梯式电梯或垂直电梯，换乘极为方便。地下铁道的地面出入口，可以建设在最繁华的街区，也可以建设在大型百货商店或其他公共场所的建筑物内。在交通拥挤、行人密集、道路又难以扩建的街区，地下铁道完全可以代替地面交通工具承担客运任务，并为把地面道路改造成环境优美的步行街区创造了条件。

四、网络规划

城市公共交通网络规划是以客流分布为依据，应用系统工程学的理论，统筹优选城市公共交通地面及地下全部路线的起讫点、路径及各路线之间相互衔接的最佳布局方案。它是发展城市公共交通的基础工作。统筹优选的目标：①乘客在上下车前后以及在中间换乘过程中平均步行距离短；②平均换乘次数少；③节约旅行时间；④扬长避短，充分发挥各种运输方式的优势，在保证客运安全和乘用方便的前提下，使全系统总的能源消耗少，客运成本低，客运效率高。

五、经营管理

城市公共交通企业属公益性企业。经营管理的基本方针是为公众出行服务，其经济效果主要见诸社会收益，而不是单纯地着眼于企业自身的盈利。企业发生的政策性亏损，一般由政府给予补贴。衡量城市公共交通企业经营管理水平的标准，首先是它对公众出行的安全、方便、及时、经济、舒适等要求的满足程度，其次是企业的经济效益。

经营公共交通事业的企业，有国营、私营和联合经营三种。为了协调各公共交通系统的服务工作，在大中型城市中一般设立公共交通企业联合会或类似的管理机构。它们的任务是：制定统一的公共交通网络规划；协调各个公共交通企业之间的经营范围；协调和监督执行统一的行车时刻表；制定统一的票价政策和票价制度等。

城市公共交通的运营方式通常有三种：①定线定站服务：车辆按固定线路运行，沿线设有固定的站位，行车班次和行车时刻表完全按调度计划执行。在线路上行驶的车辆有全程车、区间车，有慢（各站均停）车，也有快（重点站停）车；②定线不定站服务：车辆按固定线路运营服务。乘客可以在沿线任意地点要求停车上下，乘用非常方便。在线路上运行车辆的数量，根据客流变化情况自动调节。广州、北京的小型公共汽车、香港的"小巴"和马尼拉的"吉普尼"属于这种运营方式；③不定线不定站服务：即出租汽车运营方式。一般是 24 小时营业制，乘客可以电话要车或预约订车，也可以到营业点租乘或在街道上招手乘车。

20 世纪 50 年代以来，电子技术在城市公共交通企业经营管理工作中逐步地得到了推广应用。电子技术已经能够为公共交通企业自动采集、整理和储存在经营管理方面所需要的各种技术数据，优选网络，编制运营计划和运行时刻表，对运行系统实现集中监测和调度，向乘客提供交通咨询服务，自动售票、检票，自动显示下一班车的到站时间和载客数量，以方便乘客候车等，从而提高了城市公共交通企业的运营服务质量和经济效益。

六、发展政策

第二次世界大战结束以来，不少国家由于工业发展迅速，城市规模不断扩大，人口增多，私人轿车、摩托车、自行车等交通工具迅速发展，城市中的交通流量激增。由于私人交通工具载运量小、相对占用道路面积大，加之改建城市扩展道路又有许多实际困难，使城市道路建设速度跟不上交通流量的增长，因而在城市中出现了交通拥挤、车速下降、交通事故增加、噪声和空气污染日趋严重的现象，不仅浪费了能源，而且给公众出行带来了困难，职工上下班消耗在路上的时间越来越长。

公共交通虽然不如私人交通工具乘用方便，但是它具有后者不能比拟的优点，特别是主要公共交通干线，有条件转入地下高速运行，运送效率极高。因而优先发展城市公共交通不仅是解决城市交通拥挤、阻塞的措施，同时也是节约能源，改善城市环境，减少污染的重要途径。

为了促进城市公共交通的发展，多数国家政府在经济上对城市公共交通事业采取了扶植的政策。在交通法规上规定了公共交通优先的条款，同时颁布了一些限制私人交通工具发展的政策。有些国家规定：某些特别繁华、交通量又很大的市区为轿车及其他私人交通工具的禁驶区；某些路段在早晚高峰时禁止私人交通工具行驶；上下班时私人轿车必须合乘使用等。此外，还有些国家采取向私人购买石油者增收石油税等多种制约政策。

2012年10月10日，国务院总理温家宝主持召开国务院常务会议，研究部署在城市优先发展公共交通。

我国城市公共交通发展远远不能适应经济社会发展和人民群众出行需要，多数城市公共交通出行比例偏低。为从根本上缓解交通拥堵、出行不便、环境污染等矛盾，必须树立公共交通优先发展理念，将公共交通放在城市交通发展的首要位置。要按照方便群众、综合衔接、绿色发展、因地制宜的原则，加快构建以公共交通为主，由轨道交通网络、公共汽车、有轨电车等组成的城市机动化出行系统，同时改善步行、自行车出行条件。

会议确定了优先发展公共交通的重点任务：（1）强化规划调控。城市控制性详细规划要与城市综合交通体系规划和公共交通规划相互衔接。城市综合交通体系规划应明确公共交通优先发展原则。城市公共交通规划要科学布局线网，优化节点设置，促进城市内外交通便利衔接和城乡公共交通一体化发展；（2）加快基础设施建设。提升公共交通设施、装备水平，提高公共交通舒适性。加快调度中心、停车场、保养场、首末站以及停靠站建设。推进换乘枢纽及步行道、自行车道、公共停车场等配套设施建设，将其纳入旧城改造和新城建设规划；（3）加强公共交通用地综合开发。对新建公共交通设施用地的地上、地下空间，按照市场化原则实施土地综合开发，收益用于公共交通基础设施建设和弥补运营亏损；（4）加大政府投入。城市政府要将公共交通发展资金纳入公共财政体系。"十二五"期间，对城市公共交通企业实行税收优惠政策，落实对城市公共交通行业的成品油价格补贴政策，对城市轨道交通运营企业实行电价优惠；（5）拓宽投资渠道。通过特许经营、战略投资、信托投资、股权融资等多种形式，吸引和鼓励社会资金参与公共交通基础设施建设和运营；（6）保障公交路权优先。增加划设城市公共交通优先车道，扩大信号优先范围；允许机场巴士、校车、班车使用公共交通优先车道。加强公共交通优先车道的监控和管理；（7）健全安全管理制度，落实监管责任，切实加强安全监管。规范技术和产品标准，构建服务质量评价指标体系。完善轨道交通工程验收和试运营审核及第三方安全评估制度；（8）规范公共交通重大决策程序，实行线网规划编制公示制度和运营价格听证制度。建立城市公共交通运营成本和服务质量信息公开制度。

七、展望

优先发展城市公共交通的政策，将被人们普遍接受，并将促进城市公共交通的发展。①城市公共交通的可达性、接近性将有显著提高。公共交通网将进一步覆盖到城市中较狭窄的街道和郊区农村。小型公共汽车也会相应地发展起来；②今后城市居民对交通安全、快速、节约出行时间和减少环境污染的要求将越来越高，因此城市公共交通网络将继续朝着多层化方向发展，以电力为能源的交通工具将逐步增加，快速有轨电车和地下铁道交通的建设速度将明显加快；③电子计算机和无线电通信技术将被普遍应用，成为城市公共交通企业提高经营管理水平的重要技术手段；④由于石油资源的短缺，城市公共交通的能源多样化将是一个发展特点。交通电气化的比重将明显上升；⑤磁悬浮列车等新交通体系将进入普及实用阶段；⑥关于城市公共交通问题的研究将更加受到重视，并将得到迅速发展。

第二节　国内外公共交通交通模式

一、国内外城市公共交通发展模式概况

交通模式理论及最新进展反映了交通要素、交通结构及交通效率的主要特征。发达国家自20世纪40年代开始，相继制定出台了有关政策来引导城市交通规划和建设这些不同的交通发展政策形成了不同的交通模式，概括起来大致分为三种类型：

第一类是依赖小汽车发展的城市，发达国家如美国，小汽车拥有率和使用率都很高，但是已经越来越受到能源短缺的影响；发展中国家如泰国，虽然人均小汽车拥有水平与发达国家相比还相差不少，但对小汽车的拥有和使用却不加任何限制，已大大超出路网及环境的承受能力。

第二类是小汽车与发达的轨道交通同步协调发展的城市，如英国伦敦、法国巴黎、日本东京和大阪等，小汽车拥有率不低于北美城市，但是使用率很低，主要靠地铁来通勤。

第三类城市主要依赖公共交通，抑制小汽车增长和使用，以此来支持城市高密度发展，如新加坡、中国香港。

面对日益严重的交通拥堵问题，世界各国都在积极探索有效的交通模式。美国采取TOD模式和新都市主义，发挥交通先导的作用，协调交通与土地利用的关系，促进了城市发展与城市交通的协调。英国伦敦采取设置公交车道、创造优先区域、鼓励停车换乘和中心区拥挤收费等措施，形成了一套发展公共交通的有效模式。

日本东京大力实施以轨道交通为中心的公共交通优先发展战略，轨道交通成为绝大多数东京市民的首选，有效地缓解了交通拥挤现象。

中国的一些大城市，通过吸收和借鉴国际经验，积极倡导建设轨道交通、公交专用道

等，通过大力发展公共交通来缓解日益严峻的城市交通问题，优先发展城市公共交通成为中国城市交通发展的方向。

二、国内城市公共交通管理体制发展概况

目前，我国城市交通管理体制主要有以下三种模式：一是由交通、城建、市政、公安等部门对城市交通实施交叉管理的传统管理模式；二是由交通部门对城乡道路运输实施一体化管理的模式；三是"一城一交"综合交通管理模式。

从以上三种模式的实施效果来看，

模式一：由交通、市政、城建、公安等部门对交通实施交叉管理。交通局负责公路运输、公路和场站规划建设以及水路交通运输的行业管理；市政公用局负责城市公交和城市客运出租汽车的管理；市城建部门负责城区的道路规划与建设。这种模式由于部门管理分头领导、职能交叉、分工不明，因而政出多门、政令冲突；主要实施城市有南京、福州、昆明、南宁、成都、杭州等城市。

模式二：实行城乡道路运输一体化管理。典型特征是：实现了交通部门对交通的管理；整合了道路运输资源，但不具备对城乡交通统一战略、统一规划、统一政策和统一建设的职能。这种模式也最普遍，主要有沈阳、哈尔滨、乌鲁木齐、西宁、长沙、兰州等市在实施。

模式三：实行"一城一交"综合交通管理模式。该模式主要职能：市交通委员会是市政府组成部门，负责交通运输规划、道路和水路运输、城市公交、出租汽车的行业管理，并负责对城市内的铁路、民航等其他交通方式的协调。典型特征是：实现了道路运输管理的一体化，但在交通基础设施的建设养护方面尚未形成集中统一管理。代表城市有北京、广州、重庆、深圳、武汉。

此外，我国一些城市还进行了公交管理体制的改革试点，取得了较理想的效果。

如上海的"三制"改革，即先是票制改革，取消月票，实行普票。其次是机制改革，优化财政补贴，实现良性循环。再次是体制改革，实行多家经营，形成竞争格局。改革后，传统计划经济体制下的"等、靠、要"变成了市场经济条件下的"争、创、抢"（争客流、创效益、抢市场）；企业的经营思路、分配机制、管理思想更加灵活；班次、车辆、线路都得到了有效保证，司乘人员服务更热情、乘客对公交的满意程度显著提高；公交系统连续多年大幅度亏损的势头得到了有力遏制，部分企业做到了收支平衡。

江苏省提出了"产业化发展、市场化运作、企业化经营、法制化管理"的改革发展要求。

三、国外城市的典型代表及我国香港特区公交管理体制

法国城市公共交通管理体制以"城市交通管理委员会"（AOTU）为管理机构、"城市交通服务区"（PTLJ）为责权范围，"城市交通税"（VT）为资金来源，三者相互支持，构成了法国地方化的城市公共交通建设与管理机制的基础。

法国的公交服务采用所有权和经营权分开的模式：所有权为公有，由行业主管单位"城

市交通管理委员会"管理，地方政府收购公交设施的所有权并负责新的投资建设：经营权则由运营公司负责。公交企业与"城市交通管理委员会"之间存在服务合同关系，法国城市公共交通企业包括私营、公私合营和国营等三种不同的经营形式。

美国城市公共交通的管理机构是各市公共交通局，负责城市公共交通管理、规划、建设及停车场管理等。美国公共交通的投资体制由各级政府分担，不管公交企业亏损如何，都依据既定的议案给予优厚的政策补贴。

日本城市公共交通管理体制中，地方城市分设建设局、城市规划局和交通局。交通局主要负责市内的交通体系的基础设施建设和运营：建设局主要负责道路和河流的修缮及管理，并且管理城市再开发，以及其他与基础设施相关的业务；城市规划局主要负责有关交通规划等政策的制定。其资金来源分别由国家拨款、地方政府拨款和银团贷款三部分组成。日本政府实行低票价政策。

香港城市公共交通主要采取专利经营的模式。香港政府主管交通事务的部门是运输署。凡与交通有关的全部归运输署统一协调和管理。这种集中统一的管理体制，避免了政出多门、互相扯皮的弊端，而且在规划与管理上全面衡量、通盘考虑。政府不投资，由企业按市场经济原则经营。在票价方面不实行福利政策，而采取成本加合理利润的商品价格，但当局对此进行严格控制。

四、国内外城市公共交通管理体制的对比

1. 管理模式

在国内，一方面，还没有一个统一的城市公共交通管理模式；另一方面，还没有形成一个完整的城市公共交通管理体系。相比较而言，单一的管理机构、健全的行政管理和执法体系的建立有利于政令及时地传达和准确的执行，有利于提高城市公共交通管理的效率。

2. 管理职能

日本的城市公共交通管理体制主要体现在运输主管部门和建设主管部门有明确的职能划分，并且二者之间实施了有效的协调配合。而我国目前的城市公共交通管理涉及的几个机构之间责权利关系还不是十分明确，部门分割、职能交叉、分工不明、政令冲突等。

3. 运营模式

在运营模式方面，国外的城市公共交通企业普遍采用由私营部门经营、政府所属公交公司的商业化经营、公有和私有客运公司相结合等不同的运营模式。而国内，尤其是内地城市公共交通的运营还是以国有企业为主的运营模式，还没有从根本上适应市场经济的发展要求。

表 6-7 国内外城市公共交通运营模式对比

国家或地区	投资主体	投资形式	票价形式	补贴形式
发达国家	政府	高投入	低票价	高补贴
香港	企业或社会	股份制	供求关系决定	无
国内	政府	低投入	低票价	低补贴

4. 经营内容和形式

国外的城市公共交通企业发展多业经营，如租赁服务、广告服务等，与国内一些城市公共交通企业单一从事公交服务形成鲜明对比；在票价和补贴机制方面，我国香港特别行政区推行公交完全市场化运作，在提高公交服务质量的同时实现了盈利，而国内的城市公共交通企业大多过分强调城市公共交通的公益性特征，政府给予了大量的财政补贴，但并没有从根本上解决满足城市公共交通需求和提高公交服务质量之间的矛盾。

第三节　城市公共交通基础知识

一、城市公共交通

城市公共交通是指城市及其所辖区域范围内供公众出行乘用的、经济方便的诸种客运交通方式的总称。城市公共交通包括公共汽车和电车、地铁和轻轨、出租汽车、轮渡以及索道缆车等客运交通方式。

二、城市公共交通在城市中的地位

1. 城市公共交通是城市的动脉

城市公共交通是保证城市居民出行的需要，但其功能成为联结城市各行各业的纽带，担负着城市各类人群流动的集散任务。在线网组织上，有市区与郊区、郊区与郊区、市区与工业区、工业区与工业区各种线路网，并与铁路、长途汽车、航空、水运等有机地联系起来，形成广泛的覆盖网络，四通八达的运营线路构成城市活力的动脉。由于生活和工作的需要，人们一时一刻也离不开公共交通。

2. 公共交通是社会生产的第一道工序

公共交通服务于乘客，使其实现位移的目的，推动着劳动者与劳动场所、劳动对象和劳动工人的结合，促进了生产力的发展。它把有生产、工作、学习需要和进行各种经济、政治活动的人们安全、迅速、方便地送到各个工作岗位，以保证社会生产、政治、文件等活动的顺利进行，从而使社会生产力的创造和发展得到保证。从这一意义来讲，可以说公共交通是社会生产的"第一道工序"。

3. 公共交通是城市生活的纽带

公共交通联系着城市的千家万户,沟通着居民的人际交往,为城市居民的物质文化生活提供直接或间接的服务。

4. 公共交通是精神文明建设的窗口

由于城市公共交通是为广大乘客提供服务的,服务工作的好坏,公交职工的职业道德水平的高低都会涉及各行各业,千家万户,极大地影响着社会风气。公共交通是人们观察社会风貌的"窗口",是建立人与人之间新型关系的桥梁。

三、城市公共交通的基本任务

1. 满足城市居民出行的需要;

2. 为城市居民的工作、生活、生产提供相应的服务活动;

3. 为城市各种文化娱乐活动提供集散服务;

4. 为城市的各种政治、经济活动提供相应的服务,同时作为公交企业还要增加服务方式、改造服务设施、提高服务质量,以满足城市发展的新需要。

第四节 城市公交线路

一、线路网的含义

城市公共交通的固定线路与停车站点所组成的系统称为公共交通线路网。

二、线路网规划的基本原则

公共交通线路网规划必须与城市总体规划相结合,使每个主要人流集散点之间有着直接的联系。线路走向要与客流方向和数量相一致。线路网的设置应当充分考虑有效地利用车辆,一方面要使主要客流走最短的捷径到达目的地,达到车辆满载率和密疏均匀;另一方面要充分发挥各条线路和各种车辆的特长,使它们能够有机地配合,平衡客流量。

1. 统一规划的原则

2. 尽最大可能发生交通行为的原则:(1)社会效益;(2)企业效益。

3. 使乘客换乘量较小,有良好的可达性。

4. 线路长度适中。

5. 充分联系交通枢纽的原则。

三、公交线路设置规划形式

线路设置应以建立交通通道、交通枢纽最为适宜主要有以下几种：

1. 直径通过式。客流特点呈枣核形。

2. 半径放射式。客流特点呈梯形。

3. 跨线联络式。方便换乘沟通居民区形成网络。

四、公交线路设置原则

1. 线路走向

线路定向必须符合下列条件：

（1）缦路的走向要与服务区域内主要客流力向相结合。

（2）按照最短、最捷径的距离布置线路。

（3）线路的各区段的客流量，力争平衡和接近平衡。

（4）沿着居民分布密度最大的区域布置线路。

（5）线路应连接城市的边缘与市中心。

（6）线路与其他的运送方式尽量衔接或交叉。

2. 得当的线路长度

（1）均匀的客流。

（2）站点设置。

（3）合理的站距：方便乘客换乘，方便运行组织。

（4）提高公交车辆的通行能力。

3. 线路评价

五、公交线路评价内容

1. 评价内容

（1）线路长度适中。

（2）平均换乘系数在 1.3 ~ 1.6 之间。

（3）一般运营时间 40 ~ 60 分钟之间。

（4）停站时间在 5 ~ 10 分或 10 ~ 20 分之间。

（5）无轨电车、汽车的小时客流量不超过 6000 人。

（6）通过合理的站距设置。

（7）求合理平衡方程。

2. 线网布设原则

（1）尽量满足乘客要求。

（2）尽量适应城市发展。

（3）选择最佳方案。

六、线路网密度

线路网密度是指规定区域内，平均每平方公里设置的线网长度。主要反映公交服务功能的高低。

七、优化调整公交线路网的指导思想

一个高效的公交线网，应该是一个快速（轨道）网络为骨干，以道路资源为基础，适应并有利于城市发展，满足不同出行距离、不同出行需要的多级公交网络。公交线网布局应充分合理利用道路资源，提高公交营运效率，突出快速（轨道）与公交的良好互补关系，实现城市交通基础设施的充分返回，满足城市经济的发展需求。

八、优化调整公交线路的目标

城市公共交通发展的总体目标，是坚持"以人为本，公交优先"，形成一个多种交通方式协调发展、衔接的一体化交通体系，最大限度地满足广大市民的出行需要。

第五节　城市公共交通规划

一、规划内容

城市公共交通规划应当全面评价城市公共交通发展现状，分析发展需求，明确指导思想和基本原则，制定发展目标，对城市公共交通线网和枢纽场站、运营组织、支持系统等进行规划，确定实施安排，评估规划实施预期效果，并提出保障措施等内容。

（一）城市公共交通发展背景分析

分析城市经济社会、城市综合交通运输发展现状及其对城市公共交通发展的影响，为城市公共交通规划的研究和编制提供基础。

1.经济社会发展状况

分析城市经济社会发展特点和趋势，简要说明经济社会发展规划与城市公共交通相关的内容，重点把握与城市公共交通发展密切相关的经济社会条件及区域特征。

2.城市综合交通运输发展状况

分析城市综合交通运输发展现状，简要说明城市综合交通运输规划与城市公共交通规划相关的内容，重点分析与城市公共交通发展相关的综合交通运输发展特征。

（二）城市公共交通发展现状分析

总结城市公共交通发展历程，分析其发展现状，在居民出行调查、城市公共交通运行状况调查等专项调查的基础上，根据相关标准建立指标体系，对城市公共交通发展现状进行评价，并分析城市公共交通发展存在的问题及成因。

1. 城市公共交通发展现状

主要包括以下内容：

（1）基础设施：城市公共交通线网、枢纽场站以及城市公交专用道等情况和技术特征，具体指标包括城市公共交通线网里程及覆盖率、公共汽电车进场率、城市公交专用道里程等。

（2）客流特征：基于城市居民出行调查和城市公共交通运行状况调查，分析居民出行特征和城市公共交通客流分布、站点上下客流量、断面客流量等特征。

（3）运营服务：分析城市公共交通企业总体运营状况、运力配置等情况，重点阐述城市公共交通市场结构和管理模式；分析城市公共交通服务质量和服务水平状况，具体指标包括公共交通正点率、运营速度、平均候车时间、信息实时预报率，以及特色公共交通服务情况等。

（4）支持系统：分析城市公共交通智能化、安全应急、公交优先通行保障和人力资源建设等情况。

（5）政策及保障措施：分析城市公共交通优先发展的组织、资金、用地、科技、票价及补贴、绿色出行文化建设等方面的政策及保障措施。

2. 城市公共交通发展状况评价

结合城市居民出行调查和城市公共交通运行状况调查，按照有关标准规范的要求，建立评价指标体系，对城市公共交通发展状况进行定性和定量评价。

3. 城市公共交通发展问题分析

根据城市公共交通发展现状分析和发展状况评价结论，总结分析城市公共交通发展存在的问题，并分析问题产生的原因。

（三）城市公共交通发展战略

分析城市公共交通发展的外部环境和发展条件，明确城市公共交通发展方向，确定城市公共交通规划的指导思想、基本原则，以及城市公共交通功能定位、发展模式、战略任务和总体目标。

1. 城市公共交通发展环境分析

根据城市经济社会发展现状与趋势，分析城市公共交通发展面临的机遇与挑战，重点从城镇化发展、城市空间布局、土地利用、城市路网状况、机动化发展、节能环保等方面进行分析。

2. 城市公共交通发展战略任务

明确城市公共交通发展定位和系统结构，研究提出城市公共交通发展的战略任务和总体目标。

3. 城市公共交通发展模式设计

结合不同类型城市的特点和综合交通运输发展需求，遵循城市公共交通发展规律，分析城市公共交通发展模式构成及分类选择，明确城市公共交通总体发展模式和实现途径。

（四）城市公共交通发展需求预测

主要包括城市公共交通需求分析、客流预测以及线网、场站、运力等方面的规模和结构指标确定。城市国民经济和社会发展规划、城市总体规划、城市土地利用规划，以及城市综合交通运输规划所确定的城市发展及交通发展各项经济技术指标是城市公共交通发展需求预测的基础和依据。

1. 城市公共交通需求分析

根据城市土地利用、人口分布、就业等现状及发展趋势，把握城市公共交通的需求特征及变化趋势。

2. 城市公共交通客流预测

城市公共交通客流预测的重点是客运量和出行方式的变化，以及各种城市公共交通方式的客流情况。预测的内容主要包括城市客运总量，城市公共交通客运量、客运量分布、方式划分、客运量分配等。

3. 城市公共交通主要发展指标确定

根据城市国民经济和社会发展规划以及城市综合交通运输规划有关结论，在城市公共交通客流预测的基础上，研究确定城市公共交通主要发展指标，主要包括运营服务指标、线网指标、场站指标、运力指标等。

4. 城市公共交通预测主要结论

根据城市公共交通发展需求分析和客流预测结果，兼顾适度超前和目标可达性，总结梳理城市公共交通发展需求特征。

（五）城市公共交通线网规划

根据城市公共交通客流预测、土地利用和道路条件等因素，辨识城市公共交通主要客流走廊，形成城市公共交通线网总体框架；根据客流方式划分和客流分布，确定不同层次线网的公共交通方式；根据线网属性、服务指标以及与其他交通方式的衔接要求，对城市公共交通线网进行分层规划与结构优化，形成城市公共交通线网规划方案。

1. 城市公共交通客流走廊辨识和线网总体设计

根据城市居民出行调查、城市公共交通发展需求预测和城市道路条件，辨识城市公共交通客流走廊，并对客流走廊进行层次结构划分，明确服务等级和要求，构建城市公共交通线网总体框架。

2. 城市轨道交通线网规划方案分析

已有城市轨道交通线网规划的，按照规划结论分析城市轨道交通规划和建设对城市公共交通客流的影响，提出城市公共汽电车以及其他城市公共交通方式的配套衔接方案，并对未来城市轨道交通发展提出建议。没有城市轨道交通线网规划的，可分析研究城市轨道交通系统发展的必要性并提出相关建议。

3. 城市快速公共汽车交通线网规划

已有城市快速公共汽车交通线网规划的，简述规划结论，分析其影响和要求，并提出改进建议。没有城市快速公共汽车交通线网规划的，可根据城市公共交通需求特点分析建设城市快速公共汽车交通的必要性和可行性。有必要并适合发展城市快速公共汽车交通的，应当对城市快速公共汽车交通线网进行规划。

4. 城市公交专用道网络规划

已有城市公交专用道网络规划的，简述规划结论并分析其影响和要求。没有城市公交专用道网络规划的，分析设置公交专用道的必要性和可行性。如有必要，应当对城市公交专用道网络进行规划。

5. 城市公共汽电车线网规划

根据相关预测结果和技术标准要求，结合城市轨道交通和城市快速公共汽车交通线网规划情况，在城市公共交通线网总体框架基础上，开展城市公共汽电车线网规划，明确城市公共汽电车线网规模、结构层次和功能，并提出近期线网优化调整方案和中远期发展方向与优化策略。根据公众出行需求，合理规划社区公交、通勤班车、旅游专线、学生专线、定制公交等特色公共交通服务线路和网络，满足公众多样化的出行需要。

6. 其他城市公共交通方式线路设计

根据城市实际情况和公众出行需要，对城市客运轮渡以及其他城市公共交通方式线路进行设计。

7. 城市公共交通线网规划方案评价与优化

对城市公共交通线网规划方案进行评价，主要包括线路长度、线网密度、线网比率、覆盖率、非直线系数、重复系数、线路客流量、满载率、出行时间等线网属性和城市公共交通服务指标的合理性和可行性等；根据评价结果对规划方案进行优化，直至满足规划目标。

（六）城市公共交通枢纽、场站布局

根据城市公共交通发展需求预测、土地利用、城市基础设施建设情况，以及城市公共交通线网规划方案，研究确定城市公共交通枢纽、停保场（指停车场和保养场）、站点、加油（气）及充电站等设施的总体布局和用地规模控制标准等。

1. 城市公共交通枢纽布局

根据城市交通枢纽和站场的规划建设情况，以及城市公共交通线网规划方案，研究确定城市公共交通枢纽的数量及选址；对城市公共交通枢纽进行分类分级，明确功能定位、设计能力、用地规模和建设要求等内容。

2. 城市公共交通停保场布局

结合城市公共交通发展需求预测、枢纽布局和线路运力配置等情况，确定城市公共交通停车场、保养场的功能、选址、设计能力、用地规模和建设要求等内容。

3. 城市公共交通站点布局

根据城市公共交通线网规划方案，结合城市公共交通枢纽、停保场布局，提出城市公共交通首末站、停靠站建设及布局要求，明确城市公共交通首末站、停靠站的类型和形式，确定首末站的设计能力、用地规模和建设要求等内容。

4. 城市公共交通加油（气）及充电站布局

根据城市公共交通线网规划和枢纽、场站布局，按照推进城市公共交通行业节能减排的要求，结合城市公共交通运力规模、用能结构及发展需求，提出城市公共交通加油站、加气站、充电站的建设需求及相关建议。

（七）城市公共交通运营组织

根据城市公共交通线网规划和枢纽、场站布局，结合城市交通需求特点，研究确定城市公共交通企业组织模式、线路运行组织和运力配置方案，以及城市公共交通枢纽、场站的运营组织模式。

1. 城市公共交通企业组织模式

按照规模经营、适度竞争的原则，结合城市交通特点和城市公共交通发展需求，因地制宜确定城市公共交通企业数量、构成、经营范围和运营组织模式等。

2. 城市公共交通线路运行组织

根据城市公共交通运营服务目标和线网规划，提出线路运营时间、运力配置、发车频率等指标的原则性要求。

3. 城市公共交通运力配置及发展

分阶段确定城市公共交通运力需求总量和运力结构，制定运力调整方案，优化城市公共交通线路运力配置，推广应用新能源公共交通车辆，保障运力供应，改善运力结构。

4. 城市公共交通枢纽、场站运营组织模式

按照提高城市公共交通枢纽、场站运行效率和服务质量的要求，结合城市公共交通运营组织特点，明确枢纽、场站的所有者、经营者、使用者的职责和相互关系，以及相关运

营管理机制等。

（八）城市公共交通支持系统建设

根据城市公共交通线网规划，枢纽、场站布局和运营组织方案，确定城市公共交通智能化、安全应急、优先通行和人力资源保障等方面的目标、原则和建设内容等。

1. 城市公共交通智能化建设

明确城市公共交通智能化建设目标，确定城市公共交通智能化建设总体方案，包括城市公共交通运营调度平台、乘客出行信息服务平台、行业监管平台，以及城市公共交通运营数据库等方面的建设内容。

2. 城市公共交通安全应急体系建设

明确城市公共交通安全应急体系建设目标，确定城市公共交通安全应急体系建设总体方案，包括城市公共交通安全防护设施、安全监管与防控、应急保障、应急处置等相关内容。

3. 城市公共交通优先通行系统建设

结合城市公交专用道网络规划，明确公交专用道和公交优先通行信号的技术准则、适用条件和建设目标，并提出有关发展建议。

4. 城市公共交通人力资源保障系统建设

分析城市公共交通人力资源保障系统建设相关的体制、机制、环境和政策等方面的现状与需求，明确城市公共交通人力资源保障系统建设目标和任务，包括人才规模、素质、结构和教育培训等相关内容。

（九）规划实施安排

根据城市公共交通发展实际及阶段性需求，明确城市公共交通规划实施的重点任务，制定规划实施序列安排，测算资金需求。

1. 重点任务分析

根据城市公共交通现状分析、发展目标和发展战略等，确定规划实施的重点任务，提出重点项目的建设目标及要求。

2. 实施序列安排

根据规划实施的重点任务，提出近、中、远期规划实施安排；根据资金、用地等约束条件，对规划实施安排进行优化，确定规划实施方案。

3. 资金需求测算

根据城市公共交通规划方案，测算实施各项任务的资金需求；按照规划实施方案，测算实施城市公共交通规划的资金需求总量和分阶段资金需求。

（十）规划预期效果评估

对规划方案实施后城市公共交通服务水平和技术水平，以及相应的经济、社会、环境等方面的预期效果进行综合评价，为规划方案的优化调整提供依据。

1. 服务水平

根据相关标准规范要求，对规划方案实施前后城市公共交通服务水平进行分析评估。

2. 技术水平

根据相关标准规范要求，对规划方案实施前后城市公共交通线网、场站、车辆装备、运营组织、乘客出行信息服务等方面的技术水平变化情况进行分析评估。

3. 经济影响

分析城市公共交通规划实施所投入的经济社会资源及其产生的宏观经济效果，评估城市公共交通规划实施对行业发展、区域及宏观经济发展的贡献。

4. 社会影响

分析评估城市公共交通规划实施所产生的社会影响效果、程度、范围，以及涉及的主要社会组织和群体等。

5. 环境影响

分析评价城市公共交通规划实施对改善城市环境质量的效果，特别是对推进节能减排和缓解城市交通拥堵的作用。

（十一）规划实施保障措施

为推进城市公共交通规划的顺利实施，在组织保障、资金保障、用地保障、科技支撑、票价与补贴、绿色出行文化建设等方面提出配套政策与保障措施。

1. 组织保障

明确城市公共交通规划实施的责任主体及职责划分、部门协调机制、监督考核机制等。

2. 资金保障

建立长效的城市公共交通资金投入保障机制，创新城市公共交通投融资方式，推动公私合作模式（PPP）等融资模式在城市公共交通基础设施建设中的应用，加强城市公共交通用地的综合开发，拓宽城市公共交通投资渠道。

3. 用地保障

提出落实城市公共交通规划用地的思路及途径，包括将城市公共交通规划用地纳入城市详细规划、采用划拨方式供地、加强用地监管，以及与城市建设项目进行同步配套建设等措施。

4. 科技支撑

提出城市公共交通规划实施的科技保障措施，包括城市公共交通相关标准制定、创新能力建设、重大科技研发和成果推广应用等。

5. 票价与补贴

研究建立基于运营成本的多层次、差别化的城市公共交通票价体系，按照群众可接受、财政可负担、企业可持续的原则，确定城市公共交通执行票价；制定城市公共交通成本核算和补贴办法，完善政府购买城市公共交通服务制度；制定城市公共交通服务质量考核办法，建立与政府补贴相挂钩的激励和约束机制。

6. 绿色出行文化建设

提出城市公共交通宣传和文化建设思路，推动公众出行理念的转变，改善城市公共交通发展环境，引导公众优先选择城市公共交通等绿色交通方式出行。

二、技术要点

（一）现状调研

1. 资料收集内容

主要收集以下资料：

（1）城市概况。包括城市地理位置、气候、地形地貌、地质、自然资源、旅游资源等。

（2）经济社会基础资料历年数据。包括人口资料和国民经济发展相关指标等。

（3）土地利用基础资料。包括土地利用现状与规划的土地利用类型、规模、开发强度等。

（4）城市交通发展资料。包括城市交通基础设施、车辆保有量、城市交通管理和发展政策等。

（5）城市道路网现状资料。包括各级道路基本信息、路网图等。

（6）城市公共交通相关资料。包括城市公共交通线网、枢纽、场站、车辆、运营管理等资料。

（7）城市相关规划资料。包括城市总体规划、城市综合交通运输规划，以及城市轨道交通、城市道路网等交通专项规划资料。

（8）其他资料。包括区域发展背景、城市历史演化、产业发展等资料。

2. 资料收集要求

规划资料应收集最新批复的相关规划成果和在编的规划草案。反映现状的数据资料宜采用规划起始年前一年的资料，反映发展历程的数据资料不宜少于 5 年。现状与发展趋势分析宜采用 5 年之内的交通调查资料，5 年以上的调查资料可作为参考。

（二）交通调查

交通调查内容包括城市公共交通运行状况调查、居民出行调查等。按照交通调查项目不同以及拟获取的调查信息内容和精度要求，可以采用全样调查、抽样调查、典型调查等方式。具备条件的，可采用大数据技术分析城市居民公共交通出行特征。

通过城市公共交通运行状况调查，掌握城市公共交通客流时空分布、站点上下客流量、断面客流量等特征，以及公共汽电车平均运营速度、平均候车时间和乘客满意度等服务水平指标。调查可采取跟车、驻站（断面）、发放问卷等多种形式，同时鼓励采用现代信息手段获取相关信息数据。对于近期已做过综合交通调查的城市，应充分利用其调查成果。

通过居民出行调查，掌握出行频率，出行方式构成、目的构成，出行时耗，以及出行时间分布特征、空间特征、距离特征等，分析公众出行意愿和出行需求。

（三）需求预测

对于经济社会分析预测、效果评估等，定性分析可采用直观判断和集合意见等方法，定量预测可采用因果性预测、延伸性预测和投入产出法、系统动力学模型等预测方法。

对于城市公共交通客流预测，在现状调查数据的基础上，采用出行生成、出行分布、方式划分和出行分配的四阶段方法进行预测。

（四）方案制定

1. 城市公共交通线网规划方法

城市公共交通线网规划可采用点线面要素层次分析法、功能层次分析法、逐线规划扩充法和主客流方向线网规划法等技术方法。主要包括以下步骤：

（1）城市公共交通发展需求预测。

（2）拟定城市公共交通走廊。

（3）形成城市公共交通线网总体规划方案。

（4）城市公共交通线网规划方案评价与优化。

（5）确定城市公共交通线网规划方案。

2. 城市公共交通枢纽、场站布局方法

城市公共交通枢纽、场站布局一般可采用经验选址法、连续型选址模型和离散型选址模型等技术方法。主要包括以下步骤：

（1）城市公共交通枢纽、场站需求预测。

（2）形成城市公共交通枢纽、场站初始布局方案。

（3）确定城市公共交通枢纽、场站的功能、设计能力和用地规模等。

（4）确定城市公共交通枢纽、场站布局方案。

（五）评价方法

服务水平评价可采用模糊综合评判法、层次分析法等方法。

技术水平评价可根据技术要素遵循的相关标准规范要求，根据其发展变化情况进行分析评估。

社会影响评价可采用公众参与评价方法，包括利益相关者识别、利益构成及影响、利

益相关者参与等内容。

经济影响评价可采用宏观经济计量模型、宏观经济递推优化模型、地方投入产出模型、系统动力学模型和动态系统计量模型进行定量分析。

环境影响评价可建立评价指标体系，分析评价城市公共交通对改善城市环境的效果。

三、主要成果

城市公共交通规划成果应包括规划文本、规划图集、规划研究报告、专项调查报告和基础资料汇编等。此外，可根据实际需要，编制规划简本、规划表册和专题报告等。

（一）规划文本

规划文本应以条文方式概括规划结论，文字表达应规范、准确、清晰，内容明确简练，具有指导性和可操作性。

规划文本编写大纲包括：

1. 总则。包括编制依据、指导思想、规划原则、规划范围等。

2. 城市公共交通发展现状。包括发展概况、现状评价结论和问题总结等。

3. 城市公共交通发展战略。包括发展环境分析结论、功能定位、战略任务、发展模式选择等。

4. 城市公共交通发展目标。包括总体发展目标、阶段目标、基础设施发展目标与结构，以及运输服务及支持系统的发展目标等。

5. 城市公共交通线网规划。包括各种城市公共交通方式线网规划方案与规模结构等。

6. 城市公共交通枢纽、场站布局。包括枢纽、停车场、保养场、城市公共交通站点和加油（气）及充电站的布局方案等。

7. 城市公共交通运营组织。包括企业组织模式、线路运行组织、运力配置与发展，以及枢纽、场站运营组织模式等。

8. 城市公共交通支持系统建设。包括智能化、安全应急、优先通行和人力资源保障等。

9. 规划实施安排。包括重点任务、规划实施序列安排和资金需求测算等。

10. 规划预期效果评估。包括对规划方案实施后预期达到的城市公共交通服务水平、技术水平，以及城市公共交通发展带来的经济影响、社会影响、环境影响等进行综合评估的结论。

11. 规划实施保障措施。包括规划实施的组织保障、资金保障、用地保障、科技支撑、票价及补贴、绿色出行文化建设等方面的措施。

（二）规划图集

规划图集是指城市公共交通发展现状和规划方案相关图纸的总集。规划图集所表达的内容与要求应与规划文本一致，并标注图名、比例尺、图例、绘制时间等。

规划图集主要包括：

1. 城市公共交通规划范围图。

2. 城市公共交通线网现状图。

3. 城市公共交通枢纽场站现状图。

4. 城市公共交通主要客流走廊分布现状图。

5. 城市公共交通主要客流集散点分布图。

6. 城市公共交通走廊布局图。

7. 城市公共交通线网规划图。

8. 城市公交专用道网络规划图。

9. 城市公共交通枢纽、场站布局图。

10. 城市公共交通规划实施图。

11. 其他重要的展现规划思路和规划内容的图。

（三）规划研究报告

规划研究报告应按照编制内容要求，详细说明所采用的技术方法和分析过程，作为规划文本的支撑。

规划研究报告编写大纲包括：

1. 概述。包括城市公共交通规划的背景情况和必要性、规划的目的和意义、规划工作过程、工作依据、规划范围与期限、规划主要内容与思路，以及规划的主要结论等。

2. 城市公共交通发展背景分析。包括经济社会发展状况、城市综合交通运输发展状况等。

3. 城市公共交通发展现状分析。包括城市公共交通发展现状综述、发展状况评价，以及发展问题分析等。

4. 城市公共交通发展战略分析。分析城市公共交通发展环境，明确战略任务，设计城市公共交通发展模式。

5. 城市公共交通发展目标。包括研究和制定城市公共交通总体发展目标和阶段目标、基础设施的发展目标和结构、服务及支持系统的发展目标等。

6. 城市公共交通发展需求预测。包括城市公共交通需求分析、客流预测、主要指标确定等。

7. 城市公共交通线网规划。包括城市公共交通走廊识别和线网总体设计，城市轨道交通线网、城市快速公共汽车交通线网、城市公交专用道网络、城市公共汽电车线网，以及其他城市公共交通方式线网、线路的规划方案与评价优化等。

8. 城市公共交通枢纽、场站布局。包括城市公共交通枢纽、停保场、公共交通站点、加油（气）及充电站等的布局。

9. 城市公共交通运营组织。包括城市公共交通企业组织模式，线路运行组织，运力配置及发展，枢纽、场站运营组织模式等。

10. 城市公共交通支持系统建设。包括城市公共交通智能化、安全应急、优先通行和人力资源保障等。

11. 规划实施安排。包括规划重点任务、规划实施序列安排和资金需求测算等。

12. 规划预期效果评估。包括对规划方案实施后预期达到的城市公共交通服务水平、技术水平，以及城市公共交通发展带来的经济影响、社会影响、环境影响等进行综合评估的结论。

13. 规划实施保障措施。包括规划实施的组织保障、资金保障、用地保障、科技支撑、票价及补贴、绿色出行文化建设等方面的措施。

（四）专项调查报告

专项调查报告应详细说明调查方法、调查过程，并对调查数据进行整理和初步分析，内容包括居民出行调查和城市公共交通运行状况调查。

专项调查报告编写大纲包括：

1. 概述。包括调查的背景、目的、范围、内容、抽样方法、组织实施及主要结论等。

2. 基本信息调查。包括个人和家庭构成、收入水平、居住地、机动车保有情况等。

3. 交通出行特征调查。包括出行量、出行频率、出行的时间和空间特征、出行方式选择、出行目的、交通 OD（起讫点间交通出行量）等。

4. 线网调查。包括城市公共交通线网功能层次结构、线网布局、线路长度、线网密度、线路重复系数、非直线系数、覆盖率、线网通达性等。

5. 城市公共交通运力调查。包括运力的总规模、运力结构、运力配置，以及车辆的车龄和完好率等。

6. 客流调查。包括城市公共交通乘客的出行起讫点、出行时间，以及客流总体分布特征等。

7. 乘客满意度调查。包括乘客对票价、出行信息服务、运行正点率、运营速度、候车时间、换乘便捷性、乘车舒适度等方面的评价情况。

8. 其他调查。包括交通核查线调查、车速调查、城市公共交通站点乘降量调查等。

9. 附件。包括各类调查数据结果汇总等。

结　语

　　城市道路是一个动态的复杂的系统，它涉及许多方面，城市道路交通管理规划是城市可持续性发展的前提和基础，因此，要在加大城市道路建设的同时，合理规划，使我国的城市道路与我国的城市建设相一致，使我国的城市能够和谐的发展。

　　当前，我国大中城市普遍存在着道路拥挤、车辆堵塞、交通秩序混乱的现象，已成为城市发展的"瓶颈"问题。随着我国城市规模和经济建设飞速的发展，城市化进程在逐步加快，城市人口在急剧增加，大量流动人口涌进城市，人员出行和物资交流频繁，交通需求急剧增长，城市道路交通供需矛盾日趋紧张。发展以轨道交通为骨干，以常规公交为主体的公共交通体系，为城市居民提供安全、快速、舒适的交通环境，引导城市居民使用公共交通系统是国外大城市解决城市交通问题的成功经验，也是我国大城市解决交通问题的唯一途径。